中国现代美学史论丛书

中国近代美学范畴的
源流与体系研究

鄂霞 著

商务印书馆
The Commercial Press

2019年·北京

图书在版编目（CIP）数据

中国近代美学范畴的源流与体系研究／鄂霞著. —
北京：商务印书馆，2019
（中国现代美学史论丛书）
ISBN 978-7-100-16676-8

Ⅰ. ①中… Ⅱ. ①鄂… Ⅲ. ①美学史－中国－近代
Ⅳ. ①B83-092

中国版本图书馆CIP数据核字（2018）第224103号

教育部人文社会科学研究青年基金项目（15YJC751013）

中国现代美学史论丛书
中国近代美学范畴的源流与体系研究
鄂霞　著

商　务　印　书　馆　出　版
（北京王府井大街36号　邮政编码 100710）
商　务　印　书　馆　发　行
北京兰星球彩色印刷有限公司印刷
ISBN 978－7－100－16676－8

2019年4月第1版　　　开本 710×1000　1/16
2019年4月第1次印刷　　印张 20 1/4

定价：98.00元

啥都不管，只想对史实说说话

——《中国现代美学史论丛书》总序

　　美学并非是古已有之，汉语传播作为现代学科的美学，那已经是 19 世纪末叶的事情了。人们知道了美学，便也把"前美学"时代的"美学"称为美学了，如"中国古代美学""古希腊美学"等说法。从现代知识角度而言，当我们提到美学时就应该是指现代美学，但因为有前面的扩展使用，就容易混淆两种美学，于是，我们便把作为现代知识的美学称为"现代美学"，这不过是一种考虑言语交流的语用策略。

　　在一个多世纪的中国现代美学历史中，沉积下的问题范围不过是前现代美学、美学的起源或发生、美学范畴体系、马克思主义美学在中国、新时期美学与现代性、美学的后历史格局与生活美学及美学制度等，当然站在整个中国现代美学的宏观视野上审视，则又有中国现代美学史。我们的这套丛书依据不同部分自身的必要性在讨论的方式上做了审慎的选择，比方前现代美学、美学的起源、美学范畴体系、新时期美学、美学制度等方面，就各成一本书，而马克思主义美学、美学后历史格局与生活美学，我们觉得应该放在整个中国现代美学的历史框架里加以讨论，使这两个题材在连贯性的历史整体结构中得到有效呈现，便都放在中国美学的现代转型问题中进行讨论了。

中国现代美学的"起点"就是中国美学的起源，当然我们也许不去精确确定那个起点，把这个起点（起源）视为一段过程来对待。实际上，在中国现代美学的发生过程中，似乎并不存在被人们说成是中国现代文学起点的《狂人日记》这样的标志，中国现代文学这个起点的确定也并不广泛服众。尊重事实，该精准就精准，该模糊就模糊，才体现了学术精神和科学理性。这是我们必须探索并深入了解的中国美学发生和成长的独特逻辑。

我在写赵强《"物"的崛起：前现代晚期中国审美风尚的变迁》读后心得时曾说："无论是从美学史角度去考虑，还是从美学转型的角度去考虑，都有一个中国现代美学与中国现代以前的美学史之间的接续问题。那么，这个接续是西方美学移入与中国古代美学的碰撞和汇流呢，还是中国现代美学有一个内源现代性的进程——'前现代'与西方美学的接续互动，进而造就了中国现代美学的起源及其后来的美学演化史呢？当我们借助史料再度探查所假设的'美学前现代'时，感觉到从晚明始不仅在城市生活方式上蕴含着某种'现代'的面向，更为重要的是在社会风尚和社会思想上出现了突出的变化，市民、商人和文人的生活趣味，李贽等人的思想，就是最好的代表。正是以上这些美学观念，在研究方法论和课题机缘等背景的交织与互动中，凝聚成了赵强这本专著的话题。"尽管所谓的"前现代"并未对中国现代美学提供直接的现代学科属性，美学依然是西方移植过来的现代知识，但中国"前现代"出现的欲望、感性、自由等却与西方传来的美学精神在一个河床上共鸣和汇流。

倘若从"美学"这一汉语名字开始在中国出版物上出现算起，至今已过了近一个半世纪，其演变的参照除了思想观点的内涵之外，恐怕便是范畴体系了。范畴及其体系的集中呈现不仅会加深对学科结构的把握，更为重要的是能够与因时而变的美学学科更加直接地形成比照，显示各个时段中国现代美学所构成的变化和节奏。《中国近代美学范畴的源流与体系研究》便欲就此问题做出努力的回答。

新时期中国美学经历了 10 年的停滞、10 年的空白，在人们的认知中已变成特别陌生的知识或学科。整个世界尤其是欧美在美学方面的进展和变化，国人亟需了解，因而新时期的前半期出现了中国美学的第二个译介高峰。如何把这时期的美学译介与中国美学重构联通的焦点找到，并从这一视点展开讨论，显然是必要的，《新时期美学译文中的"现代性"概念研究（1978—1992）》就希望能够通过其叙事和讨论，为读者展开这一扑朔迷离、精彩纷呈的历史画卷，尽管，这并不是新时期美学史的完整身姿。

美学与其他现代知识一样，都具有体系化的特点，由这一特点生成的诸多作用中，知识传递的便利是其显著的意义。守望现代知识学科体系的最有力途径就是现代教育课程体系，中国现代美学学科的坚实落地也与中国的美学课设置密切相关。美学课是美学制度多种形式中特别突出的一种。所以，我们当然要讨论美学课等美学制度的历史过程。

这套丛书从整体上说，其意义就是中国现代美学史，但我们希望的是在美学史的叙述和讨论中，能够突出历史变动和鼎革期，在这些关节点上，我们也许会察觉到更多的史论意义，洞见到美学史的走向及其背后的历史偶然和必然，发现变与不变的历史经验及其历史动能，领略文化史的绵延与断裂之宏大景观。读者应该在《中国美学的现代转型》里直接见到作者为呈现上述情况所做的尝试，见到由史料熔接而成的美学因果事件系列，见到我们当代人走近历史现场时的所感所思，见到作者与历史中美学人物的平等对话。

我们尊重史学的研究成果，但不套用史学分期；尊重政治史变迁的事实，但不套用政治史的分期；尊重文化思想史发展阶段的特殊影响力，但不套用以思想文化为主题的分期，而是依据中国美学现代进程自身的特征对其做出分期。总体上中国现代美学应分为三个时期：一是西方美学的引进、消化和建构期；二是中国马克思主义美学的形成和确认期；三是后历史格局与生活美学的发生和展开期。在每个时期的起始处便展示着或悄然拐转，或突变式"重启"，或壮阔地跨越，这里正体现着美学转型的历史过程。

我们特别注意到了中国现代美学是在汉字文化圈中尤其是中日之间发生的，由此产生了某种特殊的知识互动交流现象，因此只有在东亚，特别是中日的文化交流关系中来观察和描述中国美学的发生，才有可能趋近于历史的还原。

我们也注意到了中国美学的来源是多起点和多通道的。中国现代美学的发生史不可能像史学家们习惯假设的那样，是一个单一起点的线性过程，相反是在事实上呈现了多起点、多轨迹的发生过程。

我们还注意到了中国美学是作为对生存危机挑战的一种回应而发生的。美学作为中国知识现代性的成果，是时代历史的晴雨表。作为学科的中国美学，因救亡图存的某种信念，曾作为生存技术（建筑学）的附属知识被引进；因相遇于自我苦寂的他者"知己"，曾作为悲观人生信念的方法论被挪用（王国维）；因西方现代知识对宗教的质疑，曾作为实现人格理想途径的"陶养感情之术"或宗教的替代品被推崇（蔡元培）；因现代学校的出现，曾作为课程体系中一个被设定的科目被规划。如此这般，都需要我们进行更为仔细的历史还原和反思。

我们以不论出身、不谈地位的反歧视态度，以美学学科价值和美学史价值为判断尺度，实事求是地努力搜集被遮蔽、忽略、悬置的史料，广泛吸纳新的研究成果，提高美学史书写的真实度。

我们将在中国美学现代转型的整体历史视野下，返回中国现代美学发生的原点，追问中国美学之所以扬弃自身传统，引进、吸收并本土化西方美学的内在需求和学术动机；发掘近现代中国知识分子在东亚文化背景下的"西学东渐"、中日文化交流互动等历史潮流中，为引进和本土化西方美学、清理和重塑中国美学传统所付出的努力和贡献，还原中国现代美学之原初发生的历史实况；梳理百余年中国美学在中国现代化历程中不断回应时代诉求，不断寻求理论突破，逐步整合中西学术资源，建构自身的动态历史进程；发现和阐发中国美学现代转型历程中层层累进的学术积淀、品格和价值取向。

王确

2016 年 10 月 15 日

目　录

导　论

一、研究概况与研究思路

　　学科意义上的中国美学是在 20 世纪初西学东渐的大背景下从西方引进的，至今已有百余年的历史。经过一代又一代学人前赴后继的努力，中国美学的学科体系已经渐趋完善。但相对来说，这还是一门在学术史上相对年轻的学科，所以在研究领域依然存在着不少盲点和不足之处。笔者通过对当前美学理论界研究现状的归纳与分析，发现现有成果中对中国近代美学范畴，尤其是晚清至五四时期美学概念、术语的源流考辨的研究还是比较薄弱。

　　对于整个中国美学史的研究，20 世纪 90 年代以前的学界往往倾向于对近代美学采取有意无意的忽视态度。例如研究中国古典美学史，大多集中于探讨从中国古典美学的发端——先秦、两汉至古典美学的终结——清代前期的美学思想，而近代美学部分只是作为庞大的中国美学史体系中一个可有可无的尾巴，被附带性地提及而已。个别著作虽对近代美学的先驱者王国维、蔡元培、梁启超和鲁迅等人的思想有所介绍，且不乏精彩见解，但多以人物为主线，穿插其代表性的美学思想，几乎很少涉及美学范畴、美学概念的专题性研究。而研究中国现代美学史的著作，或许考虑到近代美学的新旧杂陈、不成体系，往往在论述中也只是把这一部分作为一个历史的前奏草草地加以铺垫，很少对其进行深入系统的研究。所以从整体上看，中国近代美学研究领域呈现出极大的缺失与匮乏，幸好，这种疏漏与欠缺在后来得到了一定程度的弥补。

20世纪90年代初期，美学研究领域出现了两部专门研究中国近代美学史的著作，卢善庆先生的《中国近代美学思想史》（华东师范大学出版社1991年版）和聂振斌先生的《中国近代美学思想史》（中国社会科学出版社1991年版）[①]，这可以说是国内最早系统研究中国近代美学史的著作，在中国20世纪美学史研究上具有里程碑式的意义。两书的写作思路都是以近代理论形态的美学论著为对象，以人物为重点，展现近代美学的风貌。笔墨集中于介绍这个时代著名思想家的美学思想，如康有为、梁启超、严复、王国维、蔡元培、鲁迅、吕澂、朱光潜、宗白华、邓以蛰等人，并将这些思想凝聚为若干美学命题进行阐述。其中部分章节简要地提及了几个基本的审美范畴，如聂振斌先生的《中国近代美学思想史》第三章对"王国维美学思想"的介绍中，就对优美、宏壮、悲剧、古雅、意境、嗜好以及眩惑等美学范畴做了概要的阐述；在谈到"蔡元培美学思想"时提到了美育范畴的内涵等。论述的重点集中于对这几个美学概念的内涵、特征的描述。不可否认，

---

① 这两部著作虽然都以《中国近代美学思想史》命名，但两书对"近代美学"的历史分期却大不相同，卢善庆先生遵循的是历史学的分期法，将1840年至1919年这八十年间的美学思想称为中国近代美学。而聂振斌先生则认为对于近代美学的时间界定不应机械地套用一般历史学的分期法，而应遵循美学自身的发展逻辑，他将近代美学的上限定为20世纪初年，下限则延至1949年中华人民共和国成立。所以，两书在研究对象的选取上存在着较大的差异，对近代美学思想的研究也都做出了个人化的理解。

这种研究的开创性意义是不容抹杀的，也为以后的学者进行此领域的专项研究提供了较有价值的信息与研究思路。但不足之处是所言甚略，而且没有挖掘出具体美学概念的缘起、接受与传播过程，更没有细致阐明这些外来概念所具有的异质、转化与融合的特征。在卢善庆先生的《中国近代美学思想史》中，情形也是一样，而且在个别研究方法的使用上还有值得商榷之处，比如在对魏源美学思想的介绍中，提到魏源对于"崇高"概念的分析，实际上魏源所描述的自然景观的雄伟、壮观并不具有近代美学范畴"崇高"的含义，作者在这里混淆了"崇高"和中国古典美学中与之相似的范畴。这也带给我们一些方法论上的启示，即在追溯考察某种学术发展的渊源脉络时，应该回到历史的原点，而不是用今人的眼光去考察历史的学问。这两部著作除了在对中国近代美学范畴、概念的研究方面还有一定的可供继续挖掘与深化的空间外，还缺乏一种学科美学史的研究视角与自觉意识，也就是说："两本书的布局和侧重点虽不尽相同，但均是从中国近代美学思想而不是从学科美学史的角度展开论述的，所以自然把中国传统美学一脉相承的思想与来自西方的美学思想并列讨论，把美学思想与学科美学同时阐释，很难从中看出美学学科的连贯线索，但也涉及某些中国学科美学的情况。"①

　　另有两部以中国现代美学为研究对象的专著，邓牛顿《中国现代美学思想史》（上海文艺出版社 1988 年版）和陈伟《中国现代美学思想史纲》（上海人民出版社 1993 年版），研究的时段基本上是从辛亥革命或者五四运动开始到 1949 年这三十多年的美学思

---

① 王确：《不求远因，不能明近果 —— 中国学科美学发生的考察与反思》，《当代文坛》2011 年第 1 期。

想发展史。还有一些美学史类的著作，以 20 世纪美学为研究对象，将目光拓展至百年美学的历史发展，比如封孝伦《二十世纪中国美学》（东北师范大学出版社 1997 年版）、汝信与王德胜主编《美学的历史：20 世纪中国美学学术进程》（安徽教育出版社 2000 年版）、朱存明《情感与启蒙——20 世纪中国美学精神》（西苑出版社 2000 年版）、陈望衡《20 世纪中国美学本体论问题》（湖南教育出版社 2001 年版）、邹华《20 世纪中国美学研究》（复旦大学出版社 2003 年版）、章启群《百年中国美学史略》（北京大学出版社 2005 年版）等。① 这些著作的体例大同小异，几乎都是以人物为线索、以美学思想为核心而展开研究，其中也部分涉及近代美学史的发展历程，虽在个别美学家的理论总结上有所成就，但在美学概念、范畴方面的研究却没有太大的突破。

　　从中国美学概念、范畴的专题性研究方面着眼，可以看出，目前学界研究美学范畴的学者及著作甚多，研究的广度与深度也是值得肯定的。除了对个别美学范畴的理论阐发与历史挖掘外，还出现了一些关注历史发展整体脉络的研究中国美学范畴史的著作，以王振复主编的《中国美学范畴史》（山西教育出版社 2006 年版，三卷本）为例，该书通过对中国古代美学中以"气""道""象"为核心的美学范畴史的梳理，深入考察了自先秦到清末各个历史阶段的美学发展演变历程，内容丰富，视野开阔。该书也是目前中国美学范畴史研究的整体状况的反映，只可惜并没有涉猎近代美学这一部分。纵览近年来中国学界对美学范畴的研究，主要方向集中于对中西方美学范畴的比较、中西方美学范

---

① 以 20 世纪中国美学史为研究对象的著作还有不少，此处没有一一列举，还有一些著作以整个中国美学发展史为研究对象，自然也涉及中国近代美学部分，这里也没有提及。

畴的逻辑发展、中国古代美学范畴等方面的研究。

综上可以看出，理论界对中国美学概念、范畴的专题性研究，很少关注近代尤其是晚清到"五四"这一历史时段，对此时美学概念、范畴的源流考辨工作还是稍显薄弱，而此时正是现代学科意义上的中国美学确立的起始阶段，新术语、新概念的出现是必不可少的，它们构成了这门学科知识体系的基础。可喜的是近年来这种情形有所改变，部分学者开始关注晚清这一中国学术现代化的发展时段，出现了为数不多但却意义重大的研究成果。如黄兴涛先生在进行清史研究工作中，翻阅了大量晚清民国时期的珍贵文献，并凭借多年积累的词汇资料，对近代中国新名词的源流演变做了一系列详细的考据工作，所涉领域颇多，其中与美学相关的是他于 2000 年发表的一篇学术文章《"美学"一词及西方美学在中国的最早传播》（此文最初发表于《文史知识》2000 年第 1期）。此文挖掘出了大量以往被美学史湮没抑或被美学研究工作者所忽略的文献资料，考察了"美学""美感""审美""优美""壮美"等现代美学基本词汇的最早出现，以及西方美学在华传播的早期情形。此文对近代美学研究领域的意义重大，一些以往学术界普遍认为不证自明的命题、无须阐释的概念都重新被质疑，一些权威性的结论也有了重新被阐释的可能。但由于美学并不是黄先生的专业领域，所以很多问题并没有深入地展开、透彻地阐释。但他凭借多年科研工作所具备的敏锐的学术触觉、踏实细致的考据功底，为近代美学研究者提供了诸多的学术信息与史料背景，也提醒了我们这依然是一个需要继续挖掘、还有较大阐释空间的学术领域。

当前学术界对西方美学东渐过程中输入的其他美学范畴也展开了一定的理论研究。例如对"崇高"与"优美"范畴的阐述，根据目前的研究资料看，大多数的文章还是集中于从中国古典美学中挖掘出与西方类似的美学内涵，很少回归这一范畴生成的近代历史语境中，并想象性地把这些外来的美学范畴与中国古典美学范畴进行简单的对应甚至混同；对"丑"的研究，则集中于对西方"丑"范畴的历史梳理以及对中国古代"丑"概念的挖掘，对近代审美视野中"丑"的引进与发展演变方面关注不多。值得一提的是，学界对近代"悲剧性"与"喜剧性"范畴的研究，无论在数量上还是质量上都是值得肯定的。2005 年一篇博士学位论文就是以"中国现代悲剧观念的生成流变"为题①，将"悲剧"在中国从引进到确立的整个 20 世纪的发展历程作为研究对象，分析了中国现代悲剧观念的源流演变轨迹。时间跨度大，研究资料也比较翔实，可以说是此领域中比较系统地研究悲剧的论文。但是由于作者将研究范围扩展至整个 20 世纪的百年历史，所以对近代时段的论述不是十分充分，而且主要是从文学观念的视角出发探讨悲剧，视野还没有扩展至整个美学领域。此外，与本论题相关的研究中国悲剧方面的主要论著还有熊元义的《中国悲剧引论》（解放军文艺出版社 2007 年版）以及田广的《中国悲剧观念的现代转型》（中国社会科学出版社 2014 年版）等，前者以中国古代戏曲悲剧为主要研究对象，其中一章的内容谈及了中国悲剧在近现代的命运转折，通过中西方悲剧理论的比较，考察了中国悲剧的审美特征；后者不仅研究了中国古代悲剧的发展演变历史，还将研究视野扩展至中国悲剧观念的现代转型上，进而归纳出中国现代悲剧观念的特征以及悲剧观念的现代转型对于中国悲剧发展的重要意义。对近代"喜剧"的研究，学界起步较早，成果也颇

①　章池：《中国现代悲剧观念的生成流变》，苏州大学博士学位论文，2005 年。

多，出现了一系列的研究论文，比如庄浩然先生在 20 世纪八九十年代就对中国现代戏剧研究领域比较关注，并发表了一批研究近现代喜剧家以及进行喜剧体系建构的文章①；张健先生则结合现代喜剧创作实践探讨了中国喜剧观念的现代性转型特征及意义②。这些论著、文章对于中国近现代喜剧创作及喜剧理论的研究已达到一定的理论深度，有的侧重于对中国现代喜剧家创作个案的研究，有的关注于中国现代喜剧创作的发展史研究，有的则深入中国现代喜剧观念的生成演变及特征规律的层面进行研究，但整体而言作者的侧重点还是在于对作为一种戏剧类型的喜剧的探讨，而较少从美学范畴的角度探讨近代喜剧概念的源流变迁，而这正是本书想要着重加以论述的。

　　进入 21 世纪，学界对美学理论的跨世纪思考也进入了更深更广的层面，近年来连续举办了多个专题会议，众多学者也投身到 20 世纪中国美学的学科建设领域中来，并进行了卓有成效的研究。对历史的进一步梳理，目的在于更好地建设新世纪的中国美学。

　　综上所述，随着学术界对中国近代美学研究领域的逐步重视，目前对近代美学概念、范畴的研究也有所增多，但是集中于对晚清至"五四"前后这一历史时段的美学概念、术语生成流变的系

① 庄浩然先生研究中国近现代喜剧理论方面的论文主要有：《鲁迅喜剧观与中西喜剧美学》，《福建师范大学学报》1987 年第 3 期；《中国近代喜剧美学之前驱——兼论王国维对西方近代喜剧美学的译介》，《福建师范大学学报》1996 年第 2 期；《筚路蓝缕　以启山林——论现代喜剧美学体系之建构》，《福建师范大学学报》1997 年第 2 期；《喜剧美学亚范畴研究的跨世纪思考》，《福建师范大学学报》1999 年第 4 期。

② 张健先生是中国现代喜剧研究领域的专家，20 世纪 90 年代开始陆续出版了一系列喜剧研究的专著，主要有《中国现代喜剧观念研究》，北京师范大学出版社 1994 年版；《三十年代中国喜剧文学论稿》，河南大学出版社 1995 年版；《中国喜剧观念的现代生成》，北京大学出版社 2005 年版；《中国现代喜剧史论》，北京大学出版社 2006 年版。

统梳理工作尚未充分展开，对于中国近代美学核心术语生成方式的研究、中国近代美学范畴的体系建构、近代美学范畴与学科美学新范式的建立等问题还有较大的阐释空间，现有成果中可以说介绍描述的多，深入分析的少，且还没有系统的研究与专门的著作出现。本书试图在前人研究的基础上，以中国近代社会状况与学术演变趋势为背景，研究西方美学最初引进中国，即中国美学学科初建时，其学科名称以及核心美学范畴"崇高""优美""悲剧性""喜剧性"与"丑"的缘起、发展、演变以及确立的过程，阐明这些外来理论资源所具有的时代性与民族化特征，进而构建中国近代美学范畴的学术体系。

另外，关于本书的研究对象还有几个需要说明的问题。首先，本书对近代美学的研究不是以美学家为线索，目的也不在于对其美学思想做全面的考察，而是以对美学范畴的梳理为主线展开，所以个别美学大家可能被忽略了。这不是说他们的美学思想不重要，而是他们在笔者所考察的近代美学范畴的生成流变与体系建构中所起的作用不是十分突出而已。本书的写作既不以美学家的美学思想研究为主线，也不将研究目标设定为整个中国美学学科的构建历程，而是试图通过对近代美学核心范畴、术语的流变过程的梳理透视出中国美学学科建构的相关信息，并探讨这些近代美学范畴对于中国现代美学知识体系建构的作用与意义。

其次，关于本书研究对象即美学范畴的选择标准与原则。在美学学科的研究领域内，包括艺术活动在内的审美范畴数量非常多，像美感、审美经验、审美趣味等审美意识领域内的范畴概念，像艺术美学范畴系列中的艺术、情感、摹仿、形式、灵感等，还有具体审美形态层面的如优美与崇高、悲剧性与喜剧性、丑与荒诞等。这些美学范畴在美学学科领域内产生的时间有早有晚，在美学史上的位置与所起的作用也各不相同。有些美学范畴像"感性""理性"等特征具有哲学基础性，而"作为一门相对独立的人文学科，美学又有自己相对独立的致思范围，有区别于哲学和其他人文学科的相对独立的范畴系统。这类范畴很多，又大致可分两种：一种是从美学学科所要研究的一些基本的、带有总体性的问题中提炼出来的重要范畴，如艺术、美、形式、情感、趣味、和谐、游戏、审美教育等；另一种则属于更具体层面的对象，主要是关涉艺术表现形态的象征、再现、表现与呈现、古典与浪漫、现代性与后现代性等范畴，以及关涉基本审美形态的优美与崇高、悲剧与悲剧性、喜剧与喜剧性、丑与荒诞等范畴"[1]。朱立元先生主编的《西方美学范畴史》一书，共三卷，对二十六个（组）美学范畴进行了历史的梳理与系统的阐释，从形而上的本源到形而下的具体形态，涵盖了包括艺术活动在内的整个审美活动的各个方面。从整体上看，这套丛书是从审美活动和学科体系这两个核心基点出发来选择和梳理各个层级的美学范畴系统的，是目前国内比较完整、全面、系统的研究西方美学范畴史类的著作。

　　而本书对美学范畴的研究并不着眼于整个的审美活动领域，仅从美学学科体系建构的视角出发，对美学学科中的基本审美形态进行探讨，这也是狭义化的或者说是最具有美学学科特性的审美范畴。这五大美学范畴其实是西方美学中由康德、黑格尔等人所建立的以"美"为核心，并通过"美"的逻辑裂变而形成的由优美、崇高、悲剧性、喜剧性、丑等构成的相对稳定的美学范畴系统，"是西方人在西方文化背景下、长期的审美实践活动基础上逐渐形成并积淀下来的、相对稳定的、最基本的审美形态，也是

_____

[1]　朱立元：《西方美学范畴史》第一卷，山西教育出版社 2006 年版，第 31 页。

对这些审美形态的分类与规定"[①]，并在 20 世纪初被中国美学学科的建设者们逐步地引进，形成了中国现代美学理论中被普遍认可的范畴体系。所以笔者在选择美学范畴上的有所取舍，正是基于对中国美学学科建构的近代历史语境的回归，而"荒诞"范畴之所以不在笔者研究范围之内，原因也正在于此。"荒诞"是西方美学史上出现得比较晚的审美形态，基于两次世界大战与后工业社会资本主义矛盾激化的社会背景，20 世纪之后才成为哲学与美学研究领域的重要范畴。当 20 世纪初年中国近代学者引进西方美学理论之时，"荒诞"范畴还正在酝酿之中，没有正式登上西方现代美学历史的舞台，自然也就不在中国第一批美学学科建构者的视野之内。所以说，中国近代对美学学科的建构主要还是侧重于对西方古代以及近代形态美学思想的引进，西方现代美学思想对于当时的中国学者来说还是比较陌生的，这也就不难理解为什么中国近代美学界对于"丑"范畴的理解还是偏重于西方古典主义的美丑观，对其现代形态还缺乏一个全面的接受视角，存在着一定的隔膜或排斥。

　　本书的主要研究目标即是对中国近代美学范畴源流变迁的考辨，但学科体系中的核心范畴的生成与确立并不是一蹴而就的，往往要经历漫长而复杂、曲折而反复的过程，所以在美学范畴的生成过程中，必然还会出现一些过渡性的称谓抑或术语、概念、名词。范畴与名词、术语、概念是有区别的，简单来说，"名词"是人、事物、现象实体的称谓或抽象概念的名称，有专有名词与普通名词之分；而"术语"是各门学科中约定俗成、相对稳定的专门用语；"概念"是反映事物属性的特殊称谓，是对各类事

---

① 朱立元：《西方美学范畴史》第一卷，山西教育出版社 2006 年版，第 5 页。

物性质和关系的反映，其稳定性不如术语；而"范畴"，则层次更高，它体现一定事物的本质属性、内在联系及存在规律，具有思想的逻辑性、严密性等特点，所以在一定的理论体系中处于相对稳定的状态，是学科理论成熟化的标志。而本书对这五大美学范畴的生成流变过程的探寻，其中必然会涉及这些范畴正式确立之前，还处于不成熟阶段或者说命名过程中的过渡性称谓，这些词汇用语有时还上升不到范畴的高度，这时将其称为关键词或者概念比较恰当，它突出了概念生成流变的过程性。但"不管是'术语''概念'还是'范畴'，其实都是人类思维抽象的结晶，代表了人类对世界包括精神现象的某种在思维形式层面本质、规律的认识。同时，'术语'从广义来说，也都是'概念'，因为它终究是以'概念'形式出现的专门用语；随着实践的发展，某些'术语'也有可能转化成为通用的'概念'乃至'范畴'；总之，这三者之间的界限不是绝对的，在一定条件下是可以相互转化的"①。

　　所谓"体系"研究，并不是将研究对象直指美学学科的体系性与学科的建构过程，而是包含着两个层面的所指，一是指本书所研究的直接对象即在中国近代美学范畴内部，自然蕴含着一个独立的范畴体系，这个体系是由构成美学学科基础的元范畴"美"，以及由此派生出的其他美学子范畴优美、崇高、悲剧性、喜剧性、丑而组成，这是一个相对稳定而独立的美学范畴系统。"优美"是美的古典形态，近代之前的美学研究几乎都是围绕着优美这一客观对象而展开，与优美相关的质素自然成为美学家以及艺术家偏爱的形态。随着社会历史进程的演变，人与自然、个人与社会、主体与客体、感性与理性之间的对立与矛盾日益突

---

① 朱立元：《西方美学范畴史》第一卷，山西教育出版社 2006 年版，第 13 页。

显，美学的内部形态也发生着质的裂变，否定性因素的渗透逐渐打破美的和谐统一，"崇高"范畴的确立即代表着美学由古典形态向近代形态的转型。与此同时，更具时代感与现代性的"悲剧""喜剧"范畴也从传统美学的母体中挣脱出来，加速了美学的现代性进程，这一进程继续向前发展，美与丑的关系就发生了时代性的逆转，当西方美学的研究视角由审美转向审丑，"丑"成为独立的美学范畴时，也就完成了美学由古典向现代形态的转型。所以，这几大美学范畴的生成流变史也就构成了美学的发展史，自然也形成了一个完整而严密的体系。而在考察每一个范畴的生成流变过程中，也存在着一个更微观的系统，比如，在对中国近代"崇高"范畴的考察中，其范畴名称的确立过程异常复杂，与崇高相近的概念"宏壮""壮美""庄严""威严"等也构成了一个微观的范畴体系；这一点在"喜剧"范畴上体现得更为明显，喜剧范畴的确立过程，即是其家族概念逐步丰富化的过程，最终形成了喜剧范畴的亚范畴体系，并表明了喜剧范畴的真正成熟。因为任何一个"范畴"都不可能是孤立存在的，往往要包含着属于这个范畴的若干概念，并由这些概念、术语共同构成一个具有内在有机联系的范畴系统。

　　二是指通过对中国近代美学范畴生成过程的梳理，可以由对概念、范畴的考辨上升到美学学科体系的现代性构建，也就是通过对最基本的美学范畴的考辨透视出学科自觉、体系建构的现代化图景，这些并不是生硬地加之于美学概念、范畴之上，而是美学范畴本身所体现出来的美学学科的现代特性，并在理论话语层面显示出中国美学由传统形态向现代知识体系的转型。从这个意义上说，"美学范畴的历史在一定意义上就是美学的历史"[①]。

---

① 朱立元：《西方美学范畴史》第一卷，山西教育出版社 2006 年版，第 6 页。

最后，关于本书的研究时段问题。按照历史学家的划分，近代社会是从 1840 年鸦片战争开始到 1919 年五四运动结束，而在美学研究领域，对于近代美学的历史分期则一直存在着不同的意见。有的学者严格依照历史学的分期法，以"五四"为界，将鸦片战争到新中国成立这一百多年的美学史，划分为近代美学与现代美学两个历史阶段；而有的学者则从美学思想自身的发展进程出发进行分期，如聂振斌先生就不赞成以"五四"为界将中国美学分为"近代"与"现代"两部分，而是将近代美学的发端定于 20 世纪初，下限延至 1949 年，理由在于："20 世纪初年之前的中国近代社会的美学思想，并没有从根本上显示出不同于封建中世纪美学思想的近代性质和特征；而五四运动之后，近代美学并没有改变基本性质、消失固有的特征而被现代美学所取代。"① 那么，对于鸦片战争到中华人民共和国成立这一百多年的历史中出现的美学思想，聂振斌先生根据其性质与特征将其划分为五个发展阶段：（1）从 19 世纪 40 年代至 19 世纪末的改良主义运动兴起之前，是前近代美学阶段。虽然此时龚自珍、魏源、包世臣等提出了一些具有进步色彩的文艺思想，但仍然没有超出封建文艺思想的范畴，可以将其视为古代美学的殿军与末流；（2）从 19 世纪末至 20 世纪初即 1898 年戊戌政变前、后十年间，是古代美学向近代美学过渡的阶段。此时发起的"诗界革命"和"小说界革命"虽已透露出近代信息，但还拖着一个封建主义的尾巴，表现出一种从旧向新过渡的性质；（3）从 20 世纪初年至民国元年，是近代美学的正式发端期，代表人物是王国维，他陆续把叔本华、康德、尼采、席勒等人的哲学、美学思想译介到中国学界，他的美学思想和文

---

① 聂振斌：《中国近代美学思想史》，中国社会科学出版社 1991 年版，第 13 页。

艺批评充分反映了近代美学的特点，因此成为中国近代美学和近代资产阶级文艺观的第一座里程碑；（4）从民国元年至20世纪20年代末，是中国近代美学形成与发展阶段，以蔡元培为代表。这一时期也出版了相当数量的美学专著、译著，同时也初步形成了一支美学研究队伍；（5）从20世纪20年代末到40年代末，是中国近代美学的分化阶段，一种新的美学——中国马克思主义美学诞生。虽然这属于无产阶级的美学流派，但其时仍处于初创阶段，尚不足以取代资产阶级美学体系的主导地位，因此仍属于资产阶级的历史范畴。①

笔者倾向于聂振斌先生对于近代美学的分期，但本书的研究时段又并不是近代美学的全部历史，而是将视野粗略地放在晚清至20世纪二三十年代，具体来说，以完整地研究近代美学核心范畴、术语的生成流变过程为目的，所以并不限于严格的时间制约，而是以逻辑价值介入时间概念，根据研究内容的需要，起始时间大致定于19世纪末20世纪初西方美学学科初入中国之时，下限则大概止于中国近代美学体系初步确立与成熟期即20世纪二三十年代，也就是本书中所研究的美学范畴的最终确立之时。而在行文中，则将这一时间段的美学思想统称为近代美学。

二、关于方法论的思考

20世纪初西方理论界发生了语言论转向，现代语言学不再把语言视为单纯表情达意的工具，而是确立了语言的本体论价值。可以说，这一理论转向在更广泛的意义上已经突破了语言学领域，

---

① 聂振斌：《中国近代美学思想史》，中国社会科学出版社1991年版，第13—20页。

逐渐扩展为一种具有哲学方法论意义的世界性思潮。也就是说，我们对世界的认识最终是通过语言体现出来的，哲学研究的对象实质上就是语言的世界。西方现代语言学奠基者索绪尔很早就意识到语言与思想的同一性问题，他说："语言还可以比作一张纸：思想是正面，声音是反面。我们不能切开正面而不同时切开反面，同样，在语言里，我们不能使声音离开思想，也不能使思想离开声音。"[①]语言在本质上与思想是密不可分的，语言是文化的载体，它制约着人们的思维方式，正如海德格尔的名言"语言是存在的家园"，没有语言，所谓"存在"就失去了安身立命的载体。可见，在现代语言学者眼中，语言已经达到至高无上的地位。

之所以将现代语言学理论应用到本论题中来，是因为在中国近代社会，最典型的学术现象就是西学东渐，而"新思想之输入，即新言语输入之意味也"[②]。此时对西方学术思想的引进需要通过翻译的途径进行，从现代语言学的视角审视，翻译的意义已不仅仅是两种语言间的技术性转换，不是单纯地将一种文字复制成另一种文字，翻译实际是一种对话，它涉及两种文化、两种思维方式的渗透与融合，是一种文本的再创造，尤其在人文社会科学领域，思想抽象性词汇之间的对译更是如此。而中国古代的文言话语系统，诗性有余而理性不足，是传统思想文化、思维模式的体现，当面对西方文化领域中"大量出现的现代化的思想抽象性词汇和概念，即语言的所指层面的空前膨胀，只有现代汉语的语符系统，才能够逐渐为它提供相应的能指即有声意象，不论它是西方的音

---

① 〔瑞士〕费尔迪南·德·索绪尔著，高名凯译：《普通语言学教程》，商务印书馆1980年版，第158页。

② 王国维：《论新学语之输入》，见傅杰编校：《王国维论学集》，中国社会科学出版社1997年版，第387页。

译还是日语的借用。因为就现代性的诉求而言，现代汉语的语符系统与西方语言在思维方式和言说方式上有着天然的一致性，随着能指与所指之间新的平衡的形成，即现代汉语中的新的思想抽象性词汇的增加，西方的思想文化势必渗透、涌入现代汉语的语符系统内部，从而影响和操纵人们的思维和思想，加快中国现代文化、现代文学的现代化进程"[1]。所以，具体到近代中国美学转型这一话题可以看出，当西方的美学理论术语进入中国，它已超越了语言的工具层面，不单纯是增加了某些新的概念术语，而是作为一种新的话语方式与思维模式，不仅冲击了中国旧有的文言话语系统，使其发生了由古典向现代的转换，也深刻地影响并改变了中国传统美学感性、缺乏体系性的存在形态，加速其现代性的转型过程，这就是中国学科美学发生的历史与逻辑起点。

"20 世纪哲学的语言转向中最重要的是语言的本体作用，语言在哲学研究乃至其他各门学科的研究中起着核心作用，其最主要的表现就是命名问题。……现代哲学，或者说哲学的语言转向带给我们最大的启示是'正名'理论。这可以使我们从最基本的概念开始，把一个学科的最根本问题不断引向深入。"[2] 所以，我们从语言学的角度切入，探寻美学概念、范畴的生成流变、语义变迁，旨在由此揭示出中国近代美学思想及美学学科的发展演变史，其意义是不容低估的。

本论题在研究方法上也得益于朱自清先生学术理念的启发。朱先生的学术研究领域广泛且态度严谨扎实，但也终因先生的早逝而留下了诸多遗憾。"中国文学批评"是他多年来专门致力的学

---

① 刘东方：《现代语言学意义上的"意译"与"直译"——以林纾和鲁迅为中心》，《鲁迅研究月刊》2007 年第 3 期。

② 潘文国：《语言转向对文学研究的启示》，《中国外语》2008 年第 2 期。

术领域，并在此领域内多有建树，然而他并没有急于着手写作批评史方面的专著，而是为学术大厦的建筑做了大量的基础工作。他说："现在我们固然愿意有些人去试写中国文学批评史，但更愿意有许多人分头来搜集材料，寻出各个批评的意念如何发生，如何演变——寻出它们的史迹。这个得认真的仔细的考辨，一个字不放松，像汉学家考辨经史子书。"① 这里所说的"意念"应等同于"概念""范畴""命题"的含义。朱先生十分注意批评术语中所使用的概念的"史的发展"情况，在《诗言志辨》一书中包括《诗言志》《比兴》《诗教》和《正变》四篇论文，他分别考辨了这四条诗论术语的源流变迁。王瑶先生指出："关于这方面的材料，他② 搜集得非常多。每一个历史的意念和用词，都加以详细的分析，研究它的演变和确切的含义。《诗言志辨》一书只写成的关于这些材料的极小的部分；但已经廓清了多少错误的观念。"③ 此外，朱先生还分析过"风调"的内涵，写过《"好"与"妙"》《论逼真与如画》等，使文学史上的许多重要概念都有了清晰的解释与准确的定位。

朱自清先生的这一研究兴奋点体现了学者的一种真正的学术追求，他把语义学与考据学相结合的研究方法融入自己的这种治学精神中。他认为，中国传统的"言意之辨"往往倾向于道家的"得意忘言""言不尽意"，这样的言语倾向最终影响了中国古代文论概念阐释的明晰确指性，所以许多意念都由此受到遮蔽并遗失了本义。而当时西方刚刚兴起的语言分析学派认为语言文字本身

① 朱自清：《诗言志辨·序》，见蔡清富、朱金顺、孙可中主编：《朱自清选集》第二卷，河北教育出版社 1989 年版，第 102 页。
② 指朱自清先生。
③ 王瑶：《念朱自清先生》，见朱金顺主编：《朱自清研究资料》，北京师范大学出版社 1981 年版，第 33 页。

就是多义的，并侧重研究语词意义的历史、来源以及变化。此派学说在某种程度上正契合了朱先生的学术追求，或者说可能是朱先生顺应了这股语言论转向的新潮流，从而更注重从语言入手来分析和研究文学。他认为"分析词语的意义，在研究文学批评是极重要的"①。只有通过这样认真的梳理、分析，才能把文学批评中的重要术语、关键概念理解清楚，才能避免在文论研究中普遍存在的只见其流不见其源的片面性与盲目性。

考据学与语义学研究相结合的方法，需要我们通过史料爬梳，对一些被湮没、遮蔽的史料进行挖掘整理，在分析掌握大量资料的基础上，去伪存真，去粗取精，最大限度地还原中国近代美学学科发生的历史真实。正如童庆炳先生所言，"'原创'可能还会有，但在人文社会科学领域，'原创'的时期似乎已经过去。对于文艺理论界来说，我们多半只能在'五四'所开创的文艺理论新传统的基础上'接着说'"②。那么，在现在这样一个很难再有"原创"的时代里，我们脚踏实地地做些重要史料的挖掘工作，其意义同样不可小视。

① 朱自清：《诗文评的发展》，见蔡清富、朱金顺、孙可中主编：《朱自清选集》第二卷，河北教育出版社 1989 年版，第 359 页。
② 童庆炳：《在"五四"文艺理论新传统基础上"接着说"》，《文艺研究》2003 年第 2 期。

第一章 美学学科的初步引进 及核心概念的创译

众所周知，现代学术意义上的中国美学学科，并不是在本土文化的氛围里自发产生并孕育成熟的，尽管我国古代不乏丰富的审美意识以及深邃的美学思想，但总体上还是处于一种感性、混沌的状态，并不具有西方美学体系那种自觉、明确的学科性，作为一门在现代学术体系中具备独立意义的学科，中国美学是一个"舶来品"。而美学独立地位的获得即使在西方也已是18世纪中叶的事情，所以，这样一门晚近的学科在建立过程中必然要不断地自我完善，理论的不确定性与意义的衍生性同时存在，这自然会给西方美学理论的最初引进者造成种种障碍，当然也暗藏了更大的意义阐发的空间。下面我们就详细考察一下西方美学初入中国以及以"美"为核心的相关概念生成流变的演化过程。

第一节 留学与译书：中国近代美学发生的历史起点

中国近代社会是一个交织着苦痛与屈辱，同时又充满着希望与无限可能性的时代，相对于中国几千年的封建社会，它过于短暂而不够厚重，相比于历史同样短暂的现代社会，它又过于沉重而不够辉煌。展开中国近代社会沧桑的历史图景，在社会形态上它由腐朽的封建社会沦为半殖民地半封建社会，在政治上它面对着晚清社会剧变的转型格局，思想上经历着传统思维方式的现代性嬗变，文化上古典和谐的宇宙观被打破，审美形态上由古典的优雅走向了近代崇高的审美场域。废除科举制、设立新学堂，传统的知识体系与文化形态招至全盘崩溃与瓦解，一切百废待兴，与此同时一切又都有了新的转机与重建的动力，抱残守缺、故步自封只能被动挨打，学习西方、引进西学才是强国之策。近代中国对西方的学习是全面的，由技术到体制乃至精神文化，对西学的引进是体系化的，学外文、去留洋、译西书、建学校、编教材、育人才……以西学为基础，晚清、民国的有识之士开始了对现代学术体系的构建工作。传统的知识结构发生了现代性转型与重构，这就是近代社会的缩影，也是中国美学学科得以建立的社会文化背景。

中国近代社会最典型的学术现象就是西学东渐，在这个思想文化急剧变革转型的时代，中国引进西学最主要的途径就是出国留学与译介西书，美学学科的建构尤其是早期的草创阶段更是如此。但中国近代社会对西学的引进也是经历了观念上的多次转变与策略上的不断调整才得以最终完成的，所以在不同的阶段也就呈现出不同的特点。身处西学东渐大潮中的梁启超早就对此有所总结与概括，他在《五十年中国进化概论》一文中提出引进西学的"三期说"："第一期，先从器物上感觉不足，这种感觉从鸦片战争后渐渐发动。……第二期，是从制度上感觉不足。……第三期，便是从文化根本上感觉不足。"[1] 这里体现出晚清士人对西学认

① 梁启超：《五十年中国进化概论》，《饮冰室合集·文集之三十九》，中华书局1989年版，第43—44页。

识上的不断深化，"中国羡慕外人的：第一次是见其枪炮，就知道他的枪炮比吾们的好。以后又见其器物，知道他的工艺也好。又看外国医生能治病，知道他的医术也好。有人说：外国技术虽好，但是政治上只有霸道，不及中国仁政。后来才知道外国的宪法、行政法等，都比中国进步。于是要学他们的法学、政治学，但是疑他们道学很差。以后详细考查，又知道他们的哲学，亦很有研究的价值"①。由于国人对西学的认识产生了如此大的转变，所以引进西学的内容也从工艺到制度再到文化层面，而在西学传播的主体、传播机构与传播模式上也发生了相应的变化。

关于晚清传播西学、西书中译的历史，熊月之《晚清社会与西学东渐》一书将其分为四个阶段：第一阶段，1811—1842年。这一时期，西学传播的主要途径是由通晓汉语的西方传教士著书立说，但所著书籍和刊物大多为传教之用，此外也介绍了一些世界历史、地理、政治、经济等方面的知识，这些书籍成为林则徐、魏源、徐继畬等清末有识之士了解世界的重要资料来源。这是晚清西书中译的开端，揭开了晚清西学东渐的序幕。第二阶段，1843—1860年。由于清政府在第一次鸦片战争中战败，传教士的活动基地得以从南洋进入到中国东南沿海，开始了晚清西学传播史上的新阶段。这一时期，出版了数量可观的介绍西方科学知识的著作，中国知识分子中出现了主动了解、吸收西学的趋向，中国知识分子开始参与译书工作，译书的基本模式为西译中述，即由外国学者口译西书意思，由中国合作者润色加工，条理成文。第三阶段，1861—1900年。经历了第二次鸦片战争，中国社会半

---

① 蔡元培：《在爱丁堡中国学生会及学术研究会欢迎会演说词》，见文艺美学丛书编辑委员会编：《蔡元培美学文选》，北京大学出版社1983年版，第146—147页。

殖民地化的程度更趋严重了，此时清政府以及许多有识之士都将关注点投向了"师夷长技"，其重要内容之一当然还是翻译西学书籍。清朝政府先后设立了京师同文馆与江南制造局翻译馆，这是中国政府主动吸收西学的标志，官办译书机构也在引进西学中发挥着主导作用，西学的影响逐渐从知识分子精英阶层扩大到社会基层，这是晚清西学东渐史上的重要转折点。但通观这一时期的译书倾向，仍然以自然科学和应用科学方面的内容为主，占译书总量的百分之七十。第四阶段，1901—1911 年。戊戌政变、庚子赔款，以康有为、梁启超为代表的资产阶级改良派的主张彻底失败，革命思潮风起云涌，留日热潮骤然而起，在文化传播与交流方面中日关系出现了时代逆转。这一阶段西学传播的主要特点为：此前，中国介绍、吸收西学，主要是从英文、法文、德文等西书翻译而来，1900 年以后，从日本转口输入的西学数量急剧增长，成为输入西学的主要部分，输入的西学内容也由"器物技艺"等物质文化为主转为以思想、学术等精神文化为主。中国第一代译才登上历史舞台，中国知识分子在西学传播中占据了主导地位。[①]此时，大批西学鱼贯而入中国，新学科、新名词纷至沓来，中国传统的思维模式与知识体系彻底土崩瓦解。这第四个阶段就与本书所要探讨的话题非常接近了，所谓西学东渐，对于美学学科而言，更确切的说法应该是"美学从东方来"。

为什么引进西学要通过日本转口输入？为何我们引进西方美学思想不直接留学于欧美、译自西书？这还需要回到近代中国的历史语境中去考察。近代的日本与中国一样，被西方列强的坚船利炮敲开了国门，面临着亡国灭种的危机，但不同的是，日本由

---

① 熊月之：《西学东渐与晚清社会》，上海人民出版社 1994 年版，第 7—15 页。

于明治维新效法西方之举而国力大增,他们积极主动地学习西方先进的思想文化,并翻译了大量的西文书籍。此时经过 1894 年中日甲午战争,两国关系发生了逆转,中国知识分子看到了日本的榜样作用,认为要改变中国落后挨打的现状,也必须效法日本向西方学习,建议清政府向日本派遣留学生。1898 年湖广总督张之洞著《劝学篇》,在"游学"中大力倡导留学日本之效:

> 出洋一年,胜于读西书五年,此赵菅平百闻不如一见之说也。入外国学堂一年,胜于中国学堂三年,此孟子置之庄岳之说也。[1]

> 日本,小国耳,何兴之暴也?伊藤、山县、榎本、陆奥诸人,皆二十年前出洋之学生也,愤其国为西洋所胁,率其徒百余人,分诣德、法、英诸国,或学政治工商,或学水陆兵法,学成而归,用为将相,政事一变,雄视东方。[2]

> 至游学之国,西洋不如东洋。一、路近省费,可多遣。一、去华近,易考察。一、东文近于中文,易通晓。一、西书甚繁,凡西学不切要者,东人已删节而酌改之。中、东情势风俗相近,易仿行,事半功倍,无过于此。若自欲求精求备,再赴西洋,有何不可?[3]

---

[1] 吴剑杰编:《中国近代思想家文库·张之洞卷》,中国人民大学出版社 2014 年版,第 305 页。

[2] 吴剑杰编:《中国近代思想家文库·张之洞卷》,中国人民大学出版社 2014 年版,第 306 页。

[3] 吴剑杰编:《中国近代思想家文库·张之洞卷》,中国人民大学出版社 2014 年版,第 306 页。

　　之所以要通过日本转口输入西学并翻译日文书籍，主要是因为日本人在接触西洋学术，引进西方科学文化时，除了用日语片假名直接音译西洋外来语之外，还利用汉字用意译法创造了不少新词汇。因为在近代之前，日语深受汉语的影响，在日语的书写体系中，有很多是借用中国汉字进行书写的，所以当时日本在翻译西书的过程中，利用汉语词汇创制了不少新语汇来对译西学术语。对于这一点，日本学者也有着清晰的表述，比如日本近代著名启蒙思想家、哲学家西周就通过创生大量新词汇来翻译西方学术思想，与其同时代的学者井上哲次郎（1855—1944）就明确表示，明治早期的日本学者曾自觉参考古汉语著作、儒家典籍以及佛教经典，以便从中直接汲取新词汇或者创造新词汇的灵感。井上哲次郎在其《哲学字汇》第二版（1884）的"前言"中，就做了如下说明："至于前辈们翻译的对应词，如果是合适的，我们就把它们全部收录进来。而在其他情况下，当我们需要创造新的对应词时，除了参考《佩文韵府》《渊鉴类函》《五车韵瑞》之外，还通过大规模参考儒家经典、佛教经典来进行遴选。"① 再加上日文近于中文，易于通晓，正如梁启超所说："日本与我为同文之国，自昔行用汉文，自和文肇兴，而平假名、片假名等，始与汉文相杂厕，然汉文犹居十六七。日本自维新以后，锐意西学，所翻彼中之书，要者略备，其本国新著之书，亦多可观，今诚能习日文以译日书，用力甚少，而获益甚巨。计日文之易成，约有数端：音少，一也；音皆中之所有，无棘刺扞格之音，二也；文法疏阔，三也；名物象事，多与中土相同，四也；汉文居十六七，五也。故

---

① 〔日〕井上哲次郎、〔日〕有贺长雄：《改订增补哲学字汇》，转引自〔德〕郎宓榭、〔德〕阿梅龙、〔德〕顾有信著，赵兴胜等译：《新词语新概念：西学译介与晚清汉语词汇之变迁》，山东画报出版社 2012 年版，第 68—69 页。

黄君公度，谓可不学而能，苟能强记，半岁无不尽通者，以此视西文，抑又事半功倍也。"①张之洞虽然明白学西文、直接译西书确实可以得学问之精备，但从时效性、迫切性上考虑依然提倡学东洋文、译东洋书，"学西文者，效迟而用博，为少年未仕者计也。译西书者，功近而效速，为中年已仕者计也。若学东洋文、译东洋书，则速而又速者也。是故从洋师不如通洋文，译西书不如译东书"②。

　　1896年清政府向日本派遣了首批留学生，共有13名学生，"此后，中国留学生人数逐渐增加，1899年增至二百名，1902年达四、五百名，1903年有一千名；到了1906年，有谓竟达一、二万名之多。据笔者研究的结果，1906年留日学生实数约为八千名左右"③。后来由于种种原因，留日学生的数量也出现了下降的趋势。这些留日学生背井离乡，不远万里，负笈东行求学于异邦，皆是为了救亡图存、壮我中华。从1900年开始，留日学生开始创办刊物、翻译日文书籍，这些刊物以介绍传播西方新思想、新知识、新文化为目的，据不完全统计，从1900到1911年，中国留日学生与流亡者在日本所办刊物"至少有七八十种之多"④。比如梁启超主编的《清议报》《新民丛报》《新小说》等，留学生创办的《开智录》《译书汇编》《浙江潮》《游学译编》《新白话报》《法政杂志》等，内容以政治性或综合性居多。对于20世纪初中国通过日本转口输入西学的热潮，梁启超先生曾做过生动的描述："戊

---

① 梁启超：《变法通议》，《饮冰室合集·文集之一》，中华书局1989年版，第76页。
② 吴剑杰编：《中国近代思想家文库·张之洞卷》，中国人民大学出版社2014年版，第311页。
③ 〔日〕实藤惠秀著，谭汝谦、林启彦译：《中国人留学日本史》，生活·读书·新知三联书店1983年版，第1页。
④ 王晓秋：《近代中日文化交流史》，中华书局1992年版，第368页。

戌政变，继以庚子拳祸，清室衰微益暴露。青年学子，相率求学海外，而日本以接境故，赴者尤众。壬寅癸卯间，译述之业特盛，定期出版之杂志不下数十种。日本每一新书出，译者动数家。新思想之输入，如火如荼矣。然皆所谓'梁启超式'的输入，无组织，无选择，本末不具，派别不明，惟以多为贵，而社会亦欢迎之。盖如久处灾区之民，草根木皮，冻雀腐鼠，罔不甘之，朵颐大嚼，其能消化与否不问，能无召病与否更不问也，而亦实无卫生良品足以为代。"①

中国近代庞大的留学生群体，成为西学东渐浪潮中文化传播的主力军，虽然说梁启超所描述的"译书乱象"确实存在，留学生群体的文化素养也有高低差别，但整体而言，对于引进西方先进的学术思想、构建中国现代学术体系，留学生群体确实做出了极大的贡献，这一点是不容否认的。近代以来这一极为盛大的出国留学热潮和恢宏的译书事业，是西方现代学术思想得以骎骎而入中国的主要途径，中国现代学术体系中几乎全部的现代学科的创立都与此相关联，美学学科自不例外。

回顾中国美学学科发展的历史起点，即将西方美学思想引进中国近代学界的过程可以发现，中国近现代美学、文学史上的杰出大师几乎都有过出洋留学或流亡海外的经历，王国维、梁启超、蒋观云、鲁迅、徐大纯、刘仁航、吕澂、范寿康、陈望道、周作人、邓以蛰、郭沫若、蔡仪等都曾东渡日本留学或从事研究；蔡元培曾留学于德国与法国，宗白华留学于德国，朱光潜先后留学于英国、法国，胡适留学于美国，钱钟书留学于英国，林语堂留

---

① 梁启超：《清代学术概论》，《饮冰室合集·专集之三十四》，中华书局 1989 年版，第 71—72 页。

学于美国、德国，闻一多、梁实秋、许地山、冰心、徐志摩等都有赴美留学的经历，他们大多攻读并从事文学、哲学、心理学等专业的学习与研究工作，在中国近现代美学、文学史上发挥着极为重要的作用。尤其是在 20 世纪初年，东渡日本求学成为中国近代第一批美学大师们几乎一致的时代选择，这也反映了清末至"五四"前后的留学取向与留学发展趋势[①]。显而易见，他们在对西方美学范畴的引进、西方美学思想的译介、中国美学学科体系的建构方面无疑都烙上了深深的日本印记。

比如西方美学概念以及美学思想最初得以进入中国学界视野是借由早期心理学、教育学以及哲学等方面的译著的出版，1901年王国维翻译了日本学者立花铣三郎的《教育学》一书，1902 年王国维翻译了日本文学士牧濑五一郎的《教育学教科书》一书，其中"审美""美感""美学"等词汇频频出现；1902 年王国维翻译出版日本学者元良勇次郎的《心理学》一书，着重介绍了有关美感的相关知识；王国维于 1902 年翻译出版日本学者桑木严翼所著的《哲学概论》，系统地向国人介绍了西方美学思想的历史演进历程。张云阁译自日本学者大濑甚太郎、立柄教俊的《心理学教科书》，陈榥编译的《心理易解》，杨保恒编译的《心理学》一书，都涉及美感的相关知识。作为中国近代美学知识的最早启蒙，这

---

① 1905—1906 年中国留日学生人数达到高峰，可是之后却出现了下降趋势。原因是多方面的，1905 年日本政府文部省颁布了《取缔留学生规则》，引起留日学生的不满，有些人愤而回国，国内有些学生也取消了留日计划。1906 年清政府学部又颁布留学规定，对留日资格进行限制，而且停止派遣速成科留学生，使得留日热潮开始降温。另外，欧美各国特别是美国也开始积极招收中国留学生，1909 年美国开始用庚子赔款资助中国留美学生，1911 年成立清华留美预备学堂，以后便出现了留学美国的热潮。1919 年五四运动前后还出现了留学法国勤工俭学的热潮。1912 年留日学生人数骤减到只剩一千多人。参见王晓秋：《近代中日文化交流史》，中华书局 1992 年版，第 357 页。

些具有留日经历的学人译自日文的著作自然附着了浓郁的日本中介因素。进入到近代美学学科的体系建构阶段，这种模式依然没有改变，活跃在学术界的美学同仁们还是以具有留日身份的学者为主。1915 年徐大纯发表的《述美学》一文是近代中国最早系统介绍西方美学的重要文章；1920 年刘仁航译自日本学者高山林次郎的《近世美学》是中国历史上第一本系统性的美学译著；随后吕澂、陈望道、范寿康分别推出《美学概论》著作。虽然这些美学著作整体上还是以对西方美学思想的借鉴与译述为主，但标志着中国近代学者对美学学科进行体系化构建的初步尝试，为中国美学思想的现代转型、学科美学的建立做出了不可磨灭的贡献。

　　当然，这并不是说中国近代学者对西方美学的早期引进只通过日本这一单一途径，比如蔡元培先生就曾赴德国与法国留学，其美学思想大多直接来源于西方美学著作，他虽说没有留学日本的经历，但同样会日文。比如蔡元培译于 1903 年的《哲学要领》，"此书为德国科培尔在日本文科大学讲课的内容，由日本下田次郎笔述。蔡元培在青岛期间，据日文本译出"①。还有，在蔡元培先生写于 1900 年的一篇日记中，还抄录有一份"日本学校课程表"，可见，蔡元培的美学思想与教育思想同样也受到了日本学界的影响。而早在王国维之前，在中国学术界最早介绍西方美学思想的中国学者是颜永京②，他于 1854 年赴美留学，1861 年毕业回国，于 1889 年翻译出版了美国心理学家海文所著的《心灵学》（*Mental Philosophy*）一书，在其中一个章节中对美的本质、审美

---

① 〔德〕科培尔著，蔡元培译：《哲学要领》，见高平叔主编：《蔡元培全集》第一卷，中华书局 1984 年版，第 176 页。
② 颜永京（1838—1898），祖籍山东，生于上海，1848 年受洗入基督教，1854 年留学美国，回国后作为牧师进行传教活动，1878 年创办并任教于上海圣约翰书院。

过程、审美能力等西方美学的基本知识进行了系统介绍。这是在日译"美学"汉语名称传入中国之前，中国学者独立翻译西方美学的最早尝试，"美学"学科名称在此处也被翻译成"艳丽之学"（详见后文介绍）。颜永京对于西方美学理论的介绍应该没有受到日本的影响。

尽管如此，整体而言中国近代学者对西方美学的理解，从单个概念、范畴的引入，到美学学科独立地位的确立，都离不开日本这个西方文化的中转站，留学与译书成为了中国近代美学学科的历史起点与引入西方美学思想的主要途径。在这一中国传统美学向现代转型的过程中，中国学者通过移植和翻译将西方美学置入中国语境，也由此产生了一系列美学概念、范畴的汉语名称，尤其是在晚清至五四时期日译新书的热潮中，新语汇、新名词铺天盖地而来，有人将之形象地描述为新名词大爆炸，而日译汉字词也成为现代汉语词汇中外来词的最大的来源。在日本学者实藤惠秀的《中国人留学日本史》一书中，作者通过对《现代汉语外来词研究》[1]及《现代汉语中从日语借来的词汇》[2]中所记录的来自日语的现代汉语的综合与整理，加之实藤惠秀与译者后来又分别发现的新资料，认为现代汉语中从日语借来的词汇共有844个，并列有详细的一览表。[3]本书下文所要着重考察的美学核心概念、范畴的生成流变过程即是在这样的文化传播的大背景中产生的。

---

[1] 高名凯、刘正埮：《现代汉语外来词研究》，文字改革出版社1958年版。

[2] 王立达：《现代汉语中从日语借来的词汇》，《中国语文》1958年第2期。

[3] 〔日〕实藤惠秀著，谭汝谦、林启彦译：《中国人留学日本史》，生活·读书·新知三联书店1983年版，第326—335页。在这之后学界又发现了一些现代汉语中的日译名词，所以现代汉语中从日语借来的词汇实际数量要比《中国人留学日本史》中所列还要有所增加。

第二节　汉译"美学"名词初入中国学界视野

中国的美学学科正是在这样的时代背景下从西方引进的，而引进异域文化首先需要借助翻译的途径，如何将西方学术术语精确地对译为本土的名称，则是一个首要的难题，"美学"名称就是近代社会汉译新名词的一个典型实例。

一、西方传教士对"美学"概念的创译

依据黄兴涛先生的考证，作为现代意义上的"美学"一词最早出现在来华传教士所写的中文著作中。花之安（Ernst Faber）为德国来华著名新教传教士，1875 年著《教化议》一书，本为宣传教义之用，在此书卷四"正学规"中写道：

> 救时之用者，在于六端，一、经学，二、文字，三、格物，四、历算，五、地舆，六、丹青音乐（二者皆美学，故相属）。①

在"丹青音乐"四字后，作者特作注说明"二者皆美学，故相属"，就是说丹青和音乐列在一起，是因为二者具有相同的属性，这一属性可以用"美学"一词涵盖。虽然在后文对"丹青音乐"的详细介绍中，花之安没再提及"美学"名词，只是进一步区别了丹青、音乐的同中有异，即"音乐与丹青，二者本相属，音乐为声之美，丹青为色之美"②，二者的落脚点皆为"美"，这也

---

① 花之安：《泰西学校·教化议合刻》，商务印书馆 1897 年版，第 22 页。
② 花之安：《泰西学校·教化议合刻》，商务印书馆 1897 年版，第 25 页。

是他们"本相属"的根源所在。丹青、音乐同属于艺术门类，而古典美学研究的主要领域之一就是艺术，黑格尔甚至认为美学即艺术哲学，那么我们是否可以由此推断出，此处出现的"美学"一词就是指称现代意义上的美学学科呢？这是值得怀疑的，我们还需要其他的佐证才能做出相对可信的判断。所幸历史给我们提供了这样的信息与机会，用"美"这一词汇来介绍西方美学学科的核心问题，在花之安的另一部著作中阐述得更为深入。1873 年，花之安以中文撰写《大德国学校论略》①一书，作者自述"辑德国学校一书，略言书院之规模，为学之次第，使海内人士知泰西非仅以器艺见长"②。在介绍太学院所谓的"智学"课程时，将其细分为八课，"一课学话、二课性理学、三课灵魂说、四课格物学、五课上帝妙谛、六课行为、七课如何入妙之法、八课智学名家"③。并对这"八课"的内容加以具体的阐释，其中"七课如何入妙之法"又称"论美形，即释美之所在：一论山海之美，乃统飞潜动植而言；二论各国宫室之美，何法鼎建；三论雕琢之美；四论绘事之美；五论乐奏之美；六论词赋之美；七论曲文之美，此非俗院本也，乃指文韵和悠、令人心惬神怡之谓"④。文中虽然没有提到"美学"名称，但以上所论正是西方美学课程的内容，而且涉及领域十分广泛，有自然美、建筑、雕刻、绘画、音乐、诗歌、戏剧等，涵盖了美学研究对象的自然美和几乎全部的艺术美领域。面对形形色色的"美形"，该课程的研究任务是透过诸多自然与艺术领域直观化的形象，"释美之所在"，直指美学学科的理论与知识形态。

---

① 重印时又名《泰西学校论略》。
② 花之安：《泰西学校·教化议合刻》自序，商务印书馆 1897 年版。
③ 花之安：《泰西学校·教化议合刻》，商务印书馆 1897 年版，第 4 页。
④ 花之安：《泰西学校·教化议合刻》，商务印书馆 1897 年版，第 6 页。

那么，对"美学"这一汉语词汇的选择极有可能只是花之安的无意之举，但却留给我们一个猜想的空间：中国美学学科的发生是否源于此时呢？汉字"美学"名称的出现究竟意味着什么？结合花之安这前后两部中文著作来看，他虽然没有从学理上为"美学"做出精确的界定，也许在他的意识里根本无意于对美学进行学术意义上的关注，只是在介绍西方学校课程时顺带涉及一些相关知识而已，但他对"美"的内涵的把握，对"美学"课程内容的理解，使我们有理由相信，这样的阐释是植根于西方美学的学科背景的。但如果将视野扩展至整个中国美学学科的建构过程来考察，"美学"汉语名称的这一首次出现还无法上升到理论体系中固定使用的术语的层面，只能说这是西学东渐过程中，汉语新词汇创译中的一个极具启发意义的新名词而已。

根据目前掌握的资料看，花之安首创"美学"一词之后并没有对当时的中国学界产生怎样的影响，甚至一度被搁置。所以说，仅有单个美学概念的昙花一现，缺乏美学理论的系统知识以及学科体系的支撑是无法完成一门学科的建构的。这也就意味着一门学科的真正诞生是多种因素共同作用的结果，历史机缘的引发更是可遇而不可求，更何况是处于新旧交替、社会动荡的近代中国，知识的引进、学科的建立是要附着许多学术之外的因素的。纵观晚清西学东渐的整个历程，19世纪70年代的中国正处于开展"师夷长技以制夷"的洋务运动时期，政治上的焦头烂额、思想上的急功近利，使人们的视野只能首先聚焦在西方的先进技术上，很难关注所谓"非功利性"的美学。所以，中国美学学科的历史起点还是推到了19世纪末20世纪初，这不单纯是时间的问题，还与某种历史机缘密不可分。

二、"美学"一词经由日本传入中国

汉译"美学"一词再一次进入我们的视野，是在 20 多年后的 1897 年，康有为编辑出版了《日本书目志》一书，向中国学界介绍经由日本转译的西学书籍。在此书总目中列有十五个门类，"生理门第一、理学门第二、宗教门第三、图史门第四、政治门第五、法律门第六、农业门第七、工业门第八、商业门第九、教育门第十、文学门第十一、文字语言门第十二、美术门第十三、小说门第十四、兵书门第十五"①。从现在的学科分类角度看，这十五个门类的划分标准是比较混乱的。在这里，"美学"一词是作为一本日译书的书名——《维氏美学》——出现的，被列于"美术门"中，除了提及作者为中江笃介外，并无其他过多的介绍。

"美学"一词之所以经由日本而进入中国知识分子的视野中，乃是缘于前文所介绍的近代中日学术交流发生逆转的历史背景，这里不再重复。对于"美学"一词在日本的创译过程，目前我们还知之甚少，相关重要资料也很难查找，这里只能通过个别学者并不详细的考证转述一二。据有关学者考证，汉译"美学"名称在日本也是几经酝酿才最后定型的，最先引入西方哲学包括美学思想的人是被誉为"日本近代哲学之父"的西周，他自幼接受汉文化的熏陶，后来作为日本幕府派遣的首批留学生赴荷兰留学，回国后系统地介绍了西方的哲学思想。1870 年西周在《百学连环》中介绍了西方哲学学科的分类，其中之一为"佳趣论"，在这里，他用汉字"佳趣论"来翻译西方美学的学科名称，

---

① 康有为：《日本书目志》，见姜义华编：《康有为全集》第三集，上海古籍出版社 1992 年版，第 587—588 页。

即"Aesthetics"。我们不了解西周在为"Aesthetics"寻找汉语译名时的心理活动，但"趣"作为一个审美范畴，在中国古代审美体系中历来备受关注，曾出现过100多种与"趣"相关的审美术语，如兴趣、情趣、理趣、意趣等，也有不少学者将其视为我国古代文论中的核心范畴。而在西方美学史上审美鉴赏亦被称为趣味判断，"趣味"始终与审美密不可分，所以用"佳趣论"对译"Aesthetics"，在某种意义上也可以说把握住了美学的精髓。1872年，西周著成日本最早的美学专著《美妙学说》，在这本书里，他把"佳趣论"改称为"美妙学"。这次译名上的改动，其实隐含着作者对美学学科要素理解上的深化，从字面上分析可以看出，"美"侧重于审美对象的客观性质，"妙"关注的是审美主体的判断感受力。也许西周正是从审美发生的主客体两个要素出发，将审美客体的性质用"美"字概括，把审美主体的鉴赏用"妙"字体现。"妙"在中国古典美学体系中占有独特的地位，甚至在某种意义上超越了"美"的重要性，它植根于中国道家天人合一、道法自然的宇宙观，最集中地反映了中国古代美学思想强调超越于具体物象而追求空灵妙思、心灵感悟的特点，所以，"美妙学"是西周从中国传统文化中汲取营养而创造出的一个极具汉文化韵味的译名。

但在日本学界，"佳趣论""美妙学"最终没有成为西语"Aesthetics"的通用译名。1883年日本另一位哲学家中江兆民翻译出版了法国人维隆（E. Véron）的著作，译其书名为《维氏美学》，这是汉字"美学"一词在日本的首次出现。此后随着此书的广泛发行并受到日本美学界的关注，"美学"这一相比前两个译名更加简洁的译法逐渐在日本本土流行开来，并取得了理论界的合法地位。而此时的"美学"名词不只代表一本著作的日译名称，结合此书中对维隆美学的介绍，可以推测西方美学的基本知识也已经大体为日本学界所了解。

关于日译"美学"一词的生成流变过程，日本著名美学家今道友信先生做过简要介绍，他认为西周在用"佳趣论""美妙学"等译词的同时还尝试过"善美学"的译法："如所周知，'美学'一词是在输入西洋文化之际作为新的翻译语汇而创造的术语。最初西周曾试用过善美学（埃斯特惕克）和美妙学概念；明治初年，中江兆民翻译维论（Véron——用汉字将它写成维论）的esthétique才开始译为《维氏美学》。今天，不论是中国还是朝鲜，都在使用这个词。从词语上看，美学这门学问在东方，即在使用汉字的文化圈里应该说本来是没有的。"① 可以说，这是在近代西学东渐史上，东方用汉字接受西方学术概念并使其成为汉字文化圈共同词汇的一个例证，成功与否，还有待历史的进一步检验。

而国内学者李心峰则根据日本1982年出版的《文艺用语基础知识》指出，中江兆民翻译《维氏美学》的时间是在明治十六、十七年，但是"自明治十五年（1882）开始，以森鸥外（日本著名作家）、高山樗牛等为主的教师们在东京大学以'审美学'的名称讲授美学，就已用过'美学'这个词。直到明治二十六年在帝国大学文科大学开设美学讲座以后，美学的名称才固定下来"②。

关于以上的论述由于没有更为确切的原始资料作为佐证，具体细节还有待进一步考证与澄清，所以我们还很难判定"美学"一词是日本人的独立译语，还是受到了花之安著作的影响。但可以肯定的是，花之安创译的"美学"名词还不足以代表中国美学

---

① 〔日〕今道友信著，蒋寅译：《东方的美学》，生活·读书·新知三联书店1991年版，第1页。

② 李心峰：《Aesthetik与美学》，《百科知识》1987年第1期。

的现代发生，中国美学学科的早期构建几乎是完全按照日本的模式进行的，这个源头应该追溯到日本。关于这一点，中国学界很早就有所了解，1905 年《新民丛报》上刊有一篇署名观云的文章《维朗氏诗学论》，在介绍此篇文章的来源时作者提道："是论本法国 Everon 氏所著 *Esthétigue*① 书中之一篇。*Estheéigue* 者美学之义，日本中江笃介氏译其书为维氏美学。兹取其关于诗学者译述之，以供我国文艺界之参观。"② 中江笃介即中江兆民的早期译法，这说明中国学者在引进西方美学之初就对"美学"一词的日译来源有了较为清晰的认识。

很显然，康有为除了在《日本书目志》中列有《维氏美学》的书名之外，并没有对此书内容或是有关西方美学问题进行任何的理论阐释，所以，"美学"一词的此次出现对于中国早期美学界的理论突破，意义并不重大。

第三节　对"美学"概念认识的深化

"美学"概念及相关理论在中国真正流行并在学界产生广泛影响，还有待历史的脚步迈进 20 世纪的门槛。20 世纪初的中国涌现出了许多学术大师，如蔡元培、王国维、梁启超、鲁迅等，他们在知识储备上可谓中西合璧，既有深厚的国学根基，又有出洋留学的经历，在审美文化领域同样也起到了开创作用，成为中国美学学科的第一代建设者，大大深化了国人对美学的理解。

---

① "美学"一词的法文写法是 Esthétique，德文写法为 Ästhetik，英文写法为 Aesthetics。
② 观云：《维朗氏诗学论》，《新民丛报》1905 年第 22 号。

一、作为课程名称出现的"美学"概念

蔡元培先生是我国近代著名思想家、教育家，他的美学思想或许在学术性上不及王国维纯粹，但教育家的社会身份使得他的美学主张在某种程度上比同时代的其他学者更具影响力。1900 年前后，蔡元培先生已经开始广泛接触西方新学，凭借学者的敏锐触觉以及身为爱国人士的报国热忱，他对当时西方及日本的教育体制很感兴趣。在光绪二十六年（1900）末，他的日记中就有一份抄录的"日本学校课程表"，表内"文科四"的课程中列有"美学"科目。[①]但他并没有对这份课表的内容进行说明，此时"美学"课程名称对于他来说应该还是一次偶然的出现，还没有得到他的特别关注。在随后作于 1901 年 10 月的《学堂教科论》中，蔡元培对各级学校的课程进行了研究，但里面没有介绍美学的相关内容，甚至连"美学"名称都没有出现。可见，对于此时的蔡元培来说，"美学"概念还只是一个含义模糊的教学科目而已，甚至在整个学术界，此时对于"美学"的认识也几乎都是这样一种情形。

1901 年京师大学堂编辑的《日本东京大学规制考略》，在文科大学以及工科大学"造家"学科中都列有"美学"课程。1902 年吴汝纶在《东游丛录》中，对日本各类学校进行了介绍，其中"美学""审美学""美学及美术史"等课程的名称频繁出现。当然这些书中都没有进一步解释"美学"或者"美学课"，它还只是一门简单的课程、一个模糊的新名词，仅此而已。

此时，一代学术大师王国维在中国学术界尤其是哲学、美学领域崭露头角，据考证，在他 1902 年之前的著作中还没有出现

[①]　王世儒主编：《蔡元培日记》上册，北京大学出版社 2010 年版，第 145 页。

"美学"一词，但以"美"为核心的美学词汇却时有出现。例如，1901 年王国维翻译的《教育学》一书中，谈到了儿童早期教育："小儿之周围，不可使驳杂。人间之审美的感情，自幼时之周围造成者也。凡外境自精神之门之五官入，而写出于内心，故不可不深注意于外境之如何。色与形，为自眼写出者，故不可不注意外形，使小儿之周围之物，常保持绮丽。则清洁之习惯，自为第二之天性而为判别美丑之元素也。丑于眼者，不但害眼，且害想像，而延及道德上。故使周围绮丽，于审美上及道德上所必要也。又自耳写出者，声音也，故不可不注意声音。而使闻可生审美之感情者，如乐器之音，又如唱歌，皆能生美感者，而为养成审美的并道德的之方便也。"[①] 这里，"审美""美感""审美之感情"等美学词汇被频频使用，但这只是借美学词汇应用于教育领域，最后的落脚点为"不使小儿见闻无次序之物与丑恶之物，为最要也，所谓非礼勿视、非礼勿听是也"，并没有真正谈及美学知识，更没有触及美学学科的内部结构。

1902 年，王国维翻译了日本文学士牧濑五一郎的《教育学教科书》，书中唯一一处出现"美学"二字的地方是在论述"教育学与其他科学的关系"时："欲使教授时有生气有兴味，而使生徒听之不倦，不可不依美学及修辞学之法则。此外哲学、社会学、人类学等，与此学之关系亦不浅。"[②]

可见，"美学"一词首先是在对日本教育模式的复制、移植中作为一门教学科目被引进国门的，此时，引进者对作为学科名称

---

① 〔日〕立花铣三郎著，王国维译：《教育学》，见《教育丛书初集》，教育世界出版所1901 年版，第 29 页。

② 〔日〕牧濑五一郎著，王国维译：《教育学教科书》，见《教育丛书二集》，教育世界出版所 1902 年版，第 4 页。

出现的"美学"概念还仅仅停留在单纯的引用阶段，缺乏对其词源意义、理论内涵及背后深层哲学意蕴的认知。从知识传播及学科建构的角度看，这一阶段的"美学"概念还只是一个学科名词，无法上升到学科内部术语或范畴的高度。

二、对"美学"概念逐步精确化的界定

通过教育类著作及相关文章对"美学"科目的简单提及，虽然还无法起到传播美学知识的作用，但随着此类书籍的广泛流行，还是会给个别执着于"新学"的有心人士以耳目一新的感觉。

稍后随着中国学界对西学的进一步接触以及对西方现代学科分类体系的了解，学者对美学的学科定位以及对相关概念内涵的理解也在逐步深化。我们注意到，在与此同时及稍后出现的心理学及哲学译著中，对美学知识的介绍比重相对增大了，对"美学"概念的解释以及语义来源都有了相对清晰的认识。

众所周知，"美学"一词的西文（Aesthetics）原意是指"感性学"，主要研究人的认识能力中相对"低级"的感觉和感性，本与心理现象密不可分，所以在心理学书籍中涉猎美学内容也是顺理成章的。

在早期心理学译著中涉及的美学内容主要集中于"美感"部分，例如王国维1902年翻译出版的《心理学》一书，介绍了"感觉""主观的观念""苦乐之感""观念之刺激的性质"等几项内容。在"苦乐之感"① 这一部分中有"美丽之学理"一章，着重介绍了有关美感的相关知识，但此书中却并没有采用"美学""美感"等现代汉语形式的译名，而是使用了古汉语构词方式的"美

---

① 按照心理学通例，苦乐之感属于精神三大部 —— 智、情、意 —— 之情部。

丽之学理”“美之感觉”或“美妙之感”的译法，可见此时美学术语的译名方式还处于相对松散、没有固定的状态。《心理学》中还列举了产生美感的三要素，即“眼球筋肉之感”“色之调和”与“本于同伴法之观念”①，并以希腊雕塑《拉奥孔》为例进行分析。

1903 年出版的《心界文明灯》一书，设有“美的感情”专节，对“美的感情”进行了具体的阐释并将其分为“美丽”和“宏壮”两种。②1905 年由陈榥编译的《心理易解》一书还注意到美感的相对性问题：“甲所美者，未必乙所美也。好恶之不齐，境遇教育习惯等，且均有关系焉。故美之趣味，约言之可分二：一、气质之关系，其以为不美者，不能强以为美也。一、鉴识力之关系，随乎教育之启发，而美感有所变更者也。先天之气质，不能直接陶冶之，而由鉴识力之发达，可得间接之修养。得所修养，故畅郁之机，安躁之度，人材亦有可以美育者焉。”③另外，他还引用西方美学家罢路克的观点解释了所谓“物之足使吾人生美感”的条件。1907 年杨保恒编写的《心理学》一书，同样在“美的情操”一节中介绍了美感的相关知识，不仅简要论述了产生美感的三要素，还对快感与美感进行了区分，明确了美感的非功利性：“美的情操颇高尚而复杂，吾人因闻见所及而发为美感，全由于理想的而非实用的者也。故美的情操虽为一种快乐，而与直接之利害相离，即如鼻触香气，口尝甘味，良足以生快乐。然但可谓之快感而不可谓之美感也。儿童及野番人快感与美感混淆莫辨，下等动物并无美感。盖美感者，必知事物有真美之处而爱之，乃从经验上及

---

① 〔日〕元良勇次郎著，王国维译：《心理学》，见《哲学丛书初集》，教育世界出版所1902 年版，第 46 页。
② 黄兴涛：《“美学”一词及西方美学在中国的最早传播——近代中国新名词源流漫考之三》，《文史知识》2000 年第 1 期。
③ 陈榥编译：《心理易解》，上海会文堂 1905 年版，第 180—181 页。

知识上所生之快乐也。"① 书中同样没有采用"美感"这一现代美学术语，而是使用了"美的情操"或"审美的感情"这样的名称。

从上述内容可以了解到，随着晚清心理学书籍的流行，其中对美学相关知识的介绍，或多或少都会强化国人对美学的理解。虽然这些书中只是在论述情感的章节简略地提到有关美感的部分知识，并没有对"美学"从词义、语源或者从美学史的完整构架上进行论说，但这些点滴积累还是会对国人认识美学起到前期启蒙的功效。而且以上所述的心理学书籍中大多都涉及对"美和美感"的分类介绍，例如将"美"分为"优美""壮美"和"滑稽美"等几类，并一一给予了解释，这已触及美学的范畴要素，所以此时对美学知识的传播可以说有了一个小小的飞跃。但在以上所述的心理学著作中却没有对美学加以明确的定义，这究竟是一门怎样的学问、属于什么性质的学科、大体研究哪些内容，对于初涉西学的国人来说这还是一个混沌的概念。

在王国维 1902 年所编的《哲学小辞典》中，首次对"美学"概念做了定义式说明。"美学、审美学：Aesthetics。美学者，论事物之美之原理也。"② 这里已指明"美学"所对应的英文名称为"Aesthetics"，而且同时以"美学"和"审美学"两词来对译，并做了简单的解释，认为美学就是研究事物美的原理的学问。暂且不论这个比较表层化的定义在学理上的意义有多大，至少对美学概念的内涵做了一次积极探索的尝试。另外，此文虽名为哲学辞典，但却包罗万象，对"人类学""伦理学""论理学"（今译逻辑学）、"教育学""哲学""心理学""科学""社会学"等学科都作

---

① 杨保恒编：《心理学》，中国图书公司 1907 年版，第 87—88 页。
② 王国维：《哲学小辞典》，见《教育丛书二集》，教育世界出版所 1902 年版，第 1 页。

了简单的界定，内容扩展至现代学科多个领域的概念名称，由此可以看出此时王国维对西方现代学科的定位、理解都是趋于表层化的，甚至还无法明确区分各自的学科归属，只得笼统地将它们都归入哲学的名下。

1903年由汪荣宝、叶澜编辑出版了中国近代第一部新术语辞典《新尔雅》，内容包括释政、释法、释计、释教育、释群、释名、释几何、释天、释地、释格致、释化、释生理、释动物、释植物共十四个方面。作者曾经留学日本，此书也主要针对日语外来词进行解说，在当时应该是一本面向普通大众的按学科内容分类的新术语工具书，其中有对"审美学""美感"的解释："离去欲望利害之念，而自然感愉快者，谓之美感。""究研美之性质、及美之要素，不拘在主观客观，引起其感觉者，名曰审美学。"① 这里没有出现"美学"的译名，而是采用了"审美学"的早期译法。其对美学的理解与《哲学小辞典》大体相同，都是强调对"美"的研究，但并没有对"美"这个核心范畴进行阐释，研究视野也没有扩展至美学范畴中其他所谓"非美"的要素。

在同时以及稍晚一些的哲学著作中对美学知识的介绍也逐渐增多。蔡元培于1901年发表了《哲学总论》，"哲学"一词在这里所指甚广，包括了除自然科学、神学之外的所有理论学科。

其论理学、伦理学、审美学、社会学、教育学、政治学等，皆心性之所包而属于有象者也。

心理学虽心象之学，而心象有情感、智力、意志之三种。心理学者，考定此各种之性质、作用而已，故为理论学。其说

---

① 汪荣宝、叶澜编：《新尔雅》，上海文明书局1903年版，第32、36页。

此各种之应用者，为论理、伦理、审美之三学。伦理学说心象
中意志之应用；论理学示智力之应用；审美学论情感之应用。
故此三学者，为适合心理学之理论于实地，而称应用学也。其
他有教育学之一科，则亦心理之应用，即教育学中，智育者教智
力之应用，德育者教意志之应用，美育者教情感之应用是也。[①]

从上面引文可以看出，心理学在哲学体系中是一门理论学
科，即"论究事物之性质作用，而考定普遍一般之规则者也"。而
心理又有智、情、意三分，关于智力、情感、意志的实际应用则
构成了论理、审美、伦理三学，这是心理学所对应的应用学科，
即"应用其规则于实际，而命令指挥人者也"[②]。这里同样使用的是
"审美学"的译法，而且除了将审美与情感应用相联系外，没有更
进一步对美学加以阐释。此文的意义在于，从西方现代学科分类
角度为美学划定了领域，虽然这里的分类方法和我们今天普遍认
可的划分标准有所不同，但至少在现代学科分类体系中我们看到
了美学的一席之地，也从而加深了对美学学科的宏观认识。

那么从微观角度，也就是从学科内部视角出发对"美学"独
立学科地位的最早认识，要数王国维在 1902 年翻译出版的《哲学
概论》，此书由日本学者桑木严翼所著，其中一个章节从哲学角
度，详细系统地向国人介绍了西方美学思想的历史演进并最终在
近代确立为独立学科的历程，现引述其中部分内容如下：

---

① 蔡元培：《哲学总论》，见中国蔡元培研究会编：《蔡元培全集》第一卷，浙江教育
出版社 1997 年版，第 355、357 页。

② 蔡元培：《哲学总论》，见中国蔡元培研究会编：《蔡元培全集》第一卷，浙江教育
出版社 1997 年版，第 356 页。

　　抑哲学者承认美学为独立之学科，此实近代之事也。在古代柏拉图屡述关此学之意见。然希腊时代，尚不能明说美与善之区别。雅里大德勒，应用美之学理于特别之艺术上，其所著《诗学》，虽传于今，然不免断片。其他如普禄梯诺斯、龙其奴斯等，亦述审美之学说，尚不与以完全之组织。至近世英国之谑夫志培利、赫邱孙、休蒙等，皆论美的感情之性质，尚未组织美学。而美学之具系统者，反在大陆派之哲学中。伏尔夫之组织哲学也，由心性之各作用，而定诸学，而于知性中设高下之别，以高等知性之理想为真，对之而配论理学，然对下等之知性，即不明之感觉，别无所言。拔姆额尔登（自一七一四至一七六二）补此缺陷，而以下等知性之理想为美，对之而定美学之一科。其中，一、如何之感觉的认识为美乎？二、如何排列此感觉的认识，则为美乎？三、如何表现此美之感觉的认识，则为美乎？美学论此三件者也。自此以后，此学之研究勃兴，且多以美为与其属于感觉，宁属于感情者。又文格尔曼、兰馨等，由艺术上论美者亦不少。及汗德著《判断力批评》，此等议论，始得确固之基础。汗德之美学分为二部，一、优美及壮美之论，一、美术之论也。汗德以美的与道德的论理的快感的不同，谓离利害之念之形式上之愉快，且具普遍性者也。至汗德而美学之问题之范围，始得确定。

　　…………

　　如上所述美学之原理，得称之曰自然理想论，如此而美学之位置，得入于哲学系统中也。[1]

-----

[1]〔日〕桑木严翼著，王国维译：《哲学概论》，见《哲学丛书初集》，教育世界出版所1902年版，第84—85页。

书中对西方自古及今的哲学家、美学家几乎都有所介绍，单就美学领域而言，上述引文中就介绍了柏拉图、雅里大德勒（今译亚里士多德）、普禄梯诺斯（今译普洛丁）、龙其奴斯（今译朗吉弩斯）、谑夫志培利（今译夏夫兹博里）、赫邱孙（今译哈奇生）、休蒙（今译休谟）、伏尔夫（今译伍尔夫）、拔姆额尔登（今译鲍姆嘉滕）、文格尔曼（今译文克尔曼）、兰馨（今译莱辛）和汗德（今译康德）等人的学说，此外后文还提到了海额尔（今译黑格尔）、海尔巴脱（今译赫尔巴特）和叔本华等人的美学主张，可见此书对西方哲学家及美学家的认识还是比较全面的。从对"美学"内涵的理解而言，已经触及了美学的独立地位、美学的学科归属、美学的研究内容、美学与美术（含义等同于现在的"艺术"）的关联等方面，虽语焉不详但深刻性却不容忽视。而对"美"的内涵的理解，即"以下等知性之理想为美"，与鲍姆嘉滕的原意几乎不差毫厘。虽然在这里王国维只是转译了日本学界对西方美学的理解，并无个人的理论阐发，但这却是中国近代学界第一次如此深入详细地介绍西方美学思想，并且是在哲学体系下从美学学科内部去探寻美学内涵的开始，对中国学界可谓意义重大。

蔡元培先生于 1903 年 10 月翻译的《哲学要领》一书，对美学相关内容的介绍虽然只有简单的两个段落，但对美学内涵的理解又深入了一层。

美学者，英语为欧绥德斯 Æesthetics（即 Aesthetics），源于希腊语之奥斯妥奥 αισθάομαι，其义为觉与见。故欧绥德斯之本义，属于知识哲学之感觉界。康德氏常据此本义而用之。而博通哲学家，则恒以此语为一种特别之哲学。要之，美学者，固取资于感觉界，而其范围，在研究吾人美丑之感觉之原因。好美恶丑，人之情也，然而美者何谓耶？此美者何以现于世界耶？美之原理如何耶？吾人何由而感于美耶？美学家所见、与其他科学家所见差别如何耶？此皆吾人于自然界及人为之美术界所当研究之问题也。

美术者 Art，德人谓之坤士 Kunst，制造品之不关工业者也。其所涵之美，于美学对象中，为特别之部。故美学者，又当即溥通美术之性质、及其各种相区别、相交互之关系而研究之。①

这应该是中国学者首次从"美学"概念的语源角度去解读美学的本质内涵，认识到美学的本意不是汉语名称字面意义上所谓的"美"，而是"觉与见"，即"属于知识哲学之感觉界"。不仅将美学定位为"一种特别之哲学"，还明确美学的研究范围"在研究吾人美丑之感觉之原因"。此外对"美术"（义同艺术）概念的理解、对美学与美术二者关系的甄别，都已达到一定的高度。结合《哲学概论》与《哲学要领》两书可以看出，前者从西方美学史的角度，后者从美学概念的词义语源、学科特性入手对美学加以介绍，此时学界对美学基本内涵的认识已经较为清晰全面了。

通过日本这个西方文化的中转站，中国近代学者对西方美学的理解，从最早作为课程名称出现的"美学"名词，到对美学独立学科地位的确认，在短短的时间内对美学基本语义的理解已经发生了质的飞跃。如前所述，早期对"美学"概念的内涵学界一直在不断地探索中，对美学的界定整体上倾向于认为，美学就是

① 〔德〕科培尔著，蔡元培译：《哲学要领》，见高平叔主编：《蔡元培全集》第一卷，中华书局 1984 年版，第 184 页。

研究"美"的学问，但"美"究竟所指为何却语焉不详。这种理解很显然是从"美学"汉语名称的字面意义出发，缺乏更深层的理论阐释。如果结合西方美学的本义去考察，追溯到"美学之父"鲍姆嘉滕那里，会发现鲍氏对其所做的定义为："美学作为自由艺术的理论、低级认识论、美的思维的艺术和与理性类似的思维的艺术是感性认识的科学。"① 这个定义包括好几层意思，具有艺术理论、感性认识和审美思维等多种内涵，这也难免给后人造成理解上的障碍。所以中国学界对于美学的早期定义，将原本丰富的美学含义简单化、狭隘化了，严格意义上讲这是对西方美学概念的一种想象性误读。我们知道美学不单纯研究"美"，而且美学中的"美"也不等同于日常意义上好看、漂亮之类的普通形容词，这是把握美学本质的关键所在。

当然学界也在不断修正、完善对美学的认识，对美学的核心议题"美"也不再做常识性的理解或模糊性运用。在王国维的《哲学概论》与蔡元培的《哲学要领》中我们看到了如下的界定："以下等知性之理想为美"；"美学者，固取资于感觉界，而其范围，在研究吾人美丑之感觉之原因"。与此前对美学的定义相比较，此时美学的研究范围已经扩大，除了对"美"的继续关注，视野还扩展至美学中的消极因素"丑"，进而又扩展到感觉界，这不只是美学研究对象范围的扩大，对于廓清之前对美学含义的误解，完善美学的诸多范畴要素都具有重大意义。

可以说，中国近代学界对"美学"概念的理解，在此时已经达到了一定的高度，此后的进一步阐述大多是在此基础上的继续深化，当然由于美学学科还处于引进初期的不稳定阶段，也常有

① 〔德〕鲍姆嘉滕著，简明、王晓旭译：《美学》，文化艺术出版社1987年版，第13页。

理解上的倒退与反复情形出现。例如，1915年美学学科进入中国学界已有十余年的历史，但在商务印书馆出版的中国第一部现代大型综合性词典《辞源》中，我们看到对美学的理解并没有超越王国维《哲学小辞典》的高度，依旧认为美学即研究美好事物之原理的学问："美学，就普通心理上所认为美好之事物，而说明其原理及作用之学也。以美术为主，而自然美、历史美等，皆包括其中。萌芽于古代之希腊，18世纪中，德国哲学家薄姆哥登Alexander Gottlieb Baumgarten出，始成为独立之学科，亦称审美学。"① 虽然明确了美学学科的独立地位，但对美学概念内涵的阐述却还是停留在常识性的理解上，不具有学术意义上的突破。当然，也许由于《辞源》只是一部泛文化的百科全书式的辞典，目的主要体现在普及大众的文化知识上，所以学术性、专业性并不太强。但此书内容充实广博，多次重印再版，也对美学内涵的传播起到了极大的作用。

第四节　体系建构中"美学"诸概念的完善

根据前文的介绍可以了解到西方美学初入中国时，学界对"美学"概念的内涵趋向于较为简单化的理解，而进入20世纪一二十年代以后，有关"美学"概念的相关阐释已经十分丰富与完善了，并且随着对西方美学的进一步介绍，相关著作中对"美"的分类子范畴的介绍也更趋精细化，而对美学中诸多分类范畴的充实，则显示出学界对美学及美的具体属性的认识水平的提高。总体上看，中国美学学科在此时的发展可谓突飞猛进。

① 方毅主编：《辞源》，商务印书馆1915年版，第114页。

1915 年徐大纯刊载于《东方杂志》的《述美学》一文，是近代中国介绍西方美学的重要文章，对"美学"概念的阐释也极具代表性，不妨稍详引述于下：

美学一语，原出于希腊之 Aesthetikos，本训感觉。至十八世纪中叶，德国学者彭甲登（Baumgarten，1714—1762）氏作，乃作今解。彭氏于一千七百五十年，以拉丁语著一书，题曰：Aesthetica，书中所论感觉之学，一以美为指归，于是 Aesthetica 一语，在昔为感觉学之意者，至是遂转为美学之解。今英语之 Aesthetics，德语之 Aesthetik，皆本乎此。寻彭氏采用此语之故，盖以为人生理性之目的止于真，意志之目的止于善，感觉之目的止于美，而属于理性之学即论真者，为哲学；属于意志之学即论善者，为伦理学；则属于感觉之学即论美者，不可不为美学。此语一倡，后之学者，咸袭用之，美学于以成立。抑彭氏乃承其国赖布涅淄 Leibnitz、沃尔夫 Wolff 等哲学之统系，就其学说而引申之补足之者也。其时哲学界思想之倾向，谓人类之知识，有明瞭者，有不明瞭者，明瞭者得之于理性，不明瞭者得之于感觉。得之于理性者，为上等之智识，得之于感觉者，为劣等之智识。此倾向之由来，盖由当时哲学者之脑中，尚未尽除中世基督教之思想，故于肉体上之感觉，辄轻贬之，排斥之。彭氏乃从感觉一面，悉心探索，恍然于此不明瞭之智识中，美实寓于其内，故彼所著之感觉论，竟无异审美论，而称此学为自由艺术及美思想之原理。①

---

① 徐大纯：《述美学》，《东方杂志》1915 年第 12 卷第 1 号。

在此之前我们还没有看到过对美学学科介绍得如此详细的文字，徐大纯首先从"美学"的词源学意义出发介绍了它的希腊文本义，关于"美学"一词源出于希腊文"感觉"之意，此前的学者也略有提及，但原意"感觉"如何转换为现在的"美学"之解，却是从前的学者们没有提出或许也没有思考过的问题。而徐大纯则指出了彭甲登（今译鲍姆嘉滕）最初创立美学学科的动机是为了弥补西方哲学体系中忽视感性研究的知识空白，所以借用希腊文的"Aesthetikos"，取其"感觉"之意，但鲍姆嘉滕对这门感性学的论述却以美为指归，即感性学的核心议题是"美"与"审美"，所以理所当然可以将其感性学的本义转换为"美学"来理解。徐大纯的上述介绍，对当时学界理解美学概念以及美学学科的创立过程都有着积极的意义，从学理层面上看确实丰富了"美学"概念的内涵。

在萧公弼先生1917年连载于《寸心》杂志上的《美学·概论》文章中，也提到了巴武母哈鲁特（今译鲍姆嘉滕）创立美学之始，"美学"（Asthetik）一词本为希腊语"感觉"之意，美学学科则是研究感官认识之完善的"美"。而此后的哲学家如康德对"美学"一词的使用则分两种情况，在论述理论哲学时他采用感官知觉之意，在对判断力（审美判断）的论述中则指感官适意之美。海鲁巴鲁特氏（今译赫尔巴特）对"Asthetik"采取了更为广义的理解，"即凡实际哲学，皆有研究判断之价值也。故道德论与美学，咸能以感官知觉之语，以包括之"。所以为了避免对此词理解上的泛化而造成的指代不明，"故今于Asthetik以'美及艺术之哲学'解之"[1]。萧公弼的这段论述可以说更加详细地说明了本为感觉之意的

① 萧公弼：《美学·概论》，见叶朗主编：《中国历代美学文库·近代卷》下册，高等教育出版社2003年版，第645页。

学科名称"Aesthetics"何以最终被理解为"美及艺术的哲学"，这也从一个侧面证明了日本学界将此学科名称译为汉语"美学"，是有着一定的历史渊源的。

1920 年刘仁航翻译出版的《近世美学》一书，开篇即是对美学名称的介绍，内容大体与《述美学》中的论述相近。《近世美学》中对美学所下的定义依然沿袭旧说："美学者，研究美之性质及法则之科学也。"但接下来对这个定义的解说却表明了理解上的深入："此定义中含有四要素：一、兹所谓美，含主观客观二面。客观美学，以境为主，所研究者，为能使吾人起发美感之对境，并其性质与法则。二、主观美学，所研究者，为美感自性，及其心理学上之性质与法则。三、美学者，其性质上为标准之学，故对于各种艺术，当应其适宜分量，示以美学上完全规律。四、欲知何者为美，必须能知何者为非美。故美学者，须研究孰美孰不美，及美丑差别之性质与法则。又有与观美意识性质相同者，舍狭义美以外，若崇美、滑稽等诸现象，亦在研究之列。"[1] 这段对美学定义的附加说明蕴含的意义十分丰富，它深入探讨了美学究竟是一门怎样的学问：美学既要研究客观对象的审美属性，又要研究人自身的审美感受；美学的学科性质与自然科学不同，它的目的在于对自然界以及各种艺术设立规则并加以评判（艺术只是美学研究的一部分）；美学的范围除狭义的美（即优美）之外，还应包括其他多样性的审美客体，比如崇高、喜剧等同样具有审美意义的范畴。这段解说实已突破了学界一直以来通行的对美学的简单化界定，甚至廓清了西方美学研究上的某些偏颇给中国学界带来的理论上的误导，比如对美学与艺术关系的理解，以及对美学

---

① 〔日〕高山林次郎著，刘仁航译：《近世美学》，商务印书馆 1920 年版，第 2—3 页。

研究范畴多样性的扩展等。此书随后对西方美学的发展历史进行了简要介绍，虽说不是十分全面，但在近代中国，这可谓是第一部体系较为完备的美学专著，丰富了国人的美学知识，进一步完善了对美学概念的理解。

进入 20 世纪 20 年代，中国学界开始了美学学科体系的建构工作，出现了一大批美学专著，在这些著作中几乎无一例外都对美学概念的语义、美学学科的性质加以系统地介绍，内容大致与上面所述接近，从中可以看出此时学界对"美学"概念的理解已经基本达成共识。

另外，此时学界对于西方美学发展的新趋势也给予了一定的关注，对 19 世纪末西方现代美学的介绍逐渐增多，比如吕澂在对西方晚近美学特征的介绍中提道："统观近代美学大体为形而上学的、思辨的，到了 19 世纪末叶，此学随着一般学风重视经验的事实，面目骤然一变。晚近美学遂另有其新领域并新方法，还不仅是过去研究的延长而已。他本身最显著的一种特征，就系借种种科学 —— 如一般心理学、民族心理学、社会学、进化论，乃至艺术史等等 —— 的助力，另立基础，而建设'科学的美学'。或以'哲学的美学'为言，也以经验的事实为基础。以是晚近美学其深其广皆非昔日之比。"[1] 另外，对美感知识的介绍相比于前一时期也有所增多，甚至很多学者对美的分类都是从美感的角度（感情移入）切入的。

由此可见，这一时期的中国学者对美学的介绍已经进入了相对成熟的阶段，不仅对"美学"概念进行了丰富、全面的阐释，还做到了与西方美学的最新发展趋向相接轨。而且，在 20 世纪 20 年代中国美学学科进入体系建构阶段时，多部美学原理类著作都

---

[1] 吕澂：《挽近美学思潮》，商务印书馆 1924 年版，第 16—17 页。

对"美"的分类子范畴进行了集中而翔实的介绍（详见后文），虽然对美的分类标准还不统一，对这些美学概念、范畴的命名也未完全达成一致，但优美、崇高、悲剧性、喜剧性与丑这些现代美学学科中的支撑性范畴都已被囊括其中。这自然体现出此时学界对"美学"概念的丰富性阐释与认识上的逐步深化。

第五节 "美学"汉语名称的译名流变

晚清至五四时期是中国学界引进西方美学的最初阶段，此时"美学"概念的汉语名称还处于极不稳定的状态，一物多名、一名多指的现象较为普遍，许多早期的译名方式在"美学"名称的生成流变中都留下了历史的痕迹，甚至在为期不短的时间里，"美学"与"艳丽学""美术"等词汇都是混同使用的，直至20世纪20年代"美学"名称最终确立。但近年来，许多国内学者都对"美学"这一汉语译名产生了质疑，并做出了个人化的思考。

一、"艳丽之学"——中国学者对"美学"译名的首创

1920年刘仁航译述的《近世美学》是中国历史上第一本系统性的美学译著，原著者日本学者高山林次郎在序言中写道："哲学上学语，今日尚无一定，美学尤然。盖不经一定之规定，则终无统一之望。故今于习惯成例，一切袭用，若有新造，亦不敢苟。"①作序时间为明治三十二年（1899），可见，此时日本学界对西方哲学尤其是美学学语的译名还没有达成统一，更何况是在思想、语言急剧变化的时代，主要靠汲取日译西书为营养的中国学界。所

---

① 〔日〕高山林次郎著，刘仁航译：《近世美学》原序，商务印书馆1920年版，第2页。

以"美学"相关概念的翻译名称处于极不稳定的状态，也是学术引进初期无法避免的局面。

其实，早在日译"美学"汉语名称传入中国之前，中国学者已经开始了独立翻译西方美学著作的尝试。最早介绍西方美学思想的中国学者是颜永京，他于1889年翻译出版了美国心理学家海文所著的《心灵学》（*Mental Philosophy*）一书，"心灵学"即"心理学"的中国早期译法，日译为"心理学"。西方心理学大多以知（识）、情（感）、意（志）三分，而颜永京只译出了《心灵学》"论智"一部分，在第四题"理才"（论直觉能力）中专设一章"论艳丽之意绪及识知物之艳丽"，介绍了美学的相关内容。由于此时日本学界翻译西书时所创造的美学相关词汇还没有传入中国，正如译者在此书"序"中写道："许多心思，中国从未论及，亦无名项名目，故无称谓以述之，予姑将无可称谓之字，免为联结，以新创称谓。"① 所以颜永京在翻译《心灵学》中有关西方美学知识时使用的是自创的以"艳丽"为核心的系列术语，"美学"学科名称在此处也被翻译成"艳丽之学"。

> 讲求艳丽者，是艳丽之学。较他格致学，尚为新出，而讲求者尚希。②

"艳丽之学"这个术语对于今天的读者来说还是比较陌生的词汇，此用语能否等同于现代学科意义上的"美学"概念呢？首要的问题是需要了解"艳丽"一词所指为何。

---

① 〔美〕海文著，颜永京译：《心灵学》序，上海益智书会，清光绪十五年（1889）。
② 〔美〕海文著，颜永京译：《心灵学》，上海益智书会，清光绪十五年（1889），第13页。

　　艳丽之为何，一言难罄。若取诸物而谓是艳丽则不难，惟阐其艳丽之为何，难矣。艳丽之物愈多而各异，则愈难阐明。因物多且异，而皆称艳丽者，则必皆有一公同佳处，而欲指明一公同佳处为何，岂非难哉？假如一走兽、一石偶、一星，皆称艳丽，而我见之闻之即动情。兹试问各有公同者究竟是何？至一石偶、或一星，则容易指艳丽之在某佳处，但此佳处未必走兽亦有。据理而论，彼三物称艳丽者，其中必有公同佳处在。穷理学士，曾用心于此，各有所见。[①]

　　上述引文会让我们很自然地联想到古希腊哲学家柏拉图的《大希庇阿斯篇》，这是西方美学史上最早讨论美的专著，柏拉图对美和美的东西加以区分试图得出美的定义。美与美的东西不同，美的东西是具体的、易变的，而美是从各种各样的美的东西中总结出来的美的规律，是具有绝对的普遍性和抽象意味的哲学概念，是使所有具体的美的东西成为美的共同原因，即柏拉图所说的"美本身"，"这美本身，加到任何一件事物上面，就使那件事物成其为美，不管它是一块石头，一块木头，一个人，一个神，一个动作，还是一门学问"[②]。这实际上是把日常生活中美好的事物和西方美学理论所研究的核心命题"美"加以区别的最明确的表述，明确了这一点，有助于初涉美学领域的近代学者更好地理解美的本质，以便更深入地把握这门新兴的理论学科。正如上述引文所讲，一走兽、一石偶、一星，三者皆是艳丽之物，但它们都各美

① 〔美〕海文著，颜永京译：《心灵学》，上海益智书会，清光绪十五年（1889），第13页。
② 〔古希腊〕柏拉图著，朱光潜译：《文艺对话集》，人民文学出版社1963年版，第188页。

其美，而美学家所要寻找的正是三物的"公同佳处"，这个共同的规律才是"艳丽"，可见"艳丽"概念的语义所指正是这个"美本身"，那"讲求艳丽者，是艳丽之学"，这里的"艳丽之学"也正是"美学"的另一个汉语名称。

在 19 世纪 80 年代末期，中国近代学者对美本质能做出如此深刻的介绍，实属不易，这一点在王国维、蔡元培等人的早期美学论述中都没有形成自觉的认识，所以才出现了前文所述的对"美学"定义的简单化倾向，认为美学就是研究"美"的学问，而"美"究竟所指为何却没有进一步阐述，似乎给人以不言自明之感，这对于刚刚接触美学的国人来说是很容易造成误解的。或者把美学所研究的"美"等同于常识性的好看、漂亮之类的形容词，或是将"美"等同于生活中多样、具体的美的事物，即混淆了柏拉图所再三强调的"美"与"美的东西"。

在明确了此学科的核心概念"艳丽"所具有的本体意义之后，此书继续展开对"艳丽之学"的介绍，作者采用对历史上流行的美学观点进行批判性介绍的方法探寻艳丽的本质。首先对"艳丽为具于情，而非具于物，具于我而非具于外"的观点进行了反驳：

> 其以艳丽之具于我者，一云，心之动即是艳丽。予谓我每见某样物而发快乐之情，此说本是。盖我快乐之情，果然是某物之某佳处所激。但谓被激之情，即是艳丽，而某佳处反非，则似舛错，且我寻常决不如此颠倒其说。……但谓艳丽是情，终未有也。且问：我每怀惧怀喜怀忧，究竟惧者喜者忧者是何，岂非我自己乎我心灵乎？至使我惧喜忧之物，我只可言是令我发情之物，而不可言即是惧喜忧。比而言之，若艳丽亦是情，则我发其情，即我心灵艳丽，而艳丽非在于

激我情之外物。……由此以观，彼谓心之动即是艳丽之义，似乎失中。

其以艳丽之具于我者，二云，我衷内之情，直照外物，而外物有所返照，即是艳丽。意谓人衷内之情，宛似光芒外射到物，而物返映其耀，人见而谓其艳丽。予以此说亦有所不到，盖有若许物，无论我衷情如何直照，终不能显出其艳丽。再有若许物，无须我衷情直照，而自然显出浩繁之艳丽。假如一孩童初次观洋海，其水面平坦，并无如陆地之有凹有凸，又无陆地之有界有限，其水面青而蓝，一似当头之青天，且蓝无杂色，非若有云之青天可比，遥望青水面有白帆，或来去，或荡漾，宛似白翼之鸟，或翔或集，其水面之圆，从右天际至左天际朗朗然，若此景致，孩童无不称扬，观此孩童，并未阅历如此佳景，若谓其所称扬之艳丽，系己之情直照水面，由水面之返照所致，万万不可。设至壮年回忆从前所见佳境，欲讲求艳丽之所由来，而旁人告以艳丽无非是尔衷情本有者，从内映照于洋海，彼必奇之。①

可以看出，作者这里对于美之根源在于主体而非客体的观点，即"艳丽为具于情，而非具于物"的说法进行了有理有据的批驳，思路清晰、论证严谨，最后得出结论："艳丽是具于物，然而见物之心灵，与被见之物，却有匹配。物之艳丽遇我目，使我喜悦者，是因我心灵及我五官与身外质物有匹配处。总之，艳丽实具于物，至识认艳丽，及赏鉴艳丽，则具于我，或在物与我有连属所致，

---

① 〔美〕海文著，颜永京译：《心灵学》，上海益智书会，清光绪十五年（1889），第14—16页。

或我与物有依靠所致。"①进而作者又层层递进，对艳丽在"物之新奇"、在"物之有用"、在"多样性状合为一"、在"齐整均匀"的观点进行了批驳，最后以德国哲学家歆灵（今译谢林）的观点作为自己的结论，认为"有形有体之质，表出无形不可见之灵"即"所蕴之深意"才是"艳丽"。

> 上四说皆谓物之艳丽，系具于物。然彼所谓具于物，是视物为块质之物，其论不当。今歆灵及儒佛劳等别创一说云，艳丽固具于物，然不可视物为块质之物，当视为灵质之物。物之艳丽，是物之灵气在块质透显，予以为然。
>
> 凡世上一切被造者有二，即灵与质是。此二者各异，一则不能见，一则能见，在艳丽之物，则此二者相和，以致有形有体之质，表出无形不可见之灵。我灵既识物之无形不可见之灵，自然与之相通相合，是艳丽诚非在物之质，亦非在物之灵，乃灵显现于可见之质，而所显者感触我目以达于灵。②

这类似于柏拉图所说的"理念"或是老子所谓的"道"，道家思想认为现象界的美只是与丑相对的东西，从本质上说二者只是同一层面上的外观形式不同的两种现象而已，只有那种体现着宇宙生命力的美才是真正的"美"，即"大美"——道，用我们现在的话来说这才是美学意义上的"美"。所以无论外观形式上的美与丑，只要它蕴含着宇宙自然的生气，散发着人生理想的境界，简

---

① 〔美〕海文著，颜永京译：《心灵学》，上海益智书会，清光绪十五年（1889），第17页。
② 〔美〕海文著，颜永京译：《心灵学》，上海益智书会，清光绪十五年（1889），第20—21页。

言之如叶朗先生所言体现了人生感、历史感与宇宙感，这就是最高境界的美。正如《心灵学》中所述："动物之贵者是人，若人则有性命、有心灵、有魂，非他物可及。故人之灵显现于人之身，自然更甚。予以人为艳丽物中最艳丽，其故盖人之灵能显出其真相耳。曾见有人面貌平常，而其灵之生气盎然，以致平常容貌，竟成艳丽。凡出众之才、恻隐之仁、慷慨之勇，莫不显于外体，而若此之相，固非写照者所能描摹。"[1] 书中对美的本质的认识几乎达到与现今美学界一致的高度，实属难能可贵。接下来书中又介绍了"识知艳丽才"，即审美能力的问题，同样是对历史上种种关于审美能力的观点进行了一番细致考察与分析，最后总结了审美能力的要素以及如何提高审美能力，"既然识知艳丽是思索之一用，则可精益求精，而人不可不求其精。盖凡诸心灵才皆赖指教及磨炼以精，而思索尤甚，识艳丽更赖习练。其欲练识艳丽才者，必须尽悉艳丽凭何法，且熟知艳丽之诸形色，应着心于一切艳丽之物，或天然，或工作，细察其各有之佳处，将诸佳处比较高下，凡古来有识见之人，咸称为艳丽者，彼应惯于讨论佳处。如此用工，则识知艳丽之才可精"[2]。关于审美能力的话题不属于本书考察的重点内容，所以此处也就不再进一步详述。

《心灵学》一书虽没有介绍美学概念的语义来源，没有梳理美学学科的历史演进，但却用逻辑推导、理论阐述并辅以例证支持的方式对美的本质、审美过程、审美能力等西方美学的基本知识进行了系统介绍。而此时的中国学界还没有出现"美学"这一现

---

[1]　〔美〕海文著，颜永京译：《心灵学》，上海益智书会，清光绪十五年（1889），第22页。

[2]　〔美〕海文著，颜永京译：《心灵学》，上海益智书会，清光绪十五年（1889），第28页。

代名词，绝大多数中国知识分子还不知美学为何物。

其实在颜氏译文中出现过"美"的概念，而且与美学中所使用的"美"字意义相当，例如："我心灵识知目前之画是艳丽，辨别其妙处，而称之为美。我心灵如此作为，是思索之别用。我识知画之艳丽而称赞之，固后于发喜，我先觉喜，故称其画为美。"①那么，颜永京为何不用"美"这一概念，而采用"艳丽"一词，并进而将西方"美学"翻译成"艳丽之学"呢？这里我们首先需要了解一下"艳丽"在中国古代美学思想体系中的内涵以及中西方语境中"美"的词源学含义。

在基本以单字为独立词汇的中国古代汉语体系中，美学范畴也常常是以单字出现，有时单字与单字组合成复合词，由此派生出分类更为细致的子范畴，但这个复合词又是可以自由拆分的。"丽，指文学艺术形式的华美，主要指文学作品的词采美。……'丽'这一美学范畴的形成，实标志着文学的形式美日益受到重视。"②可见，"丽"即"美"的意思，只不过侧重于形式方面。"艳"，从色字部，本义侧重色彩上的鲜丽，当"艳"与"丽"组合成一个词时，就更加强化了视觉感知方面鲜明的色彩与美好的形式外观，表达的是一种重视感性直观的美感心态。

而在中国传统文化中，"美"这个概念却蕴含着诸多意义，简要概括有以下几种词义，一曰美食、美味，如："肉之美者，猩猩之唇，獾獾之炙……"；二曰美事、美物，如："君子成人之美，不成人之恶"；三曰美质、美德，如"君子崇人之德，扬人之

① 〔美〕海文著，颜永京译：《心灵学》，上海益智书会，清光绪十五年（1889），第25页。
② 成复旺主编：《中国美学范畴辞典》，中国人民大学出版社1995年版，第188—189页。

美""充实之为美"；四曰美观、美丽，即事物外在形式的美，如："有美玉如斯"；五曰赞美、美刺，指对事物的审美评价，如："毛嫱、丽姬，人之所美也"；六曰饰美、美化，如："诚美其德也"①。由于"美"这个概念内涵的不确定性，在许多场合"美"字还常常与"善""好"等词汇通用。而且当"美"这一概念逐渐成为中国古代美学中的一个范畴后，它始终位于"神""气""韵""味"等概念之下，成为这个范畴体系中的次一级的概念。

　　也许由于"美"在中国古代美学思想体系中并不像在西方美学中那样处于中心范畴的地位，再加上中国古代语言中"美"字内涵的丰富性、多义性，导致颜永京在翻译西方美学时难以明确定位"美"字的含义取舍，所以索性使用了"艳丽"这一相对来说含义单纯、侧重对象感性形式的词汇，这也正好与西方历史上"美"字的词源学意义较为接近，在西方各种语言中"美"字的本义大多侧重于表现事物本身的物质属性及感性形象。"拉丁语的 bellus、英语的 beauty 都是外形美观之义，德语的 das Schön 原来与 ansehlich 同义，表示看起来悦目的性质。俄语的 kpacoma 起源于 kpac，后者的本意是在器物上涂抹颜色。总而言之，西方有代表性的语言中，与'美'相当的词语最初都与形状、姿态、线条、色彩等有关，至今它们的词根仍然关联着对象形式。"② 所以从这个角度上看，"艳丽之学"这个译名抓住了"对象和现象的物质属性"，却忽略了美的范畴的价值本质。而且从总体着眼，将"艳丽之学"对译于西文"Aesthetics"，还是削弱了西方美学

---

① 成复旺主编：《中国美学范畴辞典》，中国人民大学出版社 1995 年版，第 182 页。

② 曹俊峰：《元美学导论》，上海人民出版社 2001 年版，第 416 页。此外，凌继尧《"美"的词源学研究》一文也详细考察了世界各种语言中表示"美"的词汇的语源意义，见《美的研究与欣赏（丛刊）》第 1 辑，重庆出版社 1983 年版。

核心概念"美"所具有的抽象、本体的哲学意味,有将美学狭隘化理解之嫌。尤其是在中国学界翻译和引进西方美学之初,对于大多数还不知美学为何物的国人来说是极容易造成理解上的偏差与误读的。

当然历史无法精确地还原,以上也只是笔者一种无法证实的猜想而已。也许颜永京当时并没有过多的思考与顾虑,只是个人的单纯喜好选择了"艳丽"与"艳丽之学"这一具有文言话语方式的译名,也成就了中国学者对美学汉语译名的一次有意义的尝试。

"艳丽之学"这一译名随着《心灵学》这部汉译西方心理学著作的流行而产生了一定的影响,甚至在日译"美学"名称传入中国并逐渐取得了合法地位后,"艳丽之学"也时常出现,并与"美学"一同并列为"Aesthetics"的中文译名。据黄兴涛先生考证,在早期来华传教士所编订的中英文词典中就保留了这一译法,如美国传教士狄考文在 1902 年编就的《中英对照术语词典》(*Technical Terms*)中即采用了"艳丽之学"这一中文译名来对译西文"Aesthetics"一词。①另外,上文提到的王国维于 1902 年翻译出版的《心理学》一书,其中列有"美丽之学理"一章,着重介绍了西方有关美感的相关知识,此书中没有出现"美学"这一现代译名,而是使用了古汉语构词方式的"美丽之学理"的译法,在书末所附的"心理学学语中西对照表"中,"美丽之学理"对应于英文"Aesthetic Theory",以"美丽"对译英文"Aesthetic",这个译法与颜永京"艳丽之学"的译名方式相似,或许就是受到了颜氏的影响。

---

① 黄兴涛:《"美学"一词及西方美学在中国的最早传播 —— 近代中国新名词源流漫考之三》,《文史知识》2000 年第 1 期。

那么，采用这种文言构词方式来翻译西文"Aesthetics"的，还有英国来华传教士罗存德，在其1866年所编的《英华词典》(第一册)中将"Aesthetics"一词译为"佳美之理"和"审美之理"。此外，由中国人谭达轩在1875年编辑出版、1884年再版的《英汉辞典》里，"Aesthetics"一词则被翻译为"审辨美恶之法"。①撇开对美学内涵理解的准确与否不谈，单从译名方式上看，这些采用古汉语构词方式的译名比起"美学"一词来说，结构相对烦琐，也不符合现代汉语的语言习惯，所以在后来日译"美学"名称流行之后逐渐淡出人们的视野也是可以理解的。

二、其他译名的同时并存与混同使用

语言的变化，总是与人的观念形态、思维习惯和文化环境密不可分。20世纪初期从日本转口输入中国的西学学科数量急剧增长，日译西文书籍成为近代中国人向现代化迈进途中最主要的知识来源，所以在"美学"这一汉译学科名称正式固定下来之前，与"美学"并用的其他较为流行的译名如"审美学""美术"都是从日本引入中国的。

在日本学界翻译与引进西方美学之初，"美学"与"审美学"作为学科名称曾同时被应用于日本知识分子的著作中。中国受日本影响也是同样的情形，两词几乎同时出现于中国学界的视野，而学界对二者的使用也是不做区分等同视之。如早期作为课程名称出现时，尤其是在对日本各类学校的介绍中，"美学"与"审美学"两词都是被频繁使用的。在王国维研究西方哲学、美学的著

---

① 黄兴涛：《"美学"一词及西方美学在中国的最早传播——近代中国新名词源流漫考之三》，《文史知识》2000年第1期。

作中，"审美"还先于"美学"一词早出现一年。①1902 年王国维所编的《哲学小辞典》首次对"美学"概念加以定义式的说明中，将英文"Aesthetics"同时对应于"美学"与"审美学"两个汉语名称；1903 年出版的《新尔雅》中没有出现"美学"的译名，而是采用了"审美学"的译法；1906 年在《新民丛报》上刊发的译文《教育学剖解图说》，在对"教育学之补助学"的说明中介绍了心理学、伦理学、社会学、历史学、审美学、论理学、生理学、卫生学的简单定义，其中对审美学所做的解释为："研究审美之标准也"②；在 1915 年出版的《辞源》中，对"美学"词条加以解释时，同样提到了此学科"亦称审美学"。

即使在当今美学界，由于"审美"一词仍被广泛应用于通行的美学原理体系中，所以对"审美学"这种译法大家也并不感到陌生，甚至在个别对"美学"这一汉译名称质疑的学者眼中，"审美学"较之"美学"还是一个更富有生命力的译法。如李泽厚先生曾在《美学四讲》中写道："如用更准确的中文翻译，'美学'一词应该是'审美学'，指研究人们认识美、感知美的学科。"③

上文提到的王国维所译《心理学》一书的书末列有一个"心理学学语中西对照表"，在把"美丽之学理"对译为英文"Aesthetic Theory"的同时，另一个英文词汇"Aesthetic Sense"则被翻译成"美术的感觉"，同一个词"Aesthetic"④在同一篇文章中竟被译成"美丽的"与"美术的"两个不同的汉语词汇。而在同年出版的同是王国维所译的《伦理学》一书中，我们看到书后

① "审美"一词最早出现于王国维 1901 年所译的《教育学》一书中，"美学"一词是在其 1902 年及以后的著作中才频繁出现的。
② 祖武：《教育学剖解图说》，《新民丛报》1906 年第 5 号。
③ 李泽厚：《美学四讲》，生活·读书·新知三联书店 2004 年版，第 8 页。
④ 这是 Aesthetics 的形容词形式，现译为美学的、审美的、有审美感的。

的"伦理学学语中西对照表"中则将"美术"对应于英文的"Fine
Arts"[①]，这与我们现在通行的译法相同，可见在当时中国哲学界、
美学界中的汉语译名还处于初期极不稳定的混用状态。

　　将"Aesthetic"对译为"美术的"，实际上也就是把西方美学
的学科名称翻译为汉语"美术"一词，这并不是某一个学者的一
次偶尔使用或无意误用，审视当时中国学界的大多数哲学、美学
著作时我们会发现，在为时不短的历史时期内，从整体趋势上看
学界并没有辨明"美学"与"美术"这两个概念内涵的不同，以
致将两词混同使用。

　　近代学界对"美学"与"美术"两术语的混用，也有其不可
避免的历史原因。在西方古典美学史上始终贯穿着一条研究主线，
即认为审美的主要对象应为艺术。在鲍姆嘉滕对"美学"的定义
中就包含了对"自由艺术"及"美的思维的艺术"的研究。直至
黑格尔也就顺理成章地提出"我们的这门科学的正当名称却是
'艺术哲学'，或则更确切一点，'美的艺术的哲学'"[②]，认为美学的
研究对象是艺术或美的艺术，而"美的艺术"则旧译为"美术"[③]。
西方美学史上的这一研究主潮或者说研究上的偏颇，自然会导致
日本及中国学界早期对"美学"与"美术"含义理解上的错位。

　　在日本，"明治时期，这个译词（指美术。——引者注）用得
相当混乱"[④]。所以，当此词由日入中时的情况也同样极为复杂，同
现在单指造型艺术相比，当时美术内涵被无限扩大，大致有三种

---

① 〔日〕元良勇次郎著，王国维译：《伦理学》上卷附录，见《哲学丛书初集》，教育
　世界出版所 1902 年版。
② 〔德〕黑格尔著，朱光潜译：《美学》第一卷，商务印书馆 1996 年版，第 3—4 页。
③ 〔德〕黑格尔著，朱光潜译：《美学》第一卷，商务印书馆 1996 年版，第 3 页。
④ 〔日〕岩城见一著，王琢译：《感性论——为了被开放的经验理论》，商务印书馆
　2008 年版，第 112 页。

用法：一、指称西方美学学科，将"美术"与"美学"混同使用；
二、词义上等同于现在的"艺术"一词，即包括文学、音乐、美
术、舞蹈、戏剧等艺术形式在内；三、有时还作为一种艺术表现
手法"美之术"来使用。由于本书的关注点主要集中于"美学"
译名的流变，所以下面将着重对第一种情况即"美术""美学"的
关系进行梳理，对于另外两种用法就不做过多阐述了。①

如前文所述，中国学界与西方美学的早期接触首先是从课程
名称开始的，在对日本学校课程的介绍中除了列出"美学""审美
学"外，还经常出现"美学及美术史"课程。以 1901 年京师大学
堂编辑的《日本东京大学规制考略》为例，我们看到在文科大学
的几乎所有学科包括哲学科、国文学科、汉学科、国史科、史学
科、英文学科、德文学科和法文学科等第三学年的课程中都赫然
列有"美学及美术史"课。② 据有关学者考证，明治初期以来，在
日本大学里"美学"与"美术史"被合为一科——"美学美术史"
学科，主要设置于美术院校以及综合性大学中。1889 年，东京艺
术大学的前身——东京美术学校开始设立"美学及美术史"课程，
而东京大学也于此时将之前开设的"审美学"课程改为"审美学
美术史"，1891 年又改为"美学美术史"，它的美术史是作为哲学
美学的一环开始的，执教者是德国人布塞、克贝尔，以及留德的
大家保治，他们以美学为中心，附带讲授西洋美术史。③ 可见，在
这样的设课模式中，美学与美术史并不是各自独立、分量对等的，
我们似乎可以这样理解，名为"美学美术史"，实际上这还是一门

① 对这个话题感兴趣的读者可参见邵宏：《西学"美术史"东渐一百年》，《文艺研究》
2004 年第 4 期；陈振濂：《"美术"语源考——"美术"译语引进史研究》，《美术
研究》2003 年第 4 期及 2004 年第 1 期。
② 佚名：《日本东京大学规制考略》，江南制造局所刻书 1901 年版，第 28—37 页。
③ 刘晓路：《日本的中国美术研究和大村西崖》，《美术观察》2001 年第 7 期。

美学课程，只不过把美术（即艺术）作为了研究的中心，这正好与黑格尔将美学理解为艺术哲学相一致，或许正是受其影响也未可知。但这样的课程名称设置，也许正是造成"美学"与"美术"这两个概念混淆的始作俑者。

按照我们今天的学科设置，"美学及美术史"课程尤其是美术史学之类应该属于美术院校所修科目，不应成为几乎所有文科大学的必修课，而我们在中国清末民初的学校科目设置中却频繁地看到这样的课程模式，毫无疑问，这是对日本学制的拷贝。美学及相关课程正式进入中国文科大学的授课实践中应该是在民国之后，在 1916 年 9 月至 1917 年 7 月制定的《国立武昌高等师范学校本学年教授程序报告》中介绍了英语部三年级教授程序：甲、英语；乙、拉丁；丙、哲学；丁、美学，其中对"美学"课的具体说明是："美学：授《欧洲美术史》(*History of European Arts*)，每周授课二小时，用英文教授，第二学期终即可授毕。"[1] 同样在 1917年《北京大学文、理、法科本、预科改定课程一览》中介绍的大学文科哲学门专科设有美学课，而美学课具体教授美术史、考古学和文学史三门。由此可见，美学课的名目下教授的实际是美术史的内容，这样的课程设计思路体现出了民国初年政府教育主管部门对美学与美术二者的内涵还不甚了解，以致造成混用、误用，而这种教育行政机关公布的课程标准中对科目术语的混淆使用所造成的影响，相比于个人性的使用，无疑具有更大的传播广度与影响力度。

关于"美学"一词的汉语译法，笔者还注意到一个更加特别

---

[1]　潘懋元、刘海峰主编：《中国近代教育史资料汇编·高等教育》，上海教育出版社2007 年版，第 751 页。

的方式。1913 年《教育杂志》上有一篇介绍图书馆图书分类方法的文章《图书馆管理法》，在所列图书分类中有两个译词值得关注，一是"Fine Arts"被译为"美术"；二是"Book Arts"被译为"美学"。[①]"美术"的译法与现在等同，不会产生异议，但"Book Arts"对应于汉语"美学"，却让人十分费解，因为从英语语言学的角度看并没有"Book Arts"这个词语，很显然这是使用者依据Fine Arts（美术）的译名而生造出来的，如果我们将错就错，从"Book Arts"的字面意义出发试图还原一下译者的思路，也许他认为有关美术的理论书籍或者说书面表述即是美学的含义。

　　以上所述几乎可以代表当时学界的总体趋势，但与此同时也不乏个别学者很早就对"美学"与"美术"两词的内涵及使用语境有了清晰的理解，并做出了理论上的合理化阐述，以下选取比较有代表性的言论略述一二。

　　上文提到蔡元培先生于 1903 年所译的《哲学要领》一文，对"美术"与"美学"二者语义内涵的区别有了清楚的认识。"美术者 Art，德人谓之坤士 Kunst，制造品之不关工业者也。其所涵之美，于美学对象中，为特别之部。故美学者，又当即溥通美术之性质、及其各种相区别、相交互之关系而研究之。"[②]其实，英文Art、德文 Kunst 现在都通译为"艺术"一词，引文中出现的"美术"实际上等同于"艺术"一词，也就是说在蔡元培的理解中，此时还是混淆了艺术与美术的界限，但却比较清晰地辨明了美术与美学的关系，即美术不同于技术，因其具有"美"的属性，所以可以成为美学的一个特殊的研究对象。

---

① 《图书馆管理法》，《教育杂志》1913 年第 5 卷第 5 号。
② 〔德〕科培尔著，蔡元培译：《哲学要领》，见高平叔编：《蔡元培全集》第一卷，中华书局 1984 年版，第 184 页。

　　1903 年留学于日本的浙江籍学生创办了《浙江潮》杂志，在《浙江文明之概观》中介绍了浙江文明时代的政治、军事、农业、工业、文学、美术等概况，其中对"美术"的介绍是："巧工施校，制以规绳，雕冶圆转，刻削磨砻，分以丹青，错画文章，婴以白璧，铸以黄金，状类龙蛇，文采生光。此非越献吴之木乎？其雕刻图画迄今想象及之，犹觉玲珑精致、光彩烂然。其美术之发达有如此者。"[①]这里对"美术"一词的理解已与现在相同。在《日本第五回内国劝业博览会观览记》中"美术"所指则更为明确，作者在参观"美术馆"时，看到内设"陈列品有四：绘画、塑像、美术工艺、美术建筑之图案及模型，此出品大半为东京美术学校生徒所制作"[②]。文中没有对"美术"一词做过多的解释，但我们从"美术馆""美术学校"这种现代性的称谓，以及这四种陈列品的种类，就可以清晰地看出这正是"美术"的今义。此杂志中提到"美学"的地方并不多，但对"美学"一词的理解却十分到位，比如《中国音乐改良说》这篇文章，它被列于杂志的"文学"栏目下，但在文章标题下有一小段说明文字："此篇例入美学，以本志无此专目，故栏入于此，体例外谬，阅者谅之。"[③]从以上所引文章片段中可以看出，《浙江潮》杂志的作者即留日学生对"美术""美学"两词的使用已得心应手，似乎这已是一个被普遍接受的概念而无须做过多介绍。而反观此时中国国内，学者能清晰辨明两词含义的还并不多。以上情形的出现也许是因为这些学生身在日本直接受其学术影响的缘故，当然我们由此也可以了解到此时日本学界对"美学""美术"概念接受的总体趋势。

---

① 公猛：《浙江文明之概观》，《浙江潮》1903 年第 1 期。
② 同乡会会员：《日本第五回内国劝业博览会观览记》，《浙江潮》1903 年第 3 期。
③ 匿户：《中国音乐改良说》，《浙江潮》1903 年第 6 期。

历史的发展本身就是曲折与反复的，命名中术语的筛选与淘汰过程更是难以整齐划一，那么我们暂且抛去历史重复的细节与枝叶，直接过渡到"美术"一词的基本确定时段。

吕澂 1919 年刊载于《新青年》的《美术革命》一文已将美术定位于空间艺术。"凡物象为美之所寄者，皆为艺术（Art），其中绘画、雕塑、建筑三者，必具一定形体于空间，可别称为美术（Fine Art），此通行之区别也。我国人多昧于此，尝以一切工巧为艺术，而混称空间时间艺术为美术，此犹可说；至有连图画美术为言者，则直不知所云矣。"[1] 同年刊载于《东方杂志》上的另一篇文章《什么叫美术》，也对"美术"的基本范围加以精确地定位，这说明此时学术界对美术的语义内涵已经有了趋于一致的固定理解了。

> 美术，在英文为 Fine Art，与寻常艺术 Art 不同，他本有一定的范围，就是图画、雕塑、建筑三种，才能称美术。……为什么图画雕塑建筑三种，才够得上称美术呢？因为这三种东西，是独立的，不是附属的，立在空间，各有一定的形体，那形体又非常美妙，使人接触了，立时就生洪大绵密的美感。[2]

只有"美术"一词的含义确定了，它与"美学"用法及理解上的混淆与纠葛在理论上才算告一段落。但毫无疑问，即使在此时，理论界还是会有相当一部分人仍然"执着于"对"美术"含义的宽泛理解，这是任何一个新术语在生成流变过程中都无法避

---

[1]   吕澂：《美术革命》，《新青年》1919 年第 6 卷第 1 号。
[2]   美意：《什么叫美术》，《东方杂志》1919 年第 16 卷第 12 号。

免的混乱前奏。

三、"美学"名称的最终确立

1908 年颜永京之子颜惠庆所编的《英华大辞典》中列出的美学译名可以作为上文的一个简单注脚："Æsthetics：Philosophy of taste，美学、美术、艳丽学。"[①] 将 "Aesthetics" 的多个译名——美学、美术、艳丽学——同时列出，也许为了更全面地揭示美学的含义，却从另一个侧面透露出对美学概念理解上的模糊，同时也会给当时的读者造成理解上更大的混乱。这三个译名经历了较长时间的筛选与淘汰程序，在使用过程中或强化或转换或削弱了各自的理论内含及语义功能，终于在 20 世纪 20 年代前后，"美学"一词在众多备选义项中最终胜出，汉译"美学"名称最终确立。

当然所谓的"确立"也是相对而言的，历史芜杂的原生态无法呈现出整齐划一的清晰画面，如果我们试图去定位究竟哪一年、哪一个人、哪一本书使得"美学"译名在多年的辗转中确定了下来，无异于作茧自缚，因为与此同时你会举出同样确凿的反例。所以我们只能保守地划定出一个大致的范围，探寻出此译名辗转流变的轨迹与脉络，力图避免或者说减少因为个人对历史的主观剪辑所造成的削足适履。

"美学"名称的最终确立要得益于一系列具有标志性的美学事件的展开。1915 年徐大纯在《述美学》一文开头写道："挽近以来，吾国人于欧洲各种科学，类已有人络续译之，介绍于吾国学界。独美学一科，缺然未备，且其名词亦罕有能道之者。惟前岁蔡鹤卿先生在南京长教育时，其教育方针宣言中，有美学教育之

---

① 颜惠庆编：《英华大辞典》，商务印书馆 1908 年版，第 15 页。

说，维时阅者咸诧为创闻。"①此时美学已传入中国十余载，但其名词竟罕有人知道，可见，这门学问初入中国时的传播速度及影响广度都是不容乐观的，前文所述的看似丰富的美学言论大多只是学者个人的自我慰藉，相比于西学东渐中其他应用学科的异彩纷呈，美学领域则冷清许多。当五四运动强烈地震撼了国人的头脑之时，一场深刻的思想界革命拉开了帷幕，美学也逐渐成为"显学"，当时几乎所有的文科刊物都发表过美学方面的文章，同时美学科目也成为大多数高等院校的重要课程。加之刘仁航1920年出版的中国历史上第一本系统性的美学译著《近世美学》，以及吕澂、陈望道、范寿康等人分别推出的《美学概论》等著作，这一系列事件的发生足以支撑起美学学科在中国的稳固地位，而这些著作中对"美学"一词的选择、应用、阐释，势必会对"美学"这一汉译名称起到强化、固定的作用。

"美学"这一日译术语最终取代中国学者自创的"艳丽之学"，以及英国来华传教士罗存德选择的"佳美之理"和"审美之理"等名称，固然因为这些名称本身并不恰当，无论从构词方式还是译名的准确性上都有不足之处，但更主要的原因还在于日译名词对近代中国强大的覆盖面与影响力。晚清政府在向日本派遣众多留学生的同时也造就了大批日译人才，上文所引大多数美学文章都是当时学者从日文转译的，加上日本学者对"美学"一词的选择也是经过了仔细推敲、长期酝酿，总体上质量较高，构词方式上也符合汉语现代化的趋势。正如王国维所说"日人之定名，亦非苟焉而已，经专门数十家之考究，数十年之改正，以有今日者也。……余虽不敢谓用日本已定之语，必贤于创造，然其精密，则

---

① 徐大纯：《述美学》，《东方杂志》1915年第12卷第1号。

固创造者之所不能逮"①。面对晚清社会铺天盖地的新名词的大量涌现，人们往往应接不暇，为了便于理解与接受，译者选择的译名大多简洁明了，对于已经习惯的用法尽管有时存有异议但还是以因袭为主，以免造成更大的混乱。正如被誉为一代译才的严复绞尽脑汁创译的许多具有浓厚古文色彩的新名词最终都没有竞争过从日本转译的新词一样，"艳丽之学"这一译名的命运也大抵如此。这并不是中国近代翻译领域的偶然现象，语言学家经过考证已经得出结论："现代汉语中的意译词语，大多数不是中国人自己创译的，而是采用日本人的原译。换句话说，现代汉语吸收西洋词语是通过日本语来吸收的。"②话语形态的变革背后所反映出的不仅是语言学层面的新旧替换，更多蕴含的是社会文化、学术转型的时代信息。

四、关于"美学"译名的反思

通过上文的论述，我们了解到汉译"美学"名称命名中的曲折错位以及使用中由混乱到逐步清晰的历史过程。如今"美学"二字作为学科名称使用已有一个多世纪了，但学者对这一译名的不满与反思却从未停止过，甚至有不少学者对现今国内流行的整个美学原理体系产生了质疑并力图颠覆重构。

为了弄清"美学"译名的合理性与否，我们有必要简要回顾一下西方美学学科创建的历史。随着西方自然科学与社会科学的发展，到了17、18世纪西方哲学研究出现了认识论转向，把人的理性认识能力置于本体地位。唯理主义者认为人的认识能力分为高级的理性认识和低级的感性认识两部分，而在现有的哲学体系

---

① 王国维：《论新学语之输入》，见傅杰编校：《王国维论学集》，中国社会科学出版社1997年版，第387—389页。

② 王力：《汉语词汇史》，中华书局2013年版，第180页。

中却只研究理性认识，把感性认识排斥在哲学研究范围之外。作为唯理主义学派代表人物之一，鲍姆嘉滕认为这已造成知识体系的一个重大缺陷与漏洞，因为在现有知识体系中逻辑学研究理性认识，伦理学研究意志，而感性认识尚未有专门的学科来研究，所以他认为有必要创立一门研究感性认识的科学来弥补这一知识体系的空白，并在其1735年出版的博士论文《关于诗的哲学默想录》中第一次命名这门学科为"Aesthetics"，但并没有对其进行深入的阐述与发挥，只简单地提及："'可理解的事物'是通过高级认知能力作为逻辑学的对象去把握的；'可感知的事物'（是通过低级的认知能力）作为知觉的科学或'感性学'（美学）的对象来感知的。"① 其实，"Aesthetics"的本义与"美"（beauty）无关，它源自希腊文 αϊσθηονε（感觉之义），而且鲍姆嘉滕在论述中也没有提及"美"（beauty），着意阐述的是"诗意""完善"等词语。随后在1750年鲍姆嘉滕出版了《美学》一书，系统地论证了"感性学"的理论构想："美学作为自由艺术的理论、低级认识论、美的思维的艺术和与理性类似的思维的艺术是感性认识的科学。""美学的目的是感性认识本身的完善（完善感性认识）。而这完善也就是美。"② 我们看到在鲍姆嘉滕建立的这门新兴学科系统中审美与艺术确实占有一席之地，而他也的确是围绕着"美"来谈论感性认识的，但这里的"美"并不是指客观对象的性质，而是指"感性认识的完善"，研究的落脚点还是归于人的主观感性。也就是说"感性学研究的不只是美的对象，而是人的一切感性活动，尤其是能使人的心灵丰富和充盈起来的感性活动；感性学不

---

① 〔德〕鲍姆嘉滕著，简明、王晓旭译：《美学》，文化艺术出版社1987年版，第169页。
② 〔德〕鲍姆嘉滕著，简明、王晓旭译：《美学》，文化艺术出版社1987年版，第13、18页。

是关于美的学问，而是关于人的感性完善的学问。这才是鲍姆加敦（即鲍姆嘉滕。——引者注）的美学定义所包含的真理”①。

而当我们回过头来审视西方美学走过的历程时会发现，19 世纪末以前的美学研究实际上把对“感受”的研究变成了对事物客观性质的研究。美学家们关注的重心更多地倾向于客观对象的“美”，以及美的客观标准，确切地说是与“优美”相关的种种特征成为许多人审美趣味上的偏爱。这一时期的美学研究倾向实际上是以客观对象取代了主观感性，以 beauty（美）取代了 Aesthetics（感性学），以“优美”这单一对象特征取代了人类感官可以感知到的其他具有审美意义的范畴，比如崇高、悲剧、喜剧等包含着否定性因素的范畴。直到德国古典美学的集大成者黑格尔仍然旗帜鲜明地提出美学是“美的艺术”的哲学，这样一股强大的古典美学研究主潮就将美学研究的对象局限在“美”的领域，即认为美学就是研究美的学问。这就造成了对“Aesthetics”本义的两种歪曲，一是对主体感性、知觉含义的忽略，二是削弱了对审美客体多样性的关注。

19 世纪末 20 世纪初，随着西方现代艺术的异军突起，现代形态的审美活动中包含的否定性因素逐渐增多，早已超越了“美”的单一形态。而且美学研究也出现了新的趋势：经验主义美学与科学主义美学逐渐占据了现代美学的主导地位，对美的本质的探求日益让位于对美感经验的研究，美学从重点研究美转为重点研究美感，而对感受性的关注正是 Aesthetics 的本有之义。所以这一研究转向从学科名称的角度看，在西方美学界正是对 Aesthetics 本义的回归，在一定程度上纠正了以往研究中的偏颇。但由于中西

① 吴琼：《西方美学史》，上海人民出版社 2000 年版，第 336 页。

文化背景及语言符号的差异，作为学科名称的"美学"在汉语中的表述就没有这样清晰了，容易将其与美学范畴之一的"美"相提并论，从而产生美学研究对象及范围指代不明的弊端。

那么，当近代中国包括日本从西方引进美学学科时，当时学者们主要是从上文提到的西方古典美学的研究立场汲取理论知识以构建自己的美学体系，所以从特定的历史背景上看，近代日本学界将学科名称"Aesthetics"译成"美学"是有着一定的历史合理性的，因为当时西方美学界的研究主流即是如此。黑格尔甚至认为鲍姆嘉滕的命名"伊斯特惕克"（Ästhetik）并不精确，因为这个词义是指感觉和情感之意，他认为本学科的正确命名应该体现出对"艺术的美"的侧重。"美学意义上的'Ästhetik'（Aesthetics）从19世纪中叶后的黑格尔学派起开始流通，继之而来的是19世纪末叶到20世纪前叶的'心理学美学'。'黑格尔学派'有很多题名为'Ästhetik'的著述，他们论述的是何谓美、美的范畴和艺术概念等，此后的'心理学美学'的论题也大抵如此。可以说，此时是'美的范畴'论的昌盛期。所以这一时期的'Ästhetik'，不是'感性论'，而是字面意义上的'美学'。"① 所以从这个角度上说，学界当初对汉语"美学"译名的选择是情有可原的，但却难以弥补这个带有历史痕迹的错误给当下美学界造成的混乱与误导。

在引进西方美学初期，中国一些学者在对"美学"概念逐步深入的理解中已经意识到，汉译"美学"名称所对应的英文"Aesthetics"的原意为感性学，很明显，"美"与"感性""感觉"

---

① 〔日〕岩城见一著，王琢译：《感性论——为了被开放的经验理论》，商务印书馆2008年版，第102页。

在语义上是不能对等替换的。但由于当时学者引入这门学科时的匆忙心态所致，并没有继续思考这个学科名称在中英文翻译转化中何以会产生这种语义上的差异，以致一直沿用这个名称。当然，这是历史局限性所造成的我们无法苛求的缺憾。朱光潜先生在《文艺心理学》一书中就较早地提出了这个问题：

> "美学"在西文原为 aesthetic，这个名词译为"美学"还不如译为"直觉学"，因为中文"美"字是指事物的一种特质，而 aesthetic 在西文中是指心知物的一种最单纯最原始的活动，其意义与 intuitive 极相近。本书为便利了解起见，仍沿用"美学"这个译名，不过读者须先明白本书所谓"美感的"，和"直觉的"意义相近。"美感的经验"就是直觉的经验，直觉的对象是上文所说的"形象"，所以"美感经验"可以说是"形象的直觉"。这个定义已隐寓在 aesthetic 这个名词里面。①

20 世纪 30 年代之际，中国学界对西方美学的整个历史可以说有了一个大致透彻的了解，接受的外界美学理论信息也几乎与西方发展趋势同步，理论上也许建树不多，但视野的开阔度却是第一代美学建设者们无法与之相比的。朱光潜先生在 1929 年已开始酝酿《文艺心理学》一书，当时他正在法国留学，此时已经开始了对"美学"学科名称的反思，意识到汉译"美学"一词可能会对正确理解这个学科的内涵造成一定的误解，认为将 Aesthetics 这个名词译为"美学"还不如译为"直觉学"，这既顾及了 Aesthetic

---

① 朱光潜：《文艺心理学》，复旦大学出版社 2006 年版，第 4 页。

的本义，又与他所倾心的克罗齐美学的直觉论相一致。

　　蔡仪先生在其出版于 1947 年的《新美学》中也写道："Aesthetics 今人有译之为美学者，而其实源出于希腊文 Aisthetikos，意为'感性学'或'感性之学'，意译为审美学尚说得过去，若译为美学则失其原义了。"[①]

　　而在当代美学界，对"美学"这种译名方式提出质疑的国内学者大有人在，如查新华认为"我们把学科名称（Aesthetics）翻译成'美学'，实际上就是取消了 Aesthetics 这个包容赅博的概念而代之以 Beautiology 了，然而，西语中是没有 Beautiology 这个字的"。所以"美学"的名称并不妥当，它的正确译法应为"意象学"，相应地，传统美学原理体系中的元范畴"美"也应被"意象"所取代。这样，原有美学体系中的混乱与矛盾之处才能得到很好的化解。[②]

　　曹俊峰先生的《元美学导论》则跳出传统美学的理论框架与思维模式，从当代西方分析哲学的立场出发，把逻辑分析与语义分析方法引入美学研究，对美学陈述本身进行语言批判，对传统美学模式进行了批判性考察。书中同样提到了汉译"美学"的译名方式，认为"'美学'二字已经造成了相当普遍的误解和混乱，对本学科的发展产生了消极影响"[③]。这已不仅仅是一个翻译词语的选择问题，它关涉到对这门学科的正确理解。曹先生认为将这门学科的名称译为"鉴赏学"比较合适，因为按照以往的思路将"美"作为美学的初始概念，会让我们望文生义，想当然地以为

---

① 蔡仪：《美学论著初编》上册，上海文艺出版社 1982 年版，第 184 页。
② 查新华：《美学的元范畴究竟是什么——对广泛流行的美学原理体系的质疑》，《上海大学学报》1990 年第 6 期。
③ 曹俊峰：《元美学导论》，上海人民出版社 2001 年版，第 412 页。

美学就是美之学，而我们知道"时至今日，鉴赏活动早已不限于美，一个'美'字已不能包容多种多样的鉴赏格，把'美学'改称'鉴赏学'就能更确切地概括这门学科的内容和性质，把我们从'美学'和'审美'的误导下解放出来，在我们面前展现出更加光明和广阔的天地。在'美学'和'审美'的束缚下，每当谈到那些明显不美或与美相反却仍被人们鉴赏的事物时，就不得不以'那也是一种美'之类的套语来搪塞，留下诸多矛盾和可疑之点。名目一经改动，以'鉴赏学'代替'美学'，一切论述都会顺理成章，许多矛盾都可消除"①。

可见，"美学"学科从引入到现在一直伴随着对这个学科译名的摸索与反思，距当代学者提出新的译法如"鉴赏学"或把美学元范畴理解为"意象"也已有多年，也许对理论界某种理解的偏差或多或少给予了一定的修正或者思考方式上的启发，可是"美学"名称依然如故。以上学者在意识到这个译名的翻译问题给美学界造成理解上的误读与错位之后，都碍于术语的约定俗成以及出于叙述上的便利起见还一直沿用这一根深蒂固的名称，可见学术惯性与约定俗成确难撼动。笔者学识浅薄，无力提出更好的理论思路与解决办法，只能借助此论题简单梳理一下汉译"美学"名称的源流变迁，以期能使读者对这一学科译名中留下的历史痕迹以及美学引进初期的中国学界状态有一个较为清晰的了解。

美学是一门中国传统文化中所没有的新兴学科，中国近代学者对西方美学的论述，都是通过翻译的方式转述西方理论，而且大多以日语译著为媒介。由于早期引进西学的急切心态所致，中国学者们对异文化的接受只注重对具体美学观点的引进，缺乏对

---

① 曹俊峰：《元美学导论》，上海人民出版社 2001 年版，第 183 页。

整个知识系统、文化背景的全面审视，而且几乎没有个人性的理解与阐发。随着西方美学思想的大量引进，这种情形有了一定的改变，有识之士在接受西学的同时调动了个人的知识储备，将自身的学术积累与外来新学进行了融合转化，这是无数的学人前辈们孜孜不倦地从中国传统文化中汲取民族资源的有益尝试，也是任何一种外来理论资源被引入本土学界所必经的阶段。

　　总体而言，"美学"概念传入中国学界的历程相比较同时期的其他学科来说，脚步缓慢了许多，这不仅是因为美学学科在西方已属晚近独立的知识门类，还源于近代中国以"自强求富"为主旋律的历史语境，决定了当时权力话语的掌控者是无法摆脱对生存技术的青睐而去钟情于所谓"非功利"的美学学科。

第二章　审美理想的转换
与"崇高""优美"的产生

中国由古老的封建社会被迫卷入近代化的洪流中，势必会产生意识形态上的种种变革，学术领域也会呈现出时代性的价值转换。中国近代对西方美学学科的引入正处于这样的时代潮流中，而学科的引进必然需要一系列概念、范畴作为支撑，上一章在考辨了美学的学科概念之后，我们将进入到对具体美学子范畴的介绍。

出现于近代时代变革、审美理想转换中的"崇高"范畴，是一个具有较强文化意味的词汇，不仅具有学术上的意义，还蕴含着社会理想、时代氛围的转型价值。而与"崇高"相对的"优美"范畴，由于与中国古典美学中的"秀美""婉约""阴柔美"等概念含义相近，它更像是传统美学概念的延续，所以在近代社会转型的浪潮中并不具有特殊的时代意义，相比于崇高，受到的关注也少一些。所以本章主要以对崇高概念的考辨为主，将优美只作为崇高的对立范畴顺带提及，并从概念之名称角度简单梳理一下其脉络流变。

第一节　近代审美意识的凸显

中国的传统文化具有"自给自足"的古老民族印记,虽然历经朝代的变迁、时代风尚的改变,但依然保持了体系的一脉相承。严格说来,中国古代并没有学科意义上的美学,其审美思想或散见于古代思想家的著作中,或溶解在文艺作品所体现出的审美意识里。从整体上看,中国古代社会在审美理想上始终秉承儒家倡导的"中和为美"这一原则,虽然在不同的历史阶段,由于社会状态、价值取向的变换会呈现出各自的审美差异,但总体上并没有脱离传统文化依存的社会土壤而发生质的改变,而是始终贯穿着和谐这一审美主题。而近代社会,古老的中国面临着新旧交替、社会动荡的时代巨变,民族命运岌岌可危打破了国人封闭的社会状态与农耕经济的生活,传统美学的自然发展状态被强行切断了。危机、矛盾、忧患,强烈的不和谐、不稳定因素导致美的时代精神发生了巨大的转变,审美理想在外来思潮的裹挟下由古典的和谐朝近代新的原则迈进。

一、中国古代偏重和谐的审美理想

中国古代的美学思想偏重和谐,强调"中和为美"的理想,这与中国传统文化的大背景有关。近代以前的中国社会,由于受封闭的农业经济、落后的社会生产力以及朴素的思维方式等因素的制约,古代人面对自然界还无法自由地掌握其规律,总体上处于一种顺应自然、依从外部世界的状态。在这种传统的社会模式与思维模式中,形成了中国人特有的和谐宇宙观以及天人合一的信仰。儒家强调个体在社会伦理关系中求得和谐发展,道家把散淡的生命追求融入了人与自然的平衡、统一之中,佛家在静修平和的内省中向往着永恒的乐土，这些传统的精神资源都在表达着同一个命题，即古代社会内外关系的和谐，具体表现在人与自然、个体与社会、感性与理性关系的协调。"和"是中国传统文化的根本精神，它强调社会系统中各种关系包括不同或对立因素间的均衡、和谐、稳定的发展。扩展至艺术领域，则遵从内容与形式、理智与情感统一的法则，而"中和之美""和谐美"则是植根于我国古代的"中和"观念而生发出来的传统美学理念。在这样的文化背景下，美表现出了它的第一个历史形态：古典和谐。

这一古典审美理想在孔子的学说中得到了明确的表达与进一步的强化，其温柔敦厚的诗教也成为我国整个封建社会诗学的统治思想。"乐而不淫，哀而不伤"，这是情感表达上的一种中庸思想，即快乐和哀伤都不要过分，要在理智的控制下保持平衡适中的状态。孔子美学思想的核心是"尽善尽美"说，他一方面高度重视审美所给予人的感性的愉快和享受，这是对美的形式的注重；另一方面，他又立足于善的前提，这是对符合一定道德观念的美的内容的看重，所以真正的美应该是形式美与内容美相统一，美与善有机地结合。与此类似的命题还有"质胜文则野，文胜质则史，文质彬彬，然后君子"。"质"是道德品质，仁义之道的内容，"文"指美的形式，礼乐修身的外在表现，只有文质兼备，达到二者的完美统一才能成为真正的君子。这些都成为中国美学史上影响深远的美学原则。

与此相应，在古典的审美理想中，优美成为最典型的美的形态。优美的本质在于人与世界的和谐共存，是主体与对象以及对象自身内容与形式的和谐统一而呈现出来的美，是人对这种和谐状态的情感肯定。当然，古典和谐美也不局限于一种审美类型，除优美之外，还有阳刚之美（许多人也将其称为壮美），它并不破坏古典美的和谐，因为所谓的"和""和谐"并不只有一种声音，而是"各种声互相呼应协合叫做'和'"①。"和"代表的是一种整体的状态，包含着系统内部各种不同因素间的一种动态结合以及转化生成的过程，即所谓"和而不同"。所以优美与壮美②，即阴柔之美与阳刚之美，都存在于古典的美感经验中，但在不同的历史时期会呈现出各自的主导型审美倾向。总体上看，唐代是中国封建社会的鼎盛时期，以此为分界，中唐以前以壮美为主，晚唐以后转向优美为主，随着明中叶浪漫思潮的兴起，则萌发了近代崇高的因素。当然这只是一个大略的划分，个别历史阶段的审美倾向可能更为复杂一些。

阴柔与阳刚之美虽是两种不同的审美类型，在表现形态上也各有差异，但在中国古典美学中二者却是并行不悖、相互渗透的。"阴阳刚柔，并行而不容偏废。有其一端而绝亡其一，刚者至于偾强而拂戾，柔者至于颓废而阇幽，则必无与于文者矣。"③而且阳刚之美虽在形式上近似于西方的崇高，但它并不破坏整体的和谐，所以仍是一种古典的审美范畴。"在西方美学中，崇高（Sublime）和美是对立的。美是内容与形式的和谐的统一，崇高则是理性内容压倒和冲破感性形式。中国古典美学中的壮美，却并不破坏感性形式的和谐。它仍然是美的一种，是阳刚之美。它和优美（阴柔之美）并不那么绝对对立，也并不互相隔绝。相反，它们常常互相连接，互相渗透，融合成统一的艺术形象。在中国古典美学的系统中，壮美的形象不仅要雄伟、劲健，而且同时要表现出内在的韵味；优美的形象不仅要秀丽、柔婉，而且同时要表现出内在的骨力。"④

---

① 李泽厚、刘纲纪主编：《中国美学史》第一卷，中国社会科学出版社 1984 年版，第91 页。

② "壮美"一词在理解上有歧义，详见后文的论述。

③ 姚鼐：《〈海愚诗钞〉序》，见周中明选注：《姚鼐文选》，苏州大学出版社 2001 年版，第 223 页。

④ 叶朗：《中国美学史大纲》，上海人民出版社 1985 年版，第 80 页。

所以，在中国古典和谐美的世界里缺乏现代意义上的美与丑、主体与客体的尖锐对立，即使存在着某种不和谐的因素也会被最大限度地淡化，或是融合到美的整体和谐之中，消除其独立存在的意义。因此在近代美学领域中作为独立形态而存在的崇高、悲剧性、喜剧性、丑等范畴在古典时代都未能彻底分化出来，一切都在和谐美的统摄下而展开，直至封建社会末期中国被迫卷入近代社会的洪流中而导致了传统的断裂。

二、和谐与崇高的历史转换

由于中国社会形态的自然演进与市民力量的不断成长，到了明代中叶，资本主义萌芽已悄然孕育于封建社会末期的土壤中，延续了上千年的自然经济及封闭的社会结构在其自身内部发生了裂变。在意识形态领域，伴随着封建王朝日趋衰落的脚步，启蒙运动和个性解放思潮顺势兴起，中国人长期被压抑的情感和个性得到了舒展。这也导致一直处于和谐统一状态下的主体与客体、情感与理智、个人与社会的关系出现了分化、对立，矛盾冲突就在这样的时代变迁中逐渐产生了。

随着社会背景和传统文化的变迁，古代和谐的审美理想也受到了极大的冲击。在明代中叶出现的美学思想中，李贽的童心说、汤显祖的唯情说、公安派的性灵说等，都表达出了摆脱封建礼教、儒家教条、高扬个人价值、要求个性解放的主张，充满了人文主义的色彩。尤其是汤显祖的唯情说，主张"情"应该从"理""法"的束缚下解放出来，并掀起了创作方法上的浪漫主义思潮，倡导艺术家高扬澎湃的热情不必拘泥于作品形式上的典雅、和谐，大胆运用超现实的艺术想象去创造理想的世界。到了明末清初，儒家传统思想以及"温柔敦厚"的美学原则又一次受到了重创，金圣叹、黄宗羲、蒲松龄等一批著名思想家掀起了近代批判现实主义思潮，主要体现在小说美学之中。这不仅是资本主义萌芽在意识形态领域的反映，也表达了进步的思想家对日益激化的社会矛盾、积弊难返的封建体系的强烈批判。在中国美学思想自身的逻辑演变系统中，这些新的审美质素正逐步瓦解着传统的和谐美理想。

就在中国美学思想沿着自身的发展轨迹缓慢地前行时，西方外来思潮的冲击加速了其近代化的过程。近代中国屡遭外来侵略者的打击与凌辱，古老的封建社会被迫沦为了半殖民地半封建社会，尤其是中日甲午战争，强烈地刺激了国人的情感，为了改变"积弱不振"的国民现状，有识之士纷纷展开了声势浩大的思想文化革新运动。严复《原强》篇中提出的"鼓民力"，主旨在于对国民羸弱的体质进行改造，以振奋国民精神，推动中国的社会改革，并在当时引发了一场强大的尚力、尚武思潮，这是对中国几千年秉承的温和、保守思想以及旧的风俗礼教的一次强有力的冲击，并引发了整个时代对"力"的关注。所以"它在更广泛的意义上涉及一个审美精神和文化哲学上的全盘重建问题，它促使后来的启蒙思想家意识到了中国原有的古典审美文化体系中'中庸'、'和谐'等观念的严重问题，从而开出了崭新的'尚力'、'尚武'的新方"[1]。

鲁迅作为中国思想界的战士，20世纪初期发表的《文化偏至论》《摩罗诗力说》，以及《破恶声论》等一系列文章中对于新的时代精神的向往，具有振聋发聩的作用。尤其是《摩罗诗力说》，在审美文化上代表了中国20世纪初处于萌芽状态的浪漫主义思想，

---

[1] 蒋广学、张中秋：《凤凰涅槃》（"华夏审美风尚史"第十卷），河南人民出版社2000年版，第324页。

鲁迅极力推崇那些“立意在反抗，指归在动作，而为世所不甚愉悦”的摩罗诗人（即浪漫派诗人）如拜伦、雪莱等，称赞他们为沉闷老化的中国思想界带来了“异邦”的“新声”。在当时，鲁迅是最具浪漫主义精神质素的理论界先锋，其思想受尼采、叔本华的影响，激烈而深刻。当一些“号称识时之士”还把“个人”一语“引以为大诟”时，鲁迅反而把个人精神的作用强调到极端，倡导“以反动破坏充其精神，以获新生为其希望，专向旧有之文明，而加之掊击扫荡焉”[1]。“浪漫主义运动从本质上讲目的在于把人的人格从社会习俗和社会道德的束缚中解放出来。”[2] 而“摩罗”诗人们对于腐朽社会的激烈反抗，对个性解放、自由人格的执着向往，反映在审美领域，正代表着对中国古典审美体系中“和谐”“中庸”审美理想的抛弃，倡导一种反抗、尚力、激情、悲壮的近代审美理想，这实际上是在文艺领域颂扬一种崇高的美。古典式和谐之美被“以力为美”的近代崇高审美理想所取代，这正是对人与自然、个体与社会，或客体本身矛盾冲突状态的反映。

所以说，任何一个时代的美学思想都是其时代精神的反映，而美字形态上崇高对古典和谐的取代，标志着审美理想上的根本性变革以及新的审美时代的到来。它不仅吹响了近代美学的号角，而且成为影响中国近代美学历史进程的主导性力量。

第二节　中国近代“崇高”范畴的提出及演变

现代意义上的“崇高”范畴，并不是来自于中国传统思想文

---

[1]　鲁迅：《文化偏至论》，见鲁迅：《坟》，人民文学出版社 1980 年版，第 42 页。
[2]　〔英〕罗素著，马元德译：《西方哲学史》下卷，商务印书馆 1976 年版，第 224 页。

化的孕育，而是伴随着近代西学东渐的大潮从西方引进的，它之所以能够在中国的土地上扎根成长，源于它所携带的异域文化气息满足了中国时代转型的价值需求。那么，考察"崇高"概念进入中国学界的过程，就不仅具有学理上正本清源的意义，更能清晰地勾画出中国近代美学的理想与特质。

一、"崇高"范畴的早期译名——"宏壮""壮美"

在现代美学理论中作为美学范畴之一的"崇高"概念已经固定化了，但在中国近代尤其是 20 世纪初期，由于整个美学学科还处于从无到有的构建过程中，所以对具体美学范畴名称的使用必然要经历一个相对松散的变动状态。那么，在"崇高"这一范畴名称确立前，学界首先采用的是日译名词"宏壮""壮美"或是其他与之意义相近的词汇。

在美学的学科体系中，"美"的分类范畴一直占据较为核心的地位，所以中国近代学界在对西方美学学科的引进中自然会涉猎美学范畴的相关内容。对此笔者见到最早的文献应该是王国维 1901 年所译的《教育学》一书，书中围绕儿童智力教育问题，谈到了对想象力的培养："想像者，凡于吾人之心，描出美丽宏大之物之象，而此等所描出之象，有动吾人之感情，强意志之力，故吾人得自想像，进于至高至美之期望，即进于理想。故想像实可谓人间之最大扶助者，而能导人间至于福祉之乐国者也。"① 此处，"美丽"与"宏大"是作为两个形容词用于对物象特征的描绘，书中并没有对二者的含义进行解释。但接下来的论述让我们了解到

---

① 〔日〕立花铣三郎著，王国维译：《教育学》，见《教育丛书初集》，教育世界出版所 1901 年版，第 28—29 页。

"美丽"的事物可以让人动情，而"宏大"的事物可以强化我们的意志，达到"至高至美之期望"，这与现代美学中优美与崇高的作用相似，但由于书中没有就此问题展开进一步的阐释，我们还很难判断出"宏大"这个概念除了具备崇高的表象之外，是否在内核上与之相通。《教育学》一书，前文也已简略提及，这只是一部教育学方面的译作，书中偶尔提及的美学概念还不具备学科的体系性，所以这里出现的"宏大"一词还很难从严格意义上界定其美学范畴的意义，充其量可以将其视为崇高范畴的萌芽。

另外，近代心理学译著多从"美的情感"的分类角度提及此范畴，如 1903 年出版的《心界文明灯》一书明确提出了"美的感情"的两种分类，并对其做了相对具体的阐释。此书认为："美的感情可分为美丽、宏壮二种。美丽者，依色与形之调和而发之一种感快；宏壮者，如日常之语所谓乐极者是也。人若立于断崖绝壁之上，俯瞰下界，或行大岳之麓，而仰视巨岩崩落之状，则感非常之快乐。"又云"美丽者，唯乐之感情；而宏壮者，乃与勇气相待而生快感，故为力之感情"。[①] 心理学书籍往往按照惯例将人的心理分为知、情、意三部分，所以在论述中必然会涉及有关情感的内容，此书在对美的感情的介绍中将其分为两种：美丽的感情与宏壮的感情，宏壮的感情相对复杂一些，是指人面对具有壮观雄伟性质的客体，而产生的一种借助于勇气而并生的极度快乐，即所谓"力之感情"。这里对宏壮之情的分析已基本贴近美学范畴"崇高"的内涵，但从美学学理的角度看还是比较简单与肤浅的。因为优美的对象惹人喜爱，进而产生愉快的感情，这与我们的审

---

① 黄兴涛：《"美学"一词及西方美学在中国的最早传播——近代中国新名词源流漫考之三》，《文史知识》2000 年第 1 期。

美习惯相符，故而比较容易理解。但面对"断崖绝壁""巨岩崩落"的景象何以也会产生一种美感，这在美学理论中是需要详细阐释的关键问题，而此书中对此并没有过多解释，即没有进一步挖掘宏壮之情所包含的情感异质转化的过程，这是其一。再一点，文中对"宏壮"对象的感性形式特点也没有做具体的说明，单纯的形象化举例还无法让人确切地知晓"宏壮"客体所应具有的审美品格。当然，这只是一部心理学著作，侧重点自然会放在对人的情感状态的客观描述上，而不需对此作以纯美学理论上的探讨。不可否认，此书的确是近代中国最早传播关于美感分类知识的著作。

同样在 1903 年，另一部心理学译著《心理学教科书》也在对美的情操即美感的介绍中提到了"宏壮之情"："宏壮之情，感于宏大之事物而起，浩茫无际之海洋、巍峨之山岳，皆足壮人观觉以激荡其心胸。"[①] 这段对"宏壮之情"的介绍与《心界文明灯》大体无异，但在后文讲述如何养成"美情操"时，有一处看似不经意的论述值得我们注意："……即于修身、历史，亦应示伟大之人物；于地理理科，使悟自然之美趣，并知宇宙万有之广大无垠，以兴起其宏壮之情。"[②] 这里"宏壮"的范围实已突破了单一的自然界领域，扩展至社会生活中，即高尚的人格、品行，都是"宏壮"的体现，这里对"宏壮"的社会内涵的强调，扩展了"宏壮"的存在领域。那么，对"宏壮"存在的第三个领域——艺术领域——的关注则在杨保恒的《心理学》中有所论及："因事物之宏壮而起快感者，谓之壮美。如对于广漠之原野、苍茫之海

---

① 〔日〕大瀬甚太郎、立柄教俊著，张云阁译：《心理学教科书》，直隶学校司编译处1903 年，第 8 页。
② 〔日〕大瀬甚太郎、立柄教俊著，张云阁译：《心理学教科书》，直隶学校司编译处1903 年，第 9 页。

洋、巍峨之山岳、伟大之建筑以及诗歌小说所描写惨酷之境遇、勇烈之人物等，皆足以唤起此情。吾人以渺小之慧眼，而能窥见宇宙间伟大之事物，能无愉快？惟此情往往与恐怖情混合，互相消长，故恐怖情长，则壮美情消矣。"①此书出版于1907年，此时学界对崇高范畴的理解已经具有了一定的理论储备，所以《心理学》一书对此方面的介绍也相对丰富了许多，对崇高存在的三大领域——自然界、社会生活、艺术领域——都有所涉猎，并分析了混杂恐怖之情的壮美何以会产生审美的快感，原因在于宏壮之物远远超越了观赏者的渺小和平凡，可以带给观者一种灵魂的触动或者说境界的提升，自然也就产生了一种审美的快感。而且在范畴名称的使用上"壮美"取代了"宏壮"一词，此处"宏壮"只是作为一个形容词用来修饰壮美对象的外观特征。

以上早期心理学书籍中对美学范畴"宏壮"或"壮美"的介绍大多都是从美感的角度以描述人的情感状态为主，很少对"宏壮"或"壮美"对象所应具有的感性形式、美感的性质加以深入探讨。而在同期及以后出现的哲学及美学著作中对此范畴的介绍则侧重于美学学理的角度。

王国维在1902年翻译出版的《哲学概论》中，第六章第二十节"自然之理想宗教哲学及美学"部分对西方美学思想的历史演进做了简略但不失系统性的介绍。其中涉及美学范畴的内容只有一处："汗德（今译康德。——引者注）之美学分为二部，一、优美及壮美之论；一、美术之论也。"②这里只是简略地提到康德将美分为优美及壮美两大类型，并没有就此话题进一步深入

① 杨保恒编：《心理学》，中国图书公司1907年版，第89页。
② 〔日〕桑木严翼著，王国维译：《哲学概论》，见《哲学丛书初集》，教育世界出版所1902年版，第84页。

展开，也没有对优美与壮美进行任何实质性的解释，但通过前后文的语境我们基本可以认定两词在此处已经具备了美学范畴的意义。因为《哲学概论》一书在这部分较为集中地介绍了西方美学学科的知识，通过对这一节出现的美学关键词进行词频统计可以看出，"美学"一词共出现达11次之多，"美之学理"出现过1次、"审美之学说"出现1次、"美感"出现3次、"美的感情"出现1次、"美之感觉"出现1次、"美术"出现2次、"艺术"出现2次，而单独的"美"字则出现19次之多。仅仅通过这样的词频统计，从美学关键词出现的密集程度即可以看出此书对美学内容的介绍已经达到了相当的深度与广度，而这也的确是从学科内部视角出发对"美学"独立学科地位的最早认识，所以此处"优美"与"壮美"两词虽然只是昙花一现，但其所具有的美学范畴意义却是不容忽视的。而王国维于此时提出的"优美"与"壮美"的范畴名称，学界在其后相当长的时间内曾普遍应用，直到十多年之后"壮美"为"崇高"一词所取代，才真正完成了崇高范畴名称的引进过程。

继在《哲学概论》中提出"优美"与"壮美"两个概念，王国维在此后一系列的哲学、美学论著中对此作了进一步的阐发。下面即结合他作于1904年的《叔本华之哲学及其教育学说》《〈红楼梦〉评论》和写于1907年的《古雅之在美学上之位置》三篇美学论文加以说明。

> 美之中又有优美与壮美之别。今有一物，令人忘利害之关系，而玩之而不厌者，谓之曰优美之感情；若其物直接不利于吾人之意志，而意志为之破裂，唯由知识冥想其理念者，谓之曰壮美之感情。然此二者之感吾人也，因人而不同；其

知力弥高，其感之也弥深。①

　　而美之为物有二种：一曰：优美，一曰：壮美。苟一物焉，与吾人无利害之关系，而吾人之观之也，不观其关系，而但观其物；或吾人之心中无丝毫生活之欲存，而其观物也，不视为与我有关系之物，而但视为外物，则今之所观者，非昔之所观者也。此时吾心宁静之状态，名之曰："优美之情"，而谓此物曰："优美"。若此物大不利于吾人，而吾人生活之意志，为之破裂，因之意志遁去，而知力得为独立之作用，以深观其物，吾人谓此物曰："壮美"。而谓其感情曰："壮美之情"。……而其快乐存于使人忘物我之关系。则固与优美无以异也。②

　　美学上之区别美也，大率分为二种：曰优美，曰宏壮。……前者由一对象之形式，不关于吾人之利害，遂使吾人忘利害之念，而以精神之全力沉浸于此对象之形式中，自然及艺术中普通之美，皆此类也；后者则由一对象之形式，越乎吾人知力所能驭之范围，或其形式大不利于吾人，而又觉其非人力所能抗，于是吾人保存自己之本能，遂超越乎利害之观念外，而达观其对象之形式。……就美之自身言之，则一切优美，皆存于形式之对称变化及调和。至宏壮之对象，汗德虽谓之无形式，然以此种无形式之形式，能唤起宏壮之情，故谓之形式之一种，无不可也。……优美之形式使人心和平……宏

───────────

①　王国维：《叔本华之哲学及其教育学说》，见傅杰编校：《王国维论学集》，中国社会科学出版社 1997 年版，第 272 页。

②　王国维：《〈红楼梦〉评论》，见阿英编：《晚清文学丛钞·小说戏曲研究卷》，中华书局 1960 年版，第 106—107 页。

壮之形式常以不可抵抗之势力，唤起人钦仰之情。①

通过上述这三段引文，可以大致明了王国维对"优美"与"壮美"两范畴的界定首先基于一个理论前提，即其美学的核心命题——审美无利害："唯美之为物，不与吾人之利害相关系，而吾人观美时，亦不知有一己之利害。何则？美之对象，非特别之物，而此物之种类之形式，又观之之我，非特别之我，而纯粹无欲之我也。"② 王国维正是在这一极具美学现代性的表述下展开对"优美"与"壮美"两范畴的思考的。由于本章中专设一节集中阐述优美范畴，所以此处暂将"优美"话题略去，单独对"壮美"进行考察。首先从性质上看，壮美（宏壮）呈现为人与对象之间激烈的矛盾冲突，即"此物大不利于吾人，而吾人生活之意志，为之破裂"。其次，在感性形式上，相对于优美的规则、和谐，壮美（宏壮）的形式"越乎吾人知力所能驭之范围，或其形式大不利于吾人，而又觉其非人力所能抗"，这种所谓"无形式之形式"实际上就是无限制、无限大，以至超过我们的感受力和想象力，使我们控制不了。在美感上，壮美（宏壮）体现为一种由痛感到快感的情绪转换，面对宏壮之形式的不可抵抗，意志为之破裂，但最终会唤起人的钦仰之情，即首先给人以紧张、恐惧，进而经由人的理性力量的参与，即理性内容压倒感性形式，然后产生敬仰和赞叹的情怀，此时痛感才转化为一种审美的快感。

王国维对"壮美"的理解基本来自于对叔本华、康德等美

① 王国维：《古雅之在美学上之位置》，见傅杰编校：《王国维论学集》，中国社会科学出版社 1997 年版，第 298—299、301 页。
② 王国维：《叔本华之哲学及其教育学说》，见傅杰编校：《王国维论学集》，中国社会科学出版社 1997 年版，第 272 页。

学理论的转述与移植，而康德的崇高理论在整个西方美学史上可谓具有里程碑的意义，所以王国维对其理论的借鉴使得他首先占据了一个较高的理论起点。通过对"壮美"范畴的性质、感性形式、美感状态的分析与总结，可以看出王国维对其的阐释大致与我们今天的理解无异，基本可以代表当时学界对此范畴认识的最高水平。

此时中国学界对美的两种基本类型的划分即"优美"与"壮美"，已经基本达成共识。从概念用语的角度考察"优美"一词的使用相对来说较为稳定，而"崇高"[①]一词作为美学范畴的名称至此还一直没有出现，学界代之以"壮美"或者"宏壮"的译名。与"美学"这个汉语名称的日译来源相同，"优美"与"壮美"的名称同样也是来自于日本学界对英文"Grace"（今译优美）与"Sublime"（今译崇高）的翻译，中国学者则直接沿用了日本的译名。对此当时的学者也有所提及，如蔡元培在《以美育代宗教说》中所说"要之美学之中，其大别为都丽之美，崇宏之美（日本人译言优壮美）"[②]。但无论是"崇宏之美"，还是"壮美"或者"宏壮"，从上述引文中均可以看出其基本内涵已等同于现代美学理论中的"崇高"范畴。

二、"壮美"范畴歧义性的产生

中国近代学者对西方崇高范畴的引入首先假以"宏壮""壮美"的译名，但理论的引进过程远远要比想象中曲折得多。通过上文的介绍我们了解到，"壮美"首先是作为西方崇高范畴的中

---

① "崇高"作为一个名词，在我国古已有之，详见下文论述。

② 蔡元培：《以美育代宗教说》，见文艺美学丛书编辑委员会主编：《蔡元培美学文选》，北京大学出版社 1983 年版，第 72 页。

译名而出现的，但我们在当今学者有关中西方美学比较性的研究中，却经常看到这样的理论总结，即中国古典美学将美区分为两大基本类型或者说概括为两种审美境界——优美与壮美，并将其与西方美学中的优美与崇高概念加以对比，从而得出中西方美学由于各自不同的文化背景与哲学基础而各具特色的结论，而且言之凿凿，似已成定论。这里面就产生了一个疑问，"壮美"（或宏壮）本是从西方美学中输入的概念，为何转而成为中国古典美学中与秀美相对的美之类型的名称呢？也就是说王国维笔下的"壮美"，初衷明明是对西方崇高理论的引进，结果却被替换成了中国古典美学中"阳刚之美"的同义词。比如在一些美学词典性质的著作中，我们经常能看到这样的界定："壮美亦称'雄伟'、'雄浑'、'刚性美'、'阳刚美'。事物雄壮、粗犷、刚健、豪放的美。与'优美'相对，美学范畴之一。凌空彩虹、奔腾骏马等自然物，人的豪迈、雄健的言谈举止等社会物，艺术作品中的英勇、豪放的人物性格，恢宏的艺术结构，刚劲有力的艺术语言，热情奔放的艺术风格等，都呈现出壮美的特色。它在内容上体现了人的刚健、豪迈的气概，在形式上表现为粗犷、硕大、高亢、铿锵等特征，比优美更加震撼人心，激起人愉快与振奋相混合的情绪体验，但不含突兀感、惊惧感。"①

这种将近代出现的"壮美"概念视为传统的阳刚之美，并将"壮美"与西方"崇高"范畴对立研究的思路，实已造成了相当大的术语混乱。即使在叶朗先生的《中国美学史大纲》中同样让人有种错觉，误认为优美与壮美是中国古典美学中古已有之的概念，而且将这种关于美的两大类型的分类溯源到《易传》，认为正是在

---

① 邱明正、朱立元主编：《美学小辞典》，上海辞书出版社 2007 年版，第 41 页。

《易传》阴阳刚柔思想的影响下，才形成了中国古典美学中优美和壮美两大类型，或者叫阴柔之美和阳刚之美，进而得出了优美和壮美的关系是相互渗透、相互统一的结论，形成了美的两大类型的统一观，也成为与西方崇高概念相区别的一个显著特点。即西方美学中崇高和美是对立的，美是内容与形式的和谐统一，崇高则是理性内容冲破感性形式的和谐；而中国古典美学中的壮美却并不破坏感性形式的和谐，仍然是美的一种，所以又称为阳刚之美。[①] 这里所谓的"壮美"（阳刚之美）明显不同于前文所述的王国维借鉴西方美学所引进的"壮美"概念，但为何却要使用同一个语言符号而并不做概念上的界定与区分呢？

　　当然，还有的学者认为"壮美"本是中国古典美学中的一个范畴，只是到了近代的王国维那里才具有了与西方崇高范畴几乎等同的意义。"在王国维之前，中国古代美学的范畴体系中没有崇高而只有壮美，在王国维美学中，崇高仍然是以壮美这个传统范畴标出的，但是它已经不再属于古代美学。"[②]

　　考察学界这种普遍存在的概念误读或者说对术语的混乱使用的原因，还是应该从"壮美"概念的最初引进者王国维入手。前文已多次提及王国维借鉴西方美学理论，把美分为优美与壮美两种，这是从纯理论的角度对西方美学的转述，对于近代国人来说也许新鲜感有余而认同感不足，因为外来文化只有植根于本土文化的土壤中，才能真正发挥作用并产生一种更大的推动力量。《〈红楼梦〉评论》几乎完全借用西方的哲学理论来从事中国文学批评，是王国维中西理论结合的初步尝试，牵强之处在所难免。

[①]　叶朗：《中国美学史大纲》，上海人民出版社 1985 年版，第 78—80 页。
[②]　邹华：《和谐与崇高的历史转换——二十世纪中国美学研究》，敦煌文艺出版社 1992 年版，第 21 页。

而王国维于 1908 年发表的《人间词话》则将西方哲学、美学思想中的重要概念融会到对中国古典诗词的批评中来，较好地实现了中西古今的交汇融合。"《人间词话》的词学理论的深层哲学根基是叔本华哲学美学，但它的理论内涵和表述方式又是渊源于中国传统文学理论的，达到了兼融中西后的学理再创。"[1]

> 有有我之境，有无我之境。"泪眼问花花不语，乱红飞过秋千去""可堪孤馆闭春寒，杜鹃声里斜阳暮"，有我之境也。"采菊东篱下，悠然见南山""寒波澹澹起，白鸟悠悠下"，无我之境也。有我之境，以我观物，故物皆著我之色彩。无我之境，以物观物，故不知何者为我，何者为物。古人为词，写有我之境者为多，然未始不能写无我之境，此在豪杰之士能自树立耳。
>
> 无我之境，人惟于静中得之。有我之境，于由动之静时得之。故一优美，一宏壮也。[2]

王国维从对中国古典诗词的品评出发，将中国古代两种审美境界概括为"无我之境"与"有我之境"，并将其比附于西方美学中的"优美"与"宏壮"（壮美），这是试图寻找中西方美学思想相似性的一种尝试。而二者可以进行比附的前提在于"无我之境，人惟于静中得之。有我之境，于由动之静时得之"。通过心理状态的动与静，来进行审美形态上优美与壮美的划分显然有些过于简

---

① 黄霖、周兴陆:《王国维〈人间词话〉导读》，见王国维著，黄霖、周兴陆导读:《人间词话》，上海古籍出版社 1998 年版，第 13 页。
② 王国维著，黄霖、周兴陆导读:《人间词话》，上海古籍出版社 1998 年版，第 1—2 页。

单，而且文中并没有对优美与壮美进行概念上的界定，除了简单的几个西方美学概念之外，几乎就是对中国传统文论思路的一种延续。而这种类似传统诗话、词话的体例，也限制其对理论做进一步精细的阐发。再看他所举的例子："泪眼问花花不语，乱红飞过秋千去""可堪孤馆闭春寒，杜鹃声里斜阳暮"，这所谓的"有我之境"如何能体现出"此物大不利于吾人，而吾人生活之意志，为之破裂，因之意志遁去，而知力得为独立之作用，以深观其物"的所谓"宏壮"（壮美）的内涵？而且境界说主要强调情与景、意与象的交融统一，立足于传统和谐敦厚的审美观中，也很难将其与破坏感性形式和谐的崇高范畴相联系。所以，如果不联系王国维在《叔本华之哲学及其教育学说》《〈红楼梦〉评论》和《古雅之在美学上之位置》中的论述①，而单从《人间词话》中还停留在感性层面的表述看，其中的"优美""壮美"更类似于传统美学中"阴柔"与"阳刚"的概念。

可以看出，王国维在对美学作纯粹理论上的阐述时几乎就是西方理论的翻版，但如果结合本土创作实践进行阐述，又难免流露出个人化、民族化的倾向。所以，也许正是王国维在中西美学理论的交汇融合过程中出现的矛盾之处，或者说是其美学思想作为近代美学思想起点的复杂性造成了后人对"壮美"的误读，也导致了对"壮美"概念理解上的歧义。在中国美学史上，王国维既是古典美学的集大成者，又是近代美学的开启者，所以他对美的两种类型的划分与总结自然具有一种广泛的影响，又凭借其对美学理论条分缕析的理性界说，顺理成章地成为概括中国古典美学的定论。这大概

---

① 　其实，如果我们结合王国维在这些文章中对叔本华哲学理论的借鉴，还是可以看出其思想体系上的连贯性的。所谓"有我""无我"，乃是就作品中所表现的"物"与"我"之间是否有对立之关系而言，这完全是从叔本华的哲学立论的。

就是现在大多数学者将"壮美"视为传统的阳刚之美，并将中国古典美学类型区分为优美与壮美的源头之所在。这也正印证了王国维的论断："况中国之民，固实际的而非理论的，即令一时输入，非与我中国固有之思想相化，决不能保其势力。"①

再一点，从"壮美"一词的语言符号上看，也容易给人造成一种错觉。西方美学中崇高和美是对立的，而"壮美"一词在语言结构上还是以"美"为中心，即没有脱离美的因素，仍然是美的一种，并且与传统美学中表示雄浑、阳刚艺术风格的"壮丽"②一词相近，所以尽管"壮美"一词首先是作为西方"崇高"概念的中译名而出现，但在实际的运用中却不经意地融入了中国古典美学的色彩，在大多数学者眼中成为与"阳刚之美"相类似的一个范畴，并将壮美与西方的崇高对立，作为中西方不同美学风格的代表性概念进行比较研究。

当然，在现今学者的研究中也有将壮美与崇高混为一谈、等同视之的倾向，这更是一种脱离历史语境、对近代概念进行主观化阐释的研究思路。总之，近代出现的"壮美"概念已经造成了学界在理解与使用上的混乱，其多义性与歧义性的产生是需要回归历史语境中详加辨析的。上文即简要描述了"壮美"概念的起源以及在使用中逐渐产生歧义、多义的过程。由此可见，中国近代学者对"壮美"的理解很难达成一致，而"崇高"范畴的真正确立还是要经过漫长而曲折的过程的。

当"崇高"这一美学概念后来取代"壮美"，成为"Sublime"

---

① 王国维：《论近年之学术界》，见傅杰编校：《王国维论学集》，中国社会科学出版社1997年版，第215页。

② 例如刘勰的《文心雕龙·体性》，论述了文章的体貌风格与作家性情、个性的关系，并将文章风格大致分为八种：一曰典雅，二曰远奥，三曰精约，四曰显附，五曰繁缛，六曰壮丽，七曰新奇，八曰轻靡。

的中译名称确立之后，"壮美"一词作为译名的历史使命也算告一段落，其所具有的古典美倾向实际上是对西方崇高范畴极端化内涵的一种弱化，这样更符合中国人的审美期待与情感认同。周来祥先生说："壮美介于优美与崇高之间，好像两者之间过渡物，但它是愉悦的、自由的，没有痛感和压抑感，基本上还是古典美的一种形态，而不属于近代的崇高。"[①] 也有人这样总结："'壮美'这个范畴，它就是古典和谐美向近代崇高转化的过渡性形态。"[②]

三、"崇高"范畴命名中的曲折与反复

在任何一门学科领域中，新概念、新范畴的产生都难免会出现理解上的误读或者使用中的偏差现象，更何况是在不同文化背景下，涉及中、西、日三种语言间的翻译转换。面对西方美学范畴中的西语名称，中国引进者需要根据理解将其翻译为与之对应的汉语名称，而在汉语中同音、同义的词汇很多，所以在译名的选择上自然就出现了一定的自由度，相应地也导致了早期译名的混乱状态。上文所述的对"宏壮""壮美"的引进与使用仅仅代表了当时学界的部分情形，与此同时，与宏壮、壮美意义相近的词汇如宏大、庄严、雄丽甚至宏美、崇高等也频频出现，但他们是否具有美学意义、能否上升到美学范畴的高度，还是要结合具体语境进行辨析，因为有些词汇只是作为一个普通的形容词，用以表示一种宏伟的气势而已。

在颜惠庆 1908 年所编的《英华大辞典》中，我们看到对应于"Sublime"（今译崇高）的汉语义项十分丰富："Sublime：1. 高

① 周来祥：《论美是和谐》，贵州人民出版社 1984 年版，第 134 页。
② 彭修银：《美学范畴的系统化问题》，《南京社会科学》1992 年第 5 期。

的、崇的；高巍的、巍峨的、高举的、居高所的；2.举止高尚的；
高绝的、卓越的、拔群的、出类拔萃的；3.超优的；意词威严的、
高绝的、超卓的；高大的、伟大的、宏壮的；巍巍的、有威严的、
庄严的……Sublimeness：超群、拔萃、夺伦、卓越、崇峨；高巍、
高尚、高大、宏壮。"①此辞典将对应于"Sublime"的几乎所有与
"崇高"含义相近的汉语词汇都罗列上了，但却始终没有出现"崇
高"的译名。试图在当时的辞典中寻找比较权威、相对固定的中
译名的企图落空了，反而更增添了近代学界在此译名翻译用语上
的混乱。

　　至此，在中国现代美学理论中固定使用的美学范畴"崇高"
一词，还一直没有作为范畴名称出现过。这是否因为"崇高"是
一个晚近兴起的词汇，或者是古已有之但在近代却被湮没了呢？
通过考证我们发现，"崇高"一词在中国古已有之。《尔雅·释诂》
中有"乔、嵩、崇，高也"。崇即是高，二字同义。在中国古籍中
"崇高"还经常作为一个词语出现，如："是故法象莫大乎天地；
变通莫大乎四时；县象著明莫大乎日月；崇高莫大乎富贵；备物
致用，立成器以为天下利，莫大乎圣人……"②"人君不以崇高富
贵为重，而以贵德尊士为贤"③，"河之深广，岳之崇高"④，等等。可
见，古籍中"崇高"一词基本有两个含义，一是指身份、地位的
高贵、不凡；二是指形体的巨大。这与我们现在对崇高（作为一
个普通词汇，而非美学术语）词义的理解基本相同。

　　到了近代，"崇高"一词也并没有消失。在1904年，我国第

---

①　颜惠庆编：《英华大辞典》，商务印书馆1908年版，第984页。

②　《周易·系辞上传》，见黄寿祺、张善文著：《周易译注》，上海古籍出版社1989年
　　版，第556页。

③　朱熹：《孟子集注·公孙丑章句下》，上海古籍出版社1987年版，第28页。

④　张立文主编：《王阳明全集》，红旗出版社1996年版，第1072页。

一本戏剧刊物《二十世纪大舞台》的发刊词中提出了资产阶级革命派的戏曲改良主张，其中出现了"崇高"一词："蟪蛄不知春秋，朝茵不知晦朔，其生命短而思虑浅也。麟经三世，有所见世，有所闻世，有所传闻世。大抵钝根众生，往往泥于现在，不知有未来，抑并不知有过去，此二百六十一年之事，国民脑镜所由不存其旧影欤？忘上国之衣冠，而奉豚尾为国粹，建州遗孽，本炎黄世胄之公仇，反崇高以为共主。"① 很显然，这里出现的"崇高"一词，是作为动词使用的，含义大体相当于"崇尚""崇拜"，这只是一个日常用语中的普通词汇，与美学无丝毫之关系。非常巧合的是，在这篇文章中同时还出现了"优美"一词："顾我国民，非无优美之思想，与激刺之神经也。"② 此处"优美"也是一个普通形容词，意指美好。同样，王国维在 1904 年 8、9 月发表在《教育世界》的一篇传记文章《格代之家庭》中也出现了"崇高"一词："明斯达之大教堂高耸天际，实斯脱拉斯堡之第一伟观也。格代（今译歌德。——引者注）日对此塔，而崇高畏敬之念不觉油然以生。"③ 这里，崇高意指高尚，与《二十世纪大舞台》发刊词中的词义相近。

　　1905 年出版的《心理易解》一书，在"感情篇"中介绍"怜情"与"豪情"时也出现过"崇高"一词，"怜情"与"豪情"即相当于现代美学理论中的优美感与崇高感。（此处"怜情"略）

---

① 柳亚子：《〈二十世纪大舞台〉发刊辞》，见阿英主编：《晚清文学丛钞·小说戏曲研究卷》，中华书局 1960 年版，第 176 页。

② 柳亚子：《〈二十世纪大舞台〉发刊辞》，见阿英主编：《晚清文学丛钞·小说戏曲研究卷》，中华书局 1960 年版，第 176 页。

③ 王国维：《格代之家庭》，见佛雏校辑：《王国维哲学美学论文辑佚》，华东师范大学出版社 1993 年版，第 308 页。

豪情者，对壮伟之外观时所生之感情也。星夜望寂寥之
苍穹，登高望雄阔之川原，当坐见世界之名儒，读书至大名
之豪杰，辄抱此情，顾此情其何由成？夫伟大崇高之事物，
非必其为我害也，而对之者常见其占优胜之势力焉。于是有
恐惧叹赏之情，而心窃抱自下自小之念。然其所反，以为我
亦犹彼耳，或且以为彼固犹我也，则恐惧之念消，而心存自
高自大之念，乃发为豪情。夫自卑自小则感其不快，自高自
大则感其快，故豪情实为此二要质相融合所生。而二要质何
以融合，则又有与力量相关系。何则吾人于所行之事，苟得
心应手毫无阻碍以安然达其目的，固足生快感，然有阻碍而
操夫制胜之权，仍完全达其目的，则更足以生快感，故由无
阻碍而转一念焉，以为吾人所自抱之力，可应震撼而自如，
斯所感益快者矣。此快感名曰力之感情。[①]

从以上引文中的论述可以看出，所谓"豪情"即是面对崇高
之物所产生的崇高的美感，并对崇高感的对象、产生原因、由不
快到快感的情感转换都做了分析。只不过在此处，"崇高感"这一
现代美学理论术语并没有出现，文中使用的"崇高"只是一个普
通的形容词，用来修饰伟大壮观之物的外观特征，还没有成为特
定的美学理论术语。也就是说在中国近代，"崇高"一词首先是作
为一个普通词汇出现的，虽然在个别性的使用中其含义已与"壮
美""宏壮"等审美范畴无异，但由于译者的选择或者出于其他方
面的考虑，还没有赋予其美学术语及范畴的意义。

前文提到鲁迅作于1907年的《摩罗诗力说》，从思想文化角

---

① 陈榥编译：《心理易解》，上海会文堂1905年版，第186—187页。

度看，鲁迅是向积弊难返的封建体系提出挑战；从审美的视角看，《摩罗诗力说》的中心意旨，就在于彻底打破古典审美文化体系中"和谐""中庸"的审美理想，倡导一种反抗、"尚力"的近代审美理想——崇高美。当然，《摩罗诗力说》并不是一篇严谨的纯美学理论文章，且话语方式以文言为主，所以没有从审美范畴的角度或者说以概念解说的方式对"崇高"做界定。在整篇文章中"崇高"一词只出现过一次，但这里的崇高是否具有美学范畴的意义还是要回到具体的语境中去考察。文中介绍了欧洲浪漫派诗人修黎（现通译为雪莱），其性情及诗文在传统卫道士看来，是公然的叛逆与挑战，所以不见容于社会，于是他选择放浪形骸于自然山水间，试图唤醒人类曾迷失于物质、利益、科技理性中的自由、天然的本性。

> 虽然，其独慰诗人之心者，则尚有天然在焉。人生不可知，社会不可恃则对天物之不伪，遂寄之无限之温情。一切人心，孰不如是。特缘受染有异，所感斯殊，故目睛夺于实利，则欲驱天然为之得金资；智力集于科学，则思制天然而见其法则；若至下者，乃自春徂冬，于两间崇高伟大美妙之见象，绝无所感应于心，自堕神智于深渊，寿虽百年，而迄不知光明为何物，又奚解所谓卧天然之怀，作婴儿之笑矣。①

根据上下文语境可以看出，此处的"崇高"一词是对自然景观特征的描述，可以理解为巍峨、高大之意，这与中国古籍中"河之深广，岳之崇高"中的词义相近。但与此同时，在《摩罗诗

---

① 鲁迅：《摩罗诗力说》，见鲁迅：《坟》，人民文学出版社1980年版，第79页。

力说》中出现了众多体现近代崇高审美风格的词汇，如庄严、雄丽、雄桀、壮丽、伟美、美伟、雄美、美强、崇大、崇美、高尚、强力、至伟、伟大、雄大、刚健、刚毅等，且是多次反复出现。从这样频繁出现的语汇中即可看出审美文化上的破旧立新已势不可挡，近代"尚力"的审美理想已经确立。尽管文中并没有通过概念界定的方式明确提出所谓"崇高"的审美范畴，但上面所列举的与"崇高"相近的词汇，至此已大体具备成为审美范畴的要素，只是需要一个明确的界定或是某一个历史机遇赋予其范畴的意义而已。这些词语其实都具有成为范畴名称的潜质，当然历史最终选择了"崇高"一词。但在《摩罗诗力说》中"崇高"一词却还没有从众多相近词汇中脱颖而出，其美学范畴意义的最终确立还是要经历一段时间的筛选与酝酿，此次出现只是一次预演，且很快淹没于庄严、雄丽、高尚、刚健等众多词汇的洪流中了。虽然单纯从语言、概念的角度上看，《摩罗诗力说》并没有更大意义上的突破，但其对于崇高审美理想的大力倡导，却无疑为崇高范畴的最终确立营造了一种时代精神与文化氛围，这是任何一个美学范畴在创立过程中都必须具备的宏观条件。

在此后为时不短的时间里，西方"Sublime"范畴的中译名呈现出纷繁复杂的局面，除了前述的壮美、宏壮之外，具有相近含义的名称层出不穷，但作为美学范畴的"崇高"一词却依然没有出现。

下面我们就简单介绍一下，在"崇高"范畴名称确立之前，除了"壮美""宏壮"之外，学界对"Sublime"还使用了哪些过渡性的译名称谓。在这里依然要提到徐大纯的《述美学》一文，前文说过他从美学范畴的角度将美的形态分为"纯美""丑""威严""滑稽美""悲惨美"五种，在每一种美的形态的中文名

称后都标示着对应的英语词汇，其中"威严"，对应的英文为
"Sublimity"，"威严者乃快感与不快感杂糅而成之美。纯美对境之
形象常弱小，此则对境之形象常强大，使人对之一面生恐怖之不
快感，同时又生同情之快感者也"①。可见，"威严"一词正是徐大
纯对西方崇高范畴所做的一次个人化的译名选择，而在同时期有
的学者的文章中却把"威严"只看作"崇高"的外部特征，并不
具有"崇高"范畴质的规定性。如"壮美之外现为威严，若内无
壮美之质，而外饰威严，则可丑矣"②。

　　吕澂在 1923 年出版的《美学浅说》中，还使用过"庄严"一
词，其用法相当于"崇高"，虽然此时"崇高"范畴在整个美学理
论界已经基本确立。吕澂从美感的纯粹与否出发，将美的种类粗
分为两类："有些纯从快感成立，最重要的便是'优美'，平常所
说美丽的美、好看好听的美，都属于这种。又有些从不纯粹的快
感成立……还有像高山大海、暴风骤雨，那样雄壮的景象，使我
们感情异常兴奋方才觉得的美，那就叫'庄严'。"③

　　蔡元培在介绍西方美学时，对崇高范畴的名称使用更是处于
一种变化不定、多个名称混用的状态。1916 年蔡元培在《美学观
念》中对康德美学思想做了较为系统的介绍，其中提到康德对美
感的分类："美感者，不独对于妙丽之美而已。又有所谓刚大之
美，感于至大，则计量之技无所施；感于至刚，则抵抗之力失其
效。故鉴赏之始，几若与美感相冲突。而心领神会，渐觉其不能
计量，不能抵抗之小己，益小益弱，浸遁于意识之外。而所谓我

---

① 徐大纯：《述美学》，《东方杂志》1915 年第 12 卷第 1 号。
② 〔日〕高山林次郎著，刘仁航译：《近世美学》，商务印书馆 1920 年版，第 152 页。
③ 吕澂：《美学浅说》，商务印书馆 1923 年版，第 23 页。

相者，乃即此至大至刚之本体，于是乎有无量之快感焉。"① 而在同年的《康德美学述》一文中，蔡元培按照康德的观点，将美分为"优美"与"壮美"。在 1917 年所作的《我之欧战观——在北京政学会欢迎会上的演说词》中，同样将美分为两大类："美者，都丽之状态；高者，刚大之状态。"在《以美育代宗教说》中，又提道："要之美学之中，其大别为都丽之美，崇宏之美（日本人译言优壮美）。""崇宏之美，有至大至刚两种。"② 1921 年《美学的进化》一文则简要地介绍了西方美学发展的历史，提到博克与康德将美感分为"美"与"高"两类："高有大与强二种，起初感为不快，因自感小弱的原故。后来渐渐消去小弱的见，自觉与至大至强为一体，自然转为快感了。"③

李大钊的《美与高》一文就是借用了蔡元培对这两个基本范畴的称谓而引发的美学专论："所谓'美'者，即系美丽之谓；'高'者，即有非常之强力。""美非一类，有秀丽之美，有壮伟之美，前者即所谓'美'，后者即所谓'高'也。"④

可见，虽然学界很早就已明了西方崇高范畴的含义，但在名称的使用上却一直处于变动不居、没有固定的状态，单看蔡元培对崇高范畴名称的使用，大致就有"刚大之美""壮美""高""崇宏之美"等，这还是并不完全的统计。再加之同时期其他学者所创造的更多具有个人化意义的译名，可见范畴名称的确立过程是

---

① 蔡元培：《美学观念》，见文艺美学丛书编辑委员会编：《蔡元培美学文选》，北京大学出版社 1983 年版，第 66 页。
② 蔡元培：《以美育代宗教说》，见文艺美学丛书编辑委员会编：《蔡元培美学文选》，北京大学出版社 1983 年版，第 72、71 页。
③ 蔡元培：《美学的进化》，见文艺美学丛书编辑委员会编：《蔡元培美学文选》，北京大学出版社 1983 年版，第 124 页。
④ 李大钊：《美与高》，见叶朗主编：《中国历代美学文库·近代卷》下册，高等教育出版社 2003 年版，第 604—605 页。

何等的曲折与复杂。而更复杂之处还在于具体译名用语的选择中，对同一个概念的不同策略性使用，即有时名称为"崇高"，但却不是美学意义上的称谓，比如前文所述的《心理易解》及《摩罗诗力说》中出现的"崇高"一词。而字面上非"崇高"的其他用语，如壮美、威严、庄严、刚大之美、高、崇宏之美、壮伟之美，包含的却正是崇高范畴的内涵。所以，学科体系内的概念术语的生成过程不仅异常复杂甚至是无规律可循的，"美学史家必须跟同义字以及同音异义字进行搏斗，在留传到他手头的文献之中，他有时发现有许多说法具有相同的意义，而许多意义也归于相同的说法；他也发现诸多概念是如此的纠缠不清，这使他面临的工作，与必须在丛林中开辟出路的林务官所负的职责有点相似"①。而我们对这些称谓含义的辨析还是要回归到当时的历史语境中去才能辨得分明。

这些"具体的美学范畴作为美学家个人创造性思维的具体成果又必然烙有个性化的独特印痕。在宏观文化制约性所提供的思维空间中，不同的美学家可以根据自身理论思维和审美心理结构的个性特点，选择不同的研究视角来创立具有本人学术个性的美学范畴或范畴体系"②。当然，在整个时代精神与文化氛围已经转向崇高审美理想的宏观背景下，以上这多个处于不稳定状态的过渡性名称也为崇高范畴名称的最终确立准备了多个后备选项。

四、"崇高"范畴的最终确立

上文对美学范畴"崇高"正式确立之前，学界所使用的过渡

---

① 〔波兰〕瓦迪斯瓦夫·塔塔尔凯维奇著，刘文潭译：《西方六大美学观念史》，上海译文出版社 2013 年版，第 12 页。
② 徐放鸣：《论美学范畴的学科特性》，《学术月刊》1993 年第 7 期。

性称谓进行了一下简单的梳理，有些个人偶尔使用的名词术语，不能算作有普遍意义的概念，而范畴命名中的曲折与反复也正体现出普通词汇与特定学科领域中术语、范畴的不同。当美学学科体系确立之后所稳固使用的美学概念、名称自然也就具有了范畴的品格。那么，"崇高"美学范畴的最终确立也已是进入20世纪20年代之后。

20世纪20年代是中国近代美学发展史上的第一个高潮期，此时出现的一批美学理论著作对美学基本范畴即美的种类都有所论述，例如吕澂、陈望道、范寿康分别撰写的《美学概论》，对美学基本范畴"崇高"的介绍都极为详尽，无论是在范畴名称的使用上还是对其内涵的挖掘深度上都足以代表这一时期的理论高度，下面我们主要以范寿康的《美学概论》为例进行分析。

范寿康美学思想的主线是感情移入说，他认为未经我们的感情移入之前，物象是无所谓美丑的，所以他对美的各种分类也基于这样的出发点。

　　"深"的感情中的特深者与量的感情中的特大者互相结合的感情，就是崇高的感情。崇高不外是与某种特别的"深"所结合之某种特别的人格的伟大之感情罢了。这种人格的伟大由感情移入而移入于对象的时候，我们方才把这种对象叫做崇高。换言之，这种作用是随对象的要求，在我们内心中，所实现的自我的向上。这种作用是平日的自我的扩张与提高，这是美的崇高的本质。因此，我们当接近崇高的对象的时候，我们常常感着一种自我的紧张，我们不能安易地体验崇高。人格的伟大是崇高的本质，所以感觉地大或强的事物得为崇高，但同时小或弱的也未始不可为崇高。人格的伟大与感觉的伟大是不同的。[①]

这里，首先指明了崇高的感情是一种深与大的感情的结合，这种感情加之伟大的人格移入对象中，才造就了对象的崇高品格，所以人格的伟大方是崇高的本质。而崇高感的心理过程总体上是一种由紧张不安过渡到自我的提升，面对崇高对象我们常常感到内容压倒形式，而形式又极力与内容抗争着，自然给人们以一种紧张的印象。"在此地最应注意的，就是对于崇高的对象感到自我的微小的这一层不过是感情移入上的一种经过。倘使我们永久感此而不变，则崇高的感情，也就永久不能成立。我们正因为能于经过这一种过程以后脱却对象的压迫，没头于对象之内而感到自我与对象之伟大，我们内心的崇高的感情才能成立，就是对象等到此时才成崇高。"[②] 这是对崇高感得以生成的复杂心理过程的描述，分析得相当清晰透彻。

接下来范寿康对崇高类型的分析从两个角度切入，首先根据对象形式上的特征也就是内容与形式的关系将崇高分为"无形式的崇高""雄大的崇高"及"自由的崇高"三种类型，而每一种类型又有更为细致的分类。

第一种"无形式的崇高"，是指内容的强大往往压倒形式，使之宛如无形式一般，即形式被粉碎。那么这种"无形式的崇高"又分为三种，一是"无际涯的崇高"，这种崇高使人感到空间上的无限巨大，好似无边界一般，在大自然界较为多见，如汪洋的大海、夜晚的星空、夜色的苍茫等；此外在文学领域，诗人及小说家通过他们的表现手段，扩充读者的情感及想象，以使人感到无

① 范寿康：《美学概论》，商务印书馆 1927 年版，第 102—103 页。
② 范寿康：《美学概论》，商务印书馆 1927 年版，第 104—105 页。

限的远大。二是"激动的崇高":"在无际涯的崇高,形式服从内容而行突进;在激动的崇高,形式不是这样柔顺,他向内容与以抵抗,然而终被粉碎,换言之,在激动的崇高中,抗争的素因极为强烈,所以其形式往往带有中绝、急激、抛掷、混乱、折断等等的性质……"①自然界中如被暴风所搅乱的云、狂暴的怒涛、断崖绝壁等就是此种类型;在人类社会中,受恶魔威吓而变形的容貌、怒气勃勃的颜面、激烈的斗争等都是。三是"巨大的崇高",在这一类型中对象的力量极为猛烈,以致把形式驱逐,但与前两种不同之处在于形体上虽不至于无限大,但形式上具有生硬、粗暴的特性,像怪物一般具有奇怪的形体。在自然中如奇岩、怪石、洪水、大火等都是巨大的崇高的体现。

第二种"雄大的崇高",在"无形式的崇高"中是内容压倒形式,而"雄大的崇高"则是形式制御了内容,表现为"静止合一、确实的联结、统一的印象"。形象地说,雄大就是严正的男性的崇高,排除了柔和、顺从、奔放自在等性质。

第三种"自由的崇高",这是由前两种崇高结合而成的,形式与内容携手并进,"内容对形式不逞横暴,形式对内容亦不想拘束",也就是说形式不能制御内容,但形式又没有被内容所粉碎。这样的例子众多,如无拘束的动乱、泼辣的自由等。

以上的分类是从对象自身方面着眼的,侧重内容与形式的关系。而从移入的感情的性质来研究崇高,又可将其分为"积极的崇高"与"消极的崇高",其中更细小的分类我们在此就不详述了。

从其他角度来划分崇高的种类,则又可分为壮丽、严肃、壮静、庄严四种特殊样式的崇高类型,它们给予观者感情上的特性

_____

① 范寿康:《美学概论》,商务印书馆 1927 年版,第 107 页。

体现在：

> 壮丽在于感觉的刺激上的快的提高上面有他的特殊性。反之，严肃对于我们，给与一种道德的欢悦及向上之感。壮静则与我们以高度之自重及自负之感。最后，庄严则把我们的感情用宗教的色彩加以浸染，这时候的自重或自负常与敬虔及崇高互相结合。①

此外还有一种样式叫作"激情的崇高"，这里从略。综上所述，对崇高范畴做如此细致的分类在当代的美学著作中也是极少见的，而且对崇高范畴的本质、崇高感的心理过程、不同特征的崇高的区分辨析，都可以看出作者对崇高范畴的研究是极其深入的，完全可以代表这一时期学界的最高水平。尤其是对壮丽、严肃、壮静、庄严这几个与崇高词义相近的术语的区分，根据它们各自性质上的细微差别赋予其崇高范畴子类型的意义，从一定意义上说，对崇高范畴内部相似概念的厘清起到了积极的作用。因为在此前或此后都有学者将壮丽、庄严等直接视为西方的崇高范畴，在理论界造成了一定程度上的术语混淆。当然范寿康对崇高范畴的分类也存在过于琐碎的弊端，具体论述还有值得商榷之处，这毕竟是处于美学体系建构时期，理论界筚路蓝缕的草创阶段。

而且这一时期对崇高范畴的论述还体现出中国崇高美所特有的时代特点，例如范寿康对"严肃的崇高"的理解："严肃的崇高是指由异常的意志力把一切苦闷斗争征服以后所得的那种平静而言。这一种道德的胜利得来的平静实足与吾人以一种崇高的印

---

① 范寿康：《美学概论》，商务印书馆 1927 年版，第 123 页。

象。"①由此可见，此类崇高在自然界中几乎没有，通常体现在悲剧中。相对来说，西方的崇高概念更侧重于自然界，而中国的崇高更多地与本国的社会形势紧密结合。近代中国面临着被西方侵略而殖民地化的民族危机，当历史的脚步迈进20世纪的门槛时，旧日的辛酸与前行的坎坷同时充斥着历史的行囊，面对祖国的病痛与积弊，肩负着遭受外来侵略的奇耻大辱，这一切都激发了有识之士的爱国之心而去奋勇抗争。在这样的时代氛围中，对崇高范畴所蕴含的社会意义、道德价值的强化就鲜明地体现出中国审美理想的时代特征。尤其是将崇高与悲剧相连，注意到崇高的社会内涵，蕴含着浓厚的道德色彩，这是对中国崇高范畴时代精神的一种强化。这一点在陈望道的《美学概论》中也有所体现，他根据所谓"强大"的方式不同将崇高分成三类，一是形状上的强大，二是物质力的强大，三是生命力的强大。对于这种"生命力底强大"，作者说道："如于超凡的人物，不世出的伟人等，我们对临那生命底伟大的力的时候，崇高感才算达到了极致。"接着又举例说："如富于改革精神如中山之类的人，即使其像只是一寸二分，也未尝不可因其生活底坚忍而成其为崇高，何必定要丈六的造像？这比之前两方面的，更易肉薄突进到生命底中心，而唤起了更高更深，更繁复更厚实的共鸣共感，所以也就更多而又更强地能以触着崇高底极致的情趣。"②这里，陈望道强调了崇高感的极致即是时代英雄身上体现出的与社会抗争中的流血、牺牲，直至最后夺取胜利后的使命感与自豪感，这都是对审美理想时代性的关注与强调。

---

① 范寿康：《美学概论》，商务印书馆1927年版，第120页。
② 陈望道：《美学概论》，见复旦大学语言研究室编：《陈望道文集》第二卷，上海人民出版社1980年版，第77页。

可以说到此时，中国美学理论界对"崇高"范畴的理解已经十分深入，名称的使用也处于固定阶段。但此时所谓的确立也只是一个泛指，无法囊括所有的历史细节。我们注意到在此后一些美学家的著作中，有学者认为崇高名称并不确切，于是舍弃"崇高"而另立名称。朱光潜就曾对"崇高"这一译名持有异议，他说："sublime 是最上品的刚性美，它在中文中没有恰当的译名，'雄浑'、'劲健'、'伟大'、'崇高'、'庄严'诸词都只能得其片面的意义，本文姑且称之为'雄伟'。"[①] 他之所以选取"雄伟"这一译名，主要是根据康德对崇高的论述。康德认为崇高有两种形式，一种是数量的崇高，主要体现在体积上；一种是精力的崇高（即力量的崇高），主要体现在精神气魄上。朱光潜认为"雄伟"这一译名，"伟"字可以括尽康德的"数量"的意义，"雄"字可以括尽"精力"的意义。同样蔡仪也倾向于"雄伟"的译名，主要出于这样的考虑："雄伟和秀丽不可能由客观对象的属性条件来规定，而是由于客观的美和主观的美的观念相结合而产生的美感形态的种类。为避免混淆，我们将过去称为'优美'的范畴改为'秀丽'，同时将过去称为'崇高'的范畴改称为'雄伟'。这在理论的逻辑上是有正名的必要的。"[②]

历史真实的芜杂常会逸出我们做理论总结时所构造的逻辑框架，但在 20 世纪 20 年代，学术的建设已经成为一代学人的自觉，中国美学理论的发展也步入了其历史上第一个黄金时期，在这样的理论建设热潮中确立的"崇高"范畴经过前期的积累已具备了较为坚实的基础，所以对于朱光潜以及蔡仪的个人化的声音或是

①　朱光潜:《文艺心理学》，复旦大学出版社 2006 年版，第 216 页。
②　蔡仪:《美学原理》，湖南人民出版社 1985 年版，第 173 页。

独立的思考并没能扭转"崇高"范畴确立的历史进程，我们可以将其看作一种学术上必不可少的争鸣，伴随着"崇高"这一译名走过一段曲折而反复的命名之路。

此外，还有一些身处时代风云变幻中、痛心于祖国河山的千疮百孔而奋起抗争的有识之士，虽然没有对"崇高"范畴做出明确的理论界定，但在文字表述中实已触及了崇高的思想内核。例如梁启超在对"三界革命"的倡导与实践中，就已经初步形成了对崇高美的时代精神的解读。但由于本章主要是从概念、范畴名称的角度探讨"崇高"理论，所以与此关系不甚密切的学说就暂且略过不述。

第三节　崇高理想映衬下的"优美"范畴

在中国近代崇高审美理想的强势映衬下，优美范畴显得低调甚至有些不合时宜，但其作为美学范畴中的一个审美类型，已成为现代美学理论体系中不可缺少的一个组成部分。"优美"范畴无论在名称还是内涵的意蕴上都与中国古典美学中的"秀美""典雅""阴柔美"等概念相近，所以当其从西方传入中国时并没有给当时的接受者造成理解上的障碍，很自然地就融入到中国传统和谐的审美观中，更像是一个中国古已有之的概念。相比于崇高在近代人的审美心理上激起的情感波澜，优美问题就简单许多，受到的关注自然也少一些。那么，关于优美的内容前文在论述崇高时已经略有涉及，此处就不做过多的阐述，只是从概念名称的角度大致梳理一下其脉络演进及"优美"范畴在现代美学理论中的意义。

一、"优美"范畴的提出及名称的演变

"优美"一词对于我们来说并不陌生，无论在书面语还是日常用语中都比较常见。出版于民国时期的《辞源》对"优美"一词的解释为"内容外状均比较他物为胜而又佳好也"。所举的例子是蔡邕的文章"若器用优美，不宜处之冗散"[①]。这只是从一个普通形容词的角度去界定"优美"，可以看出，"优美"一词的本义与作为美学范畴的"优美"相差无几。

"优美"作为一个美学概念，最早出现在王国维1901年所译的《教育学》一书中，只不过这里所用的是"美丽"一词，与"宏大"相对应，前文在介绍"崇高"范畴时已经引过这段文字，但为了叙述便利，复引用如下："想像者，凡于吾人之心，描出美丽宏大之物之象，而此等所描出之象，有动吾人之感情，强意志之力，故吾人得自想像，进于至高至美之期望，即进于理想。故想像实可谓人间之最大扶助者，而能导人间至于福祉之乐国者也。"[②]严格意义上说，此处出现的"美丽"一词并不是从美学范畴角度进行的有关美学知识的介绍，但由于与"宏大"相对提出，可以将其看作是对美的两种类型的初步分类，具有优美范畴的萌芽性质。而1903年出版的《心界文明灯》一书对美的种类做了进一步的具体阐释，明确提出了美的两种类型即美丽和宏壮。"美丽者，依色与形之调和而发之一种感快"；"美丽者，唯乐之感情"。这里对"美丽"的介绍虽简单但却已触及其本质。美丽的对象应该符合色与形调和的原理，而美丽的感情即是面对和谐之对象而

① 方毅主编：《辞源》，商务印书馆1915年版，第239页。
② 〔日〕立花铣三郎著，王国维译：《教育学》，见《教育丛书初集》，教育世界出版所1901年版，第28—29页。

产生的单纯快乐的情绪。由于优美本身与我们的日常审美经验相符，更契合中国古代和谐的审美理想，所以相对于崇高不需要过多的阐释，也更易于被理解和接受。

从美学概念的角度看，优美在学界首先是以"美丽"一词出现的，但几乎与此同时，在王国维一系列的译著中"优美"一词也已经被使用。在《哲学概论》中王国维提到"汗德（现译为康德。——引者注）之美学分为二部，一、优美及壮美之论，一、美术之论也"。这应该是"优美"一词在美学理论中的首次出现，这里虽没有对其进行过多的论述，但已经具备了美学范畴的意义。另外在王国维同年所译的《心理学》中，谈到绘画的选材问题，认为选择美丽的素材要比丑陋的素材好，这是判定艺术品好坏的一个要件："画婀娜之娼妓，不若画优美之贵妇人。"[1]此处的"优美"并没有被限定在美学理论范围内，只是作为一个形容词对贵妇的特征进行描绘。这一点在王国维的《教育学教科书》中有更为详细的论述："就男女两性言之，其所求之德性，自有所异。即男子之德，以刚强勇断为贵，女以和柔敬顺为美。男当严正庄重，女宜贞静优美，男当有知识与技能，以出外而为事业，女在内当有齐家教儿女之能力。要之以男有刚德，女有柔德，为美善也。"[2]优美成为女子所特有的优点，并与男性的刚强对应，可以说这是作为美学范畴的优美意义延伸到了日常用语中，也可以理解为日常用语中的优美含义与其作为美学范畴的含义是相通的。正因为这是一种常见常闻、与我们的审美习惯紧密相连的审美类型，所

---

[1] 〔日〕元良勇次郎著，王国维译：《心理学》，见《哲学丛书初集》，教育世界出版所1902 年版，第 45 页。

[2] 〔日〕牧濑五一郎著，王国维译：《教育学教科书》，见《教育丛书二集》，教育世界出版所 1902 年版，第 8 页。

以在进入美学理论中时才让我们没有理解上的障碍，很自然地接受。正如吕澂所说："有些纯从快感成立，最重要的便是'优美'，平常所说美丽的美、好看好听的美，都属于这种。"①

当然作为严格意义上的美学范畴，对"优美"的理解是不能这样的随意或者说日常生活化的，所以在学理上对其加以界定也是必要的。王国维在此时的一系列哲学、美学文章，也就是前文提到的《叔本华之哲学及其教育学说》《〈红楼梦〉评论》及《古雅之在美学上之位置》中对此作了进一步的详细阐发，为了叙述的便利，我们把与"优美"相关的表述单列出来，复引用于下：

美之中又有优美与壮美之别。今有一物，令人忘利害之关系，而玩之而不厌者，谓之曰优美之感情。②

而美之为物有二种：一曰：优美，一曰：壮美。苟一物焉，与吾人无利害之关系，而吾人之观之也，不观其关系，而但观其物；或吾人之心中无丝毫生活之欲存，而其观物也，不视为与我有关系之物，而但视为外物，则今之所观者，非昔之所观者也。此时吾心宁静之状态，名之曰："优美之情"，而谓此物曰："优美"。③

就美之自身言之，则一切优美，皆存于形式之对称变化

① 吕澂：《美学浅说》，商务印书馆 1923 年版，第 23 页。
② 王国维：《叔本华之哲学及其教育学说》，见傅杰编校：《王国维论学集》，中国社会科学出版社 1997 年版，第 272 页。
③ 王国维：《〈红楼梦〉评论》，见阿英编：《晚清文学丛钞·小说戏曲研究卷》，中华书局 1960 年版，第 106 页。

及调和。……优美之形式使人心和平……①

由于"优美"本身并不难理解，再加上以上这三段文字的清晰表述，已经基本可以确定"优美"的性质及内涵了。参照前文对崇高的分析，可以看出优美与崇高基本是两个对立的范畴。从性质上看，优美"令人忘利害之关系，而玩之而不厌"，表现为人与对象的和谐共存关系；在感性形式上，"一切优美，皆存于形式之对称变化及调和"，优美的事物多具有完整、规则、和谐等品格；在审美感受上，优美给人以安静、平和的心理感受，"使吾人忘利害之念，而以精神之全力沉浸于此对象之形式中"。对于"优美"范畴的理解，王国维的论述基本与现代美学理论对其的界定一致。

无论从概念用语还是内涵演变的角度考察，相比于崇高范畴在使用及确立过程中的复杂情形，"优美"一词相对来说都较为稳定。早期心理学译著中出现的"美丽"一词此时已被"优美"取代，之后在各种美学著作中"优美"一词的使用都占据了绝对的优势，成为被学界广泛认可的概念。当然，个别不同的声音还是存在的，比如徐大纯对美的类型的划分，其中之一"纯美"（Beauty），即是指优美，并对其作了简短的说明："纯美者，普通之快感，其具有美之性质，固不待言。"再一点，前文在介绍蔡元培对"崇高"范畴的名称使用中也提到了优美范畴的其他称谓，如妙丽之美、美、都丽之美等。此外还有朱光潜先生使用的"秀美"以及蔡仪先生倾向的"秀丽"等词。看似繁杂，其实这只是学界少数学者的一种个人化的使用，相比于绝大多数学者对"优

---

① 王国维：《古雅之在美学上之位置》，见傅杰编校：《王国维论学集》，中国社会科学出版社 1997 年版，第 298、301 页。

美"概念的青睐，这只能算是其名称确立过程中的小插曲而已。

在吕澂、陈望道、范寿康等人各自出版的《美学概论》中，对"优美"概念的使用是非常统一且固定的。范寿康认为："崇高以抗争的因素为其核心，优美则与之相反。在优美，则全无些许的威压、狂暴、矛盾、纠葛。优美极为自由，极为柔和，然而同时却极有强大的力量来渗透我们的内心。"① 依照我们的审美经验，优美之对象应该是柔弱、温婉的，如何还会有极强大的力量介入呢？这里实际上蕴含着一个更为深刻的美学思考，即崇高与优美并不像我们常识中理解的那样是截然对立的，二者在深层的学理层面实有相通之处，对于这一点，当时的学者能有如此认识实属难能可贵。吕澂说："非崇高美中之最要者为优美，以其本质在遂生，即视所遂者能生若何人格而定其价值。故其间仍含人格伟大之意义。惟人格愈伟大，而毫无障碍以遂行其生时，乃愈优美。虽谓崇高为真正优美之条件亦无不可（崇高重在力之存在与活动，优美则在其力之实现与活动之成功，此其大别也）。"②

另外，虽然优美的种类没有崇高那么多样，但学者们还是运用大量的笔墨，根据内容与形式的细微差别，对其进行了细致的分类与分析。陈望道认为："同是优美的东西之中也有种种的小分别。有高贵的优美，如意大利波提拆利（Botticelli，1447—1510）底《春》之类的绘画。也有娇小活泼的优美，如法兰西格勒兹（Greuze，1725—1805）所画的《小女与小鸟》等。此外还有所谓温雅的优美、峻严的优美及和婉的优美等。"③ 范寿康对优美的分类与陈望道的理解基本一

① 范寿康：《美学概论》，商务印书馆 1927 年版，第 127 页。
② 吕澂：《美学概论》，商务印书馆 1923 年版，第 41 页。
③ 陈望道：《美学概论》，见复旦大学语言研究室编：《陈望道文集》第二卷，上海人民出版社 1980 年版，第 79 页。

致，只是个别名称有所差异，范寿康将优美范畴分为高尚的优美、可爱的优美、粗硬的优美、温雅的优美、峻严的优美、柔婉的优美、婉丽的优美，并对各个种类的特征、性质进行了详细的分析。根据这些名称的字面含义，我们应该可以大致了解到这几种优美的差别，当然这些差别有时并不是很明显，所以也比较难于区分辨认。

虽然优美范畴本身并不复杂，与崇高相比，理解起来也相对容易，但是从整体上看中外学者对其加以深入考察的并不多，在此情形下 20 世纪初期的中国美学界能对这一范畴做出如此细致的分类分析，实属难得。纵然分类显得有些琐碎，但还是体现出了对此范畴理解上的深入。

二、"优美"范畴在现代美学理论中的意义

"优美"代表着古典的审美理想，在近代风云变幻的时代大气候中受到的关注不多，一是由于其在含义上较易理解，容易给人以不言自明之感；二是在"借思想文化以解决问题"的思维模式中，救亡与启蒙的急切、治国安邦的使命，使得"优美"范畴在价值功用上似乎意义不大。但从学理角度看，"优美"不仅是现代美学理论体系中不可缺少的一个审美类型，而且这一范畴的提出，对于美学学科内涵的辨析甚至现代美学理论的科学性，都有着重大的意义，它是我们对美学本质进一步深化理解所不可缺少的认知上的重要一环。可以说在近代，"优美"范畴相比于具有时代意义的"崇高"范畴，更多的是具有一种学理上的价值。

在上一章中我们介绍了西方美学学科被初步引进中国的历程，从汉译"美学"名词初入中国，到对"美学"概念由浅入深直至逐步精确化的界定，这一过程可谓是曲折复杂。但在很长一段时期内，学界对美学学科的界定都是围绕着"美学"名称的字面意

义进行的，大都倾向于认为"美学者，论事物之美之原理也"；"美学，就普通心理上所认为美好之事物，而说明其原理及作用之学也"。既然将美学的研究对象限定为"美"，那么，对"美"的理解正是探寻美学本质的关键。当我们进一步去挖掘这个美学的核心词汇"美"时却发现，很多人将其等同于"优美"了。

这样的情形大多出现在 20 世纪初期西方美学初入中国之时，在 1902 年王国维所译的《心理学》中谈道："美之感觉，所以使人生快乐者，其数虽多，然大别之，则皆含于左之三要质中，即第一、眼球筋肉之感；第二、色之调和；第三、由同伴法所惹起主观的之观念是也。"在阐述眼球筋肉之感时，通过眼睛视物的生理规律，得出这样的结论："较之直线，以曲线为最丽，是由眼球之运动，较之沿直线，宁沿曲线，则最滑故也。此外视平行之线，则生快乐，视不规则之线，则生不快乐。"[1] 其中，曲线最美、规则之线给人以快感，这都属于"优美"的形式要素。

在《女子教育论》中，"美之本源，则形态、光彩、音声，感生视觉听觉之事物也"。具体论述了形态、光彩、音声、比例、调和、均齐、统一、杂驳等形式要素，这都是重在强调优美的属性。另外对女子之美的推崇，同样可以看出对古典美的典型——优美——的看重："乃女子自然富美之性情，适受男子之敬爱，即其音声，则清亮也；筋骨，则软滑也；其性质，则温和也，恰如授自然之美，而来此世者。故谓女子之价值，在富美思想之度如何者，亦非过言也。"[2]

---

① 〔日〕元良勇次郎著，王国维译：《心理学》，见《哲学丛书初集》，教育世界出版所1902 年版，第 46—47 页。

② 〔日〕永江正直著，钱单士厘译：《女子教育论》，见《教育丛书二集》，教育世界出版所 1902 年版，第 39—40 页。

在陈榥的《心理易解》中有着更为明确的表述:"美的感情,有简单者,有复杂者。简单者如感觉上之感情,调和与否、色之鲜明与否,其快不快显足以表吾人之美也。罢路克言物之足使吾人生美感者,有六种关系:体量宜小、表面宜滑、宜有曲线之轮廓、宜巧致、宜有光泽、宜有温雅之色彩,顾此要不过即感觉所及者而言。若以云乎复杂者,其真正之美的感情,尤以念端为主,位置之配合,部分之调和,不仅由于材料之充佳,而有包含于材料之理想以辅之。是故材料丰多,而其形式能统一于整齐之规则者,斯时更起有满足之感焉。所谓念端的美感是也。"① 文中介绍了西方美学家罢路克所论有关美的形式的六要素,很明显这种对美的客观标准的描述,确切地说正是与"优美"相关的种种特征。如果说这只是对简单的美感的要求,那么即使是复杂的美感,最终也是以形式材料"统一于整齐之规则"为标准。

其实,我们在其他一些西方美学家对优美与崇高的论述中也可以看到他们将"优美"范畴都笼统地称为"美",也就是将"美"(Beauty)看作是与"优美"(Grace)等同的概念,这样的称谓很容易造成对美学本质的误解,即把作为美的具体形态的优美看成是美的本质。也就是说这个时期美学的核心概念——"美"是包含着两重含义的,一是指美学的元范畴,它是美学理论的逻辑起点,其他范畴都是它的展开与演化;二是指代"优美"这一审美类型。

即使在20世纪一二十年代,甚至在美学学科体系构建过程中,"美"有时还担当美的种类之一"优美"的角色,如:"美术之作用有两方面:美与高是。美者,都丽之状态;……假如光风霁月,

① 陈榥编译:《心理易解》,上海会文堂1905年版,第179页。

柳暗花明，在自然界本为好景。传之诗歌，写诸图画，亦使读者观者有潇洒绝尘之趣，是美之效用也。"[①] 还有李大钊的《美与高》一文："美非一类，有秀丽之美，有壮伟之美，前者即所谓'美'，后者即所谓'高'也。"[②]

"秩序""对称""整一""和谐""变化的统一"等都在一定程度上触及了优美的某些特征，不可否认，优美是美的比较普遍的表现形态，但这种将美学的研究对象限定为"优美"，或者说对"美"这一概念的多义理解，实际上正体现出中国早期美学界对美学含义理解上的偏颇。当然正如上一章所述，中国美学界所走的这段弯路也源于西方美学家在 19 世纪以前对美学理解上的偏颇。自从人类萌生了审美意识，狭义的美即优美就进入了人类的审美活动领域，从古希腊美学家一直到康德，这一古典美学研究的主导倾向就是将美学研究的对象局限在狭义的"美"的领域，在整个古典主义时期，人类的审美活动是以优美形态为主导的，这样势必忽视了其他包含着否定性因素却同样具有审美意义的范畴。而审美活动越是到现代形态，否定性因素就越多，这不仅是人类感知思维、审美活动的进步，更是人类自身力量发展的体现。

而把优美划分出来作为美的一个类型，不再将狭义美看作美学的唯一内核，不仅有助于纠正对美学的元范畴——"美"的狭义性理解，也是人类审美活动从纯粹的优美形态向更广阔的领域拓展的第一步，而美学范畴也由此转向了多元化的阶段。对"美"

---

① 蔡元培：《我之欧战观——在北京政学会欢迎会上的演说词》，见高平叔编：《蔡元培全集》第三卷，中华书局 1984 年版，第 3 页。

② 李大钊：《美与高》，见叶朗主编：《中国历代美学文库·近代卷》下册，高等教育出版社 2003 年版，第 605 页。

的本质的误读在 20 世纪 20 年代就有中国学者提出了质疑："美学是美的学问。我们亘涉全般研究中，不要忘记的一桩事，是这字含有很广的意味。所谓美者，不独是本来之美，崇高 Sublime、滑稽 Ludicrous 也包括在内。他们虽时常有与美全然脱离之状态，然与之密切相关联是一般周知的事。"[①] "通常之所谓美，但指优美 Das Anmutige 一种。美学之对象则于优美而外，犹有崇高，悲壮若滑稽之属。今如并以美名之，既非广其原义不能适合，且有使人侧重优美之倾向。"[②]

① 〔英〕马霞尔著，萧石君译：《美学原理》，上海泰东图书局 1922 年版，第 1—2 页。
② 吕澂：《美学概论》，商务印书馆 1923 年版，第 1 页。

第三章 启蒙与救亡主题中 "悲剧" 概念的引入与泛化

　　20 世纪中国美学的主导倾向就是崇高美突破了古典和谐的审美观成为近代社会的审美理想，这不仅源于中国古代和谐母体的孕育，更是中西文化碰撞融合的产物。所以，近代美学整体上呈现出美与丑、主体与客体、个人与社会的尖锐对立，不仅突破了美的单一形态，其他包含着否定性因素的美学范畴也逐渐成为具有独立意义的存在。其中与崇高关系最为密切的就是悲剧范畴，近代悲剧之所以不同于古典悲剧，就在于其本质上的崇高特征，它是崇高在社会领域内的深刻体现。可以说，崇高与悲剧范畴的出现，标志着古代审美理想发生了根本性的变革，二者共同演绎出 20 世纪中国美学铿锵动人的主旋律。

　　近代学界对 "悲剧" 的认识，首先是将其作为一种戏剧类型引进，相对于 "优美" "崇高" 等较为纯粹的美学范畴，它更加具象化。由于这是一种可触可感的艺术样式，所以在近代启蒙与救亡的主旋律中，在文学革命或者戏剧改良运动中，悲剧受到更大的青睐，同时也附着了更多的功利色彩。当其从西方被引入中国时，其本身的美学本体性质被忽略了，而融入中国文化土壤中开始了其独特的异域之旅。本章对悲剧范畴的考察除了关注美学理

论家、批评家的文字外，文学创作实践中透露出的美学观念同样
也是一个不可忽视的方面。

第一节　"悲剧"概念的最初引进

在中国古典文学领域中我们并不缺乏悲情戏、苦戏，但"悲
剧"概念则是一个舶来品，经历了一次由西入中、生发衍变的漫
长之旅。不可否认，"悲剧"作为一种外来的文学、美学观念，能
够在中国的土壤中落地生根，除了受到外来思潮的冲击外，也源
于中国文化自身发展的现实需求，而当其进入中国本土之后同样
也会受到中国传统文化的影响与制约。

1902 年王国维翻译出版的《心理学》一书中有一小段文字，
谈到了艺术领域中除了喜悦之外，悲伤、惊恐等情绪也可以引起
观者的精神愉悦：

> 然于演剧或小说所现之感觉，必不但喜悦而已，有悲哀、
> 有失望之爱情、及暗杀等事，此等虽为可悲，然现于演剧小
> 说时，则亦于看客之精神中，惹起一种之快乐。此决不独演
> 剧小说为然，美术一般普通之感觉也，故于美术不但有喜之
> 感觉，不问悲哀惊愕恐怖等种类之如何，以惹起深奥且多量
> 之感觉，为美术之高尚也。①

接着作者还以希腊雕塑《拉奥孔》为例进行分析，认为人们

---

① 〔日〕元良勇次郎著，王国维译：《心理学》，见《哲学丛书初集》，教育世界出版所
1902 年版，第 48 页。

乐于欣赏艺术中的悲哀、恐怖情节的原因并不是幸灾乐祸的心理使然，而是悲哀、惊惧等情绪可以给人心理上带来多样的深层感受，这是"美术之所以为美术之要质"。这其实涉及对美感多样化的心理机制的探讨，而由单纯的喜悦、愉快转向对悲痛、惊惧等心理感受的关注，代表着对美学本质认识的深化以及美感范围的扩大，在美学理论发展史上具有不可低估的重大意义。只不过这里是从心理学的角度切入，还缺乏严格意义上的美学理论支撑，但完全可以将其看作悲剧范畴被引入中国的一个前奏或是一个理论铺垫，虽然文中还没有明确提出美学范畴的问题，更没有出现"悲剧"这一概念。

一、作为一种戏剧类型

"悲剧"概念最初从西方引入中国，最直接的原因来自于 20 世纪初期中国文学理论界倡导的那场文学革命旗帜鲜明地高呼"戏曲改良"的口号，这与当时中国的社会状况密不可分。

中国在近代面临着被西方侵略而殖民地化的民族危机，救亡图存成为摆在国人面前的首要任务，这导致了上层建筑包括文学艺术在内都不可避免地附着了启蒙与功利的政治化倾向，这种时代精神影响了身临其境的全部爱国人士。身为资产阶级维新派领袖的梁启超在戊戌变法失败后意识到：中国的落后在于民智不开，"欲维新吾国，必先维新吾民"，而欲"新民"，就必须面向全体民众，展开全面的思想文化启蒙，文学革命即是他选择的最佳途径，而作为文学革命之一的小说界革命，可以说取得了最大的轰动效应。1902 年梁启超在《论小说与群治之关系》一文中开篇即说："欲新一国之民，不可不先新一国之小说。故欲新道德，必新小说；欲新宗教，必新小说；欲新政治，必新小说；欲新风俗，必新小说；欲新学艺，必新小说；乃至欲新人心，欲新人格，必新小说。何以故？小说有不可思议之力支配人道故。"①梁启超倡导的"小说界革命"文体范围并不限于小说，也包括戏剧在内，二者同样因"浅而易解""乐而多趣"而具有极大的普及性与艺术感染力，成为最有效的思想启蒙、开启民智的工具。"上而王公，下而妇孺，无不以观剧为乐事。是剧也者，于普通社会之良否，人心风俗之纯漓，其影响为甚大也。"②陈独秀更是明确指出了戏曲对于社会启蒙的独特价值：

> 戏曲者，普天下人类所最乐睹、最乐闻者也，易入人之脑蒂，易触人之感情。故不入戏园则已耳，苟其入之，则人之思想权未有不握于演戏曲者之手矣。使人观之，不能自主，忽而乐，忽而哀，忽而喜，忽而悲，忽而手舞足蹈，忽而涕泗滂沱，虽些少之时间，而其思想之千变万化，有不可思议者也。故观《长坂坡》《恶虎村》，即生英雄之气概；观《烧骨计》《红梅阁》，即动哀怨之心肠；观《文昭关》《武十回》，即起报仇之观念；观《卖胭脂》《荡湖船》，即长淫欲之邪思；其他神仙鬼怪、富贵荣华之剧，皆足以移人之性情。由是观之，戏园者，实普天下人之大学堂也；优伶者，实普天下人之大教师也。……现今国势危急，内地风气不开，慨时之士，遂创学校。然教人少而功缓。编小说，开报馆，然不能开通不识字人，益亦罕矣。惟戏曲改良，则可感动全社会，虽聋

① 梁启超：《论小说与群治之关系》，《新小说》1902年第1号。
② 箸夫：《论开智普及之法首以改良戏本为先》，见阿英主编：《晚清文学丛钞·小说戏曲研究卷》，中华书局1960年版，第60页。

得见，虽盲可闻，诚改良社会之不二法门也。[①]

在这场声势浩大的戏曲改良运动中，文界先驱者们引进了西方话剧这一不同于中国传统戏曲的戏剧样式，也使得西方"悲剧"概念于 20 世纪初首次进入了中国。1903 年，无涯生[②] 在美国旧金山发行的刊物《文兴日报》上发表了《观戏记》一文，虽然发表在国外，但发表后不久即被收入由梁启超任主编发行的《清议报汇编》中，同年又被编入文集在国内出版。此文的主旨是作者在国外观看广东戏时产生了对中国旧有戏曲的不满情绪，所以撰文呼吁中国戏剧改革势在必行。因为好的戏剧，"其激发国民爱国之精神，乃如斯其速哉？胜于千万演说台多矣！胜于千万报章多矣"[③]！

> 近年有汪笑侬者，撰《党人碑》，以暗射近年党祸，为当今剧班革命之一大巨子。意者其法国日本维新之悲剧，将见于亚洲大陆欤？[④]

与中国旧戏曲摹写"红粉佳人、风流才子、伤风之事、亡国之音"不同，近年汪笑侬的《党人碑》揭露了社会的阴暗与罪恶行为，直指国家政事，因其醒人耳目，所以备受推崇。而"悲剧"

---

① 陈独秀：《论戏曲》，见阿英主编：《晚清文学丛钞·小说戏曲研究卷》，中华书局 1960 年版，第 52—55 页。

② 无涯生，是作者的自称，据有关学者考证实为欧榘甲，康有为万木草堂时的弟子，曾赴美任《文兴日报》记者。参见王运熙、顾易生：《中国文学批评通史·近代卷》，上海古籍出版社 1996 年版，第 681 页注。

③ 无涯生：《观戏记》，见阿英主编：《晚清文学丛钞·小说戏曲研究卷》，中华书局 1960 年版，第 68 页。

④ 无涯生：《观戏记》，见阿英主编：《晚清文学丛钞·小说戏曲研究卷》，中华书局 1960 年版，第 71 页。

一词即在此处出现一次，但究竟何为悲剧，作者并没有进一步阐发或对其加以理论化的界定。我们通过他对"法国、日本维新之悲剧"的描述，可以略知一二：

> 记者闻昔法国之败于德也，议和赔款，割地丧兵，其哀惨艰难之状，不下于我国今时。欲举新政，费无所出，议会乃为筹款，并激起国人愤心之计。先于巴黎建一大戏台，官为收费，专演德法争战之事，摹写法人被杀、流血、断头、折臂、洞胸、裂脑之惨状，与夫孤儿寡妇、幼妻弱子之泪痕。无贵无贱，无上无下，无老无少，无男无女，顷刻惨死于弹烟炮雨之中，重叠裸葬于旗影马蹄之下，种种惨剧，种种哀声，而追原国家破灭，皆由官习于骄横，民流于淫侈，咸不思改革振兴之故。凡观斯戏者，无不忽而放声大哭，忽而怒发冲冠，忽而顿足捶胸，忽而摩拳擦掌，无贵无贱，无上无下，无老无少，无男无女，莫不磨牙切齿，怒目裂眦，誓雪国耻，誓报公仇，饮食梦寐，无不愤恨在心。故改行新政，众志成城，易于反掌，捷于流水，不三年而国基立焉，国势复焉，故今仍为欧洲一大强国。演剧之为功大矣哉！①

作者认为"摹写法人被杀、流血、断头、折臂、洞胸、裂脑之惨状"，"孤儿寡妇、幼妻弱子之泪痕"，"种种惨剧、种种哀声"，就是所谓的悲剧。可见，在无涯生的理解中，还没有形成关于悲剧的学理认识，似乎表现生活上的苦难、悲哀、不幸的

---

① 无涯生：《观戏记》，见阿英主编：《晚清文学丛钞·小说戏曲研究卷》，中华书局1960年版，第67—68页。

遭遇就是悲剧了。但我们知道真正意义上的西方悲剧给人的不是阴冷和凄惨，不是悲痛甚至恐怖，最终要显示的是一种崇高性的美。所以无涯生所推重的戏剧类型可以称之为"惨剧"抑或"壮剧"，却并不具备真正悲剧所蕴含的美学特质与艺术特征。当然他对悲剧所应具有的艺术感染力倒是做了形象化的表述，观戏者"忽而放声大哭，忽而怒发冲冠，忽而顿足捶胸，忽而摩拳擦掌"，很显然，这种对悲剧审美感受的理解同样流于表层。但无涯生毕竟首次为中国引进了"悲剧"这一概念，开创之功是应该被肯定的。

在中国近代悲剧发展史上另一个大力推崇悲剧的人当属蒋观云，他曾是维新变法的积极支持者，虽然后期思想趋于保守落后，但儒家的经世致用思想使其一生与政治纠结，所以他对悲剧的推崇也是从风俗教化、改良社会的角度加以认识和强调的。在《中国之演剧界》一文中，蒋观云首先借拿破仑之口，明确表达了他积极入世的功利主义悲剧观："悲剧者，君主及人民高等之学校也，其功果盖在历史以上。又曰悲剧者，能鼓励人之精神，高尚人之性质，而能使人学为伟大之人物者也，故为君主者不可不奖励悲剧而扩张之。……使剧界而果有陶成英雄之力，则必在悲剧。"[1]

在蒋观云看来，悲剧"委曲百折，慷慨悱恻，写贞臣孝子仁人志士，困顿流离，泣风雨动鬼神之精诚"，因此能"启发人广远之理想，奥深之性灵"[2]，这是作者对悲剧特征的一处集中描述，如果我们从概念界定的科学性上来考察，这远远不是一个学术化的理论界定，只是对悲剧外在形态的一种形象化描述，当然这体现

---

① 观云：《中国之演剧界》，《新民丛报》1905 年第 17 号。
② 观云：《中国之演剧界》，《新民丛报》1905 年第 17 号。

了学界早期对悲剧概念认识上的模糊状态。但相比于无涯生对悲剧的理解，蒋观云的理论还是有了一定程度的进步，至少他将悲剧指向了"人广远之理想，奥深之性灵"，注意到了悲剧对人的心灵境界的提升，要像莎翁悲剧那样"能道人心"。由此我们似乎可以窥探到悲剧隐藏在悲哀、痛苦中的某种积极向上的深层精神，而这才是涉及悲剧本质的一个要素。当然这只是我们在了解了悲剧本质意义的前提下，对这段话语深层含义的挖掘，对于当时的国人来说，蒋氏这样的只言片语还无法让国人对悲剧有一个清晰的认识。

而反观中国戏剧界，"舞洋洋，笙锵锵，荡人魂魄而助其淫思也"①，中国剧界最大的遗憾——无悲剧，所以作者从社会功效角度出发，大力提倡悲剧创作，因为"剧界多悲剧，故能为社会造福，社会所以有庆剧也；剧界多喜剧，故能为社会种孽，社会所以有惨剧也。其效之差殊如是矣。嗟呼！使演剧而果无益于人心，则某窃欲从墨子非乐之议。不然，而欲保存剧界，必以有益人心为主，而欲有益人心，必以有悲剧为主"②。在这里，出现了悲剧、喜剧、庆剧和惨剧四个概念，悲剧、喜剧是指作为戏剧类型的一种艺术样式，而庆剧、惨剧则指向现实的社会生活现象。可见，悲剧与惨剧不同，它具有高于生活的文学性内涵与艺术品质，当然也预示了从美学的高度对其进行研究的可能性，这是理论界对悲剧含义的一次有价值的肯定，其意义不容忽视。

可以看出，在悲剧概念引进初期，中国理论界除了对悲剧的外在观感进行了形象化的描述外，更深层的含义是需要我们抽丝剥茧、深入分析才可以得见的。但对于当时的国人来说，对悲剧

---

① 观云：《中国之演剧界》，《新民丛报》1905 年第 17 号。
② 观云：《中国之演剧界》，《新民丛报》1905 年第 17 号。

概念还无法形成一个学术化的理论界定。

在近代热闹纷呈的戏剧改良浪潮中，无涯生、蒋观云的悲剧理论基本可以代表这一时期学界总体的认知水平，急功近利的社会与学术大环境已经淹没了学者对纯粹学术的理性探求了。此时的"悲剧"概念总体上被定位为一种戏剧类型，并没有被纳入美学体系中获得美学范畴的含义，而即使是作为一种戏剧的样式存在，学界对其的认识也是模糊甚至存在误解的，悲剧与惨剧、壮剧的界限并不十分鲜明。而且，此时借助于戏曲改良之机而备受青睐的悲剧概念，首次进入中国时所奠定的有些偏颇的理论基调却是如此的有影响力，直到五四时期在悲剧创作实践领域还没有实质性的突破，冰心曾这样总结当时社会上盛行的泛悲剧意识："现在的人，常用悲剧两个字，他们用的时候，不知悲剧同惨剧是不同的，以致往往用得不当。有许多事可以说是惨剧，不能说是悲剧。"① 此时已经进入了20世纪20年代了，可见，中国学界对现代悲剧概念的认识过程是缓慢而又曲折的。当然此时真正从美学本体角度去探寻现代悲剧概念的学者依然存在，这个任务历史性地落到了王国维身上，只不过这样先知先觉的声音在当时却是几近被埋没的。

二、将"悲剧"上升为美学范畴的首次尝试

几乎与蒋观云等人的现实功利主义悲剧说同时，王国维于1904年发表了《〈红楼梦〉评论》一文，借鉴叔本华的悲观主义哲学思想，应用于对中国古典文学作品《红楼梦》的评论中。虽然王国维在对西方悲剧理论的移植与具体作品内容的阐发方面还

---

① 冰心：《中西戏剧之比较——在学术讲演会的讲演》，见吴重阳、萧汉栋、鲍秀芬编：《冰心论创作》，上海文艺出版社1982年版，第119页。

存在牵强之处，但这种纯粹从哲学、美学视角去研究文艺作品，真正着眼于学术而不是从社会功用的层面对悲剧进行的阐释，却开创了中国现代文艺批评方法之先河，也在中国美学史上第一次从理论层面确立了"悲剧"这一美学范畴。

王国维对悲剧的理解立足于叔本华的理论，所以叔本华的"意志""欲望""解脱"等悲观主义学说成为《〈红楼梦〉评论》的理论支撑。而正由于对叔氏悲观哲学的近乎全面的移植，很难说王国维真切地领悟到了"悲剧"的内在灵魂。

> 生活之本质何？欲而已矣。欲之为性无厌，而其原生于不足，不足之状态，"苦痛"是也。既偿一欲，则此欲以终。然欲之被偿者一而不偿者什佰，一欲既终，他欲随之，故究竟之慰藉，终不可得也。即使吾人之欲悉偿，而更无所欲之对象，倦厌之情，即起而乘之，于是吾人自己之生活，若负之而不胜其重。故人生者如钟表之摆，实往复于苦痛与倦厌之间者也。夫倦厌固可视为苦痛之一种，有能除去此二者，吾人谓之曰"快乐"，然当其求快乐也，吾人于固有之苦痛外，又不得不加以努力，而努力亦苦痛之一也。且快乐之后，其感苦痛也弥深，故苦痛而无回复之快乐者有之矣，未有快乐而不先之或继之以苦痛者也。又此苦痛与世界之文化俱增，而不由之而减，何则？文化逾进，其知识弥广，其所欲弥多，又其感苦痛亦弥甚故也。然则人生之所欲既无以逾于生活，而生活之性质，又不外乎苦痛，故"欲"与"生活"与"苦痛"，三者一而已矣。①

---

① 王国维：《〈红楼梦〉评论》，见阿英主编：《晚清文学丛钞·小说戏曲研究卷》，中华书局 1960 年版，第 104 页。

依照叔本华的理论，人生而有欲，有欲而不能满足就会痛苦，欲望得到满足就会感到无聊，无聊同样是另外一种痛苦。"欲"与"生活"与"苦痛"密不可分，而这就是生活的全部，所以人生就是一场宿命的悲剧，让人无处遁逃。我们知道，西方从古希腊时代的亚里士多德开始就对悲剧做了理论阐述，此后的西方美学史对悲剧理论一直不断地充实完善，虽然各派学说各有侧重，但总体的倾向都是从积极的角度去界定悲剧的内涵，赋予悲剧范畴以崇高的特征。而叔本华却从其悲观主义哲学立场出发，认为悲剧就是将人生的痛苦、地狱般的生活本相鲜活地呈现出来的最佳途径，从而告诫人们拒绝生活之欲，走向解脱之途，可见他将悲剧的本质与根源都指向了其消极的人生观。

王国维之所以倾心于叔本华的悲观哲学，则出于一种思想与心灵上的共鸣。中国近代社会内忧外患，这千年少有的大变局本身就是一场时代性的灾难与悲剧。加之王国维"体素羸弱，性复忧郁，人生之问题，日往复于吾前"[①]，所以叔本华"思精而笔锐"的哲学书籍自然而然地给予了王国维一种思想上的慰藉。王国维欣然接受了叔本华的观点，认为美术（即艺术）尤其是悲剧的价值就在于揭示人生苦痛与解脱之道："兹有一物焉，使吾人超然于利害之外，而忘物与我之关系，此时也，吾人之心，无希望、无恐怖，非复'欲'之我，而但'知'之我也。……然物之能使吾人超然于利害之外者，必其物之于吾人无利害之关系而后可。易言以明之，必其物非实物而后可，然则非美术何足以当之乎？……于是天才者出，以其所观于自然人生中者，复现之于美术中，而使中智以下之

人，亦因其物之与己无关系，而超然于利害之外。"①而中国古代这一"绝大著作"《红楼梦》即是这样的悲剧。"其自哲学上解此问题者，则二千年间，仅有叔本华之'男女之爱之形而上学'耳。诗歌小说之描写此事者，通古今东西，殆不能悉数，然能解决之者鲜矣。《红楼梦》一书，非徒提出此问题，又解决之者也。"②

　　王国维在中国悲剧范畴引进史上的第一大贡献就是挖掘出了《红楼梦》的悲剧美学价值。由于中国人固有的乐天精神、特有的审美情趣以及较为脆弱的心理承受力，所以中国古代悲剧，严格意义上说是悲情戏，往往以悲喜兼具的"大团圆"作结，并借助于善有善报、恶有恶报的模式，给欣赏者一种心理上的补偿和安慰。其实这正折射出了中国古代偏重和谐的审美理想，以及"乐而不淫，哀而不伤"的中庸诗学理想的情感表达。而王国维正是通过对《红楼梦》所体现出的现代悲剧精神的推崇，表达出了对封建社会传统审美理想以及思维模式的批判。

　　　　吾国人之精神，世间的也、乐天的也。故代表其精神之戏曲小说，无往而不着此乐天之色彩，始于悲者终于欢，始于离者终于合，始于困者终于亨，非是而欲厌阅者之心，难矣。③

　　　　吾国之文学中，其具厌世解脱之精神者，仅有《桃花扇》与《红楼梦》耳。而《桃花扇》之解脱，非真解脱也。沧桑

① 王国维：《〈红楼梦〉评论》，见阿英主编：《晚清文学丛钞·小说戏曲研究卷》，中华书局1960年版，第105—106页。
② 王国维：《〈红楼梦〉评论》，见阿英主编：《晚清文学丛钞·小说戏曲研究卷》，中华书局1960年版，第109页。
③ 王国维：《〈红楼梦〉评论》，见阿英主编：《晚清文学丛钞·小说戏曲研究卷》，中华书局1960年版，第112页。

之变，目击之而身历之，不能自悟，而悟于张道士之一言；且以历数千里，冒不测之险，投缧绁之中，所索之女子，才得一面，而以道士之言，一朝而舍之，自非三尺童子，其谁信之哉？故《桃花扇》之解脱，他律的也，而《红楼梦》之解脱，自律的也。且《桃花扇》之作者，但借侯、李之事，以写故国之戚，而非以描写人生为事。故《桃花扇》，政治的也、国民的也、历史的也，《红楼梦》，哲学的也、宇宙的也、文学的也。此《红楼梦》之所以大背于吾国人之精神，而其价值亦即存乎此；彼《南桃花扇》《红楼复梦》等正代表吾国人乐天之精神者也。①

"《红楼梦》一书与一切喜剧相反，彻头彻尾之悲剧也"②，它淋漓尽致地揭示了"生活之欲"与"苦痛"密切相连的人生本相，在情节设计上，不再给人峰回路转、起死回生的惊喜，悲剧结局也舍弃了具有民族特色的"大团圆"，"除主人公不计外，凡此书中之人有与生活之欲相关系者，无不与苦痛相终始"③。书中人物的悲惨结局，不是善恶有报的心理模式的反映，它体现了我们每一个具有生活欲望的人的悲剧人生。悲惨的结局打破了中国人固有的不敢正视严酷现实的乐天、团圆意识，充分体现了悲剧惊人心魄的惨烈之美。不仅打破了中国古典美学的和谐理论，开启了现代审美意识的萌芽，其实对于中国传统的文化心理和民族特性也

---

① 王国维：《〈红楼梦〉评论》，见阿英主编：《晚清文学丛钞·小说戏曲研究卷》，中华书局 1960 年版，第 113 页。

② 王国维：《〈红楼梦〉评论》，见阿英主编：《晚清文学丛钞·小说戏曲研究卷》，中华书局 1960 年版，第 113 页。

③ 王国维：《〈红楼梦〉评论》，见阿英主编：《晚清文学丛钞·小说戏曲研究卷》，中华书局 1960 年版，第 113 页。

是一次不小的冲击。所以有人说，悲剧可以最集中地体现一个民族的审美文化心理。

在对悲剧种类的介绍上，王国维同样根据叔本华的理论将其分成三类："第一种之悲剧，由极恶之人极其所有之能力以交构之者；第二种由于盲目的运命者；第三种之悲剧，由于剧中之人物之位置及关系而不得不然者，非必有蛇蝎之性质与意外之变故也。但由普通之人物，普通之境遇逼之，不得不如是，彼等明知其害，交施之而交受之，各加以力而各不任其咎，此种悲剧，其感人贤于前二者远甚。何则？彼示人生最大之不幸，非例外之事，而人生之所固有故也。"① 在这三种类型的悲剧中，叔本华推崇第三种，因为这样的悲剧"不是把不幸当作一个例外指给我们看，不是当作由于罕有的情况或狠毒异常的人物带来的东西，而是当作一种轻易而自发的，从人的行为和性格中产生的东西，几乎是当作（人的）本质上要产生的东西，这就是不幸也和我们接近到可怕的程度了"②。这就是生活本质的展示，它的可怕之处就在于不可避免，无法防范，"此可谓天下之至惨也"。在这种悲剧中没有大奸大恶之人所为，也不是命运的无情捉弄，只是"通常之道德，通常之人情，通常之境遇为之而已"，而《红楼梦》正是第三种类型的悲剧，所以"可谓悲剧中之悲剧也"。

王国维对《红楼梦》悲剧美学价值的揭示，在中国现代文学批评史以及现代悲剧理论史上都具有重大意义，但他对悲剧意义的进一步分析却显露出他的阶级、历史局限以及对悲剧本质的一种错

---

① 王国维：《〈红楼梦〉评论》，见阿英主编：《晚清文学丛钞·小说戏曲研究卷》，中华书局1960年版，第114页。
② 〔德〕叔本华著，石冲白译：《作为意志和表象的世界》，商务印书馆1982年版，第352—353页。

误认识。王国维认为《红楼梦》中人物悲剧的根源在于人所共有的生活之欲，所以必遭苦痛的惩罚，正所谓"自犯罪、自加罚、自忏悔、自解脱"，与外在的矛盾冲突、历史发展以及社会必然性都没有直接的联系，无所谓正义与邪恶的对决，更不存在与恶势力的抗争，一切都出于人物合情合理之所为，只有宿命般的承受而"无不平之可鸣"。所以借鉴叔本华悲观厌世的哲学观，王国维不仅没有揭示出这部古典名著的社会意义，相反倒将厌世解脱当成了《红楼梦》的主旨而大加赞扬，并指出这是一切美术（艺术）的最高理想。很明显，《红楼梦》"作者真实而生动的描写，展示出封建制度和封建礼教的罪恶本质，起到了揭露与控诉的作用。对此，王国维只字不提，表明他没有认识到《红楼梦》悲剧的实质"[1]。

在西方美学史上，从古希腊时期就开始了对悲剧本质的探讨，总体上看大多数学者都倾向于对悲剧所体现出的矛盾冲突或者社会历史必然性的强调。例如，古希腊的英雄悲剧就是以人与命运的斗争为主题，表现主人公的个人意志和命运之间的冲突。黑格尔认为悲剧性的根源来自于两种既合理但又具有片面性的力量的冲突，导致的结果是两败俱伤。虽然旨在强调所谓"永恒的正义"的胜利，但还是挖掘出了悲剧冲突背后的社会根源。恩格斯的表述就更为明确，他认为悲剧的本质是"历史的必然要求和这个要求实际上不可能实现之间的悲剧性的冲突"[2]。这就是相对弱小的、进步的、正义的力量与强大的丑恶势力之间不可调和的矛盾斗争，在矛盾冲突中导致正义遭到毁灭的悲剧性结局。所以，悲剧性的本质归根结底是特定历史条件下矛盾冲突的反映。

---

① 聂振斌：《王国维美学思想述评》，辽宁大学出版社 1986 年版，第 127 页。
② 陆梅林辑注：《马克思恩格斯论文学与艺术》第一卷，人民文学出版社 1982 年版，第 181 页。

　　《红楼梦》中宝黛的爱情悲剧，以及主人公美好理想遭遇毁灭的结局，并不是我们普通生活中类似失恋、家庭破裂或者生老病死等不幸的遭遇，它是现实生活中两种社会力量矛盾冲突的反映，而且这种矛盾冲突不是偶然的，它反映了社会历史发展的必然性。在封建礼教的束缚下，男女主人公是无法争取到恋爱的自由的，在罪恶的封建制度下，弱小的个人力量对强大命运的反抗一定会以个人的毁灭而告终，这就是鲁迅所说的"悲剧将人生有价值的东西毁灭给人看"。无论是重大的社会题材或是普通人生活中的矛盾冲突，有价值的东西被毁灭都会给人一种悲愤与震撼的力量，这种力量成就了被毁灭者——正义力量精神生命的永恒，不仅带给我们对美好的向往，更激起人们对丑恶势力的否定与声讨，这就是悲剧的积极价值。所以《红楼梦》的反传统意义正在于它敲响了腐朽落后的封建社会行将灭亡的丧钟。

　　关于悲剧的审美效应以及悲剧产生美感的心理机制问题，王国维引用了亚里士多德的经典论述，认为悲剧之所以具有感发人情绪的作用，原因在于悲剧的惨烈结局可以引起人的恐惧与怜悯之心，进而让人的精神得到净化与洗涤，而这种净化与洗涤作用是如何产生的，王国维没有进一步去探讨。叔本华对此却有明确的阐释："这个作为意志的清静剂而起作用的认识就带来了清心寡欲，并且还不仅是带来了生命的放弃，直至带来了整个生命意志的放弃。所以我们在悲剧里看到那些最高尚的（人物）或是在漫长的斗争和痛苦之后，最后永远放弃了他们前此热烈追求的目的，永远放弃了人生一切的享乐；或是自愿的，乐于为之而放弃这一切。"[1]但众所周知，现代美学中的悲剧范畴在本质上正与叔本华的

----

① 〔德〕叔本华著，石冲白译：《作为意志和表象的世界》，商务印书馆1982年版，第351页。

悲观哲学相反,悲剧与悲观不同,悲剧性的本质不是苦难而是崇高,它要在苦难、悲痛的表层形式下激发出一种崇高的力量,使人化悲痛为力量,达到一种积极的情感升华。所以悲剧的本质是乐观的而不是悲观的,由此才能体现出作为一个美学范畴最终带给人的一种审美上的愉悦。

当然,对于悲剧性本质的理解是经过了中西理论界多年不断充实完善的结果,王国维作为一个历史转折时期的中国传统文人自然不能领会得如此深刻,这是由我们无法苛责的历史局限以及学者的个人气质所造成的。正如朱光潜先生所说:"一个民族必须深刻,才能认识人生悲剧性的一面,又必须坚强,才能忍受。较弱的心灵更容易逃避到宗教信仰或哲学教条中去。"[1]

《〈红楼梦〉评论》的价值并不在于王国维对悲剧本质探寻上的深刻与精准,而在于他将"悲剧"概念定位于美学范畴的努力,他把作为戏剧类型之一的悲剧概念扩展到了文学领域,并通过对亚里士多德、叔本华悲剧理论的介绍,真正从学理层面而非外在的社会功用角度引进悲剧范畴。这是西方"悲剧"概念引进初期,中国学者第一次从理论上确立了悲剧这个美学范畴,王国维完成了这一理论初创期的开拓性任务,不仅扩展了国人的视野,也为后来的研究者继续深入与完善这一话题奠定了基础。

所以,西方悲剧概念引进初期就形成了以蒋观云的功利视角与王国维的审美视角为代表的两种不同的悲剧观,这两种不同的美学观,交织成了近现代美学发展史上或隐或显的两条主线,实际上体现的就是功利主义与审美主义的艺术追求。在不同的历史阶段,社会潮流与时代需求确实会以其中一种美学观作为艺术创

---

[1] 朱光潜:《悲剧心理学》,安徽教育出版社 2006 年版,第 230 页。

作实践的主导倾向。而在悲剧概念最初引进中国的阶段，在"文以载道"的传统文学观的惯性影响下，在"借思想文化以解决问题"的思维模式中，对艺术的独立审美价值的追求似乎成为一种时代的奢侈。所以王国维对悲剧范畴的学术性探索，从纯粹哲学、美学角度的解读很快就被淹没在国人救亡图存的时代大潮中了，但它依然作为一种潜在的声音共同构建着中国现代悲剧理论的雏形。而且通过后文的分析可以看出，王国维将悲剧范畴由戏剧类型扩展至文学乃至美学领域的思路是十分超前的，此后相当长的时间内大多数美学家还是从单纯戏剧类型的角度去挖掘悲剧的社会学内涵，这无疑制约了悲剧范畴美学意义的进一步深入展开。

第二节　体现在文艺创作中的泛悲剧化倾向

近代中国内忧外患、灾难连绵，当国破家亡、民不聊生的现实悲剧充斥着每一个人的耳目时，其自然成为艺术表现的主要对象。人民的灾难与屈辱、民族的觉醒和抗争，这样特定的时代氛围，形成了西方悲剧观念以及悲剧艺术得以进入我国的社会心理契机。

悲剧在西方有着源远流长的历史，被视为艺术的冠冕，其悲剧理论也主要是以悲剧体裁为基础发展起来的。但在中国，作为戏剧意义上的悲剧是在近代西学东渐的大潮中从西方引进的，无论在戏剧的构成要素还是悲剧精神的纯度上都有待于进一步完善。所以，在中国的悲剧美学建构中，作为戏剧类型的悲剧发展迟缓，相反在其他更广阔的文学领域，尤其借助五四新文化运动的蓬勃发展，中国知识分子独特的悲剧意识得到了充分的表现。本节主要从"五四"之前的中国早期话剧创作以及五四时期的文学理论主张中,分析中国悲剧性作品中体现出的与西方悲剧精神相异的美学特征。

一、中国早期话剧的"哀愁之作"

20世纪初期,由于无涯生、蒋观云等人对"悲剧"概念的引入以及在戏剧改良运动中对这一戏剧形态的大力提倡,悲剧逐渐成为早期话剧实践中的主导类型,十多年风雨兼程,直至"五四"前夕走向衰落。

中国近代话剧的产生当以1907年留日学生在日本东京成立的春柳社为标志,首先演出了《茶花女》第三幕和《黑奴吁天录》,此后于辛亥革命前后又出现了进化团与新民社,各个流派同中有异,构成了早期话剧的阶段性发展。本节的主旨并非研究中国话剧的历史,只是围绕早期话剧创作实践中体现的悲剧意识以及当时学人对悲剧性质、特征的探讨展开论述,大体勾勒出中国近代话剧创作实践中的悲剧形态。

我们知道悲剧首先是伴随着戏剧改良运动而得到大力提倡的,剧场俨然成为普天下中国人的大学堂,这种最方便有效的宣传教育武器一开始就同当时人们所关心的政治问题、社会问题紧密结合着。悲剧题材成为早期话剧的主导性形态,正如傅斯年所说:"最好的戏剧,是没结果,其次是不快的结果。这样不特动人感想,还可以引人批评的兴味。"①

由于话剧的舶来品性质,许多剧本都采用翻译或改编的形式,而在对外国剧作的翻译过程中,为了便于观众接受或是出于创作者自身的思考,往往会进行一些调整。比如1909年春柳社成员以

---

① 傅斯年:《再论戏剧改良》,《新青年》1918年第5卷第4号。

申酉会的名义排演的《热血》这部戏，这本是法国浪漫派作家萨都的作品，原名为《杜司克》，以剧中女主人公的名字命名，日本剧作家将剧名改为《热血》，而申酉会根据日译本进行改编，在演出时剧名则定为《热泪》。"剧名的更动，透露了戏剧重心的某些方面转移。原剧比较侧重人物性格刻画和人物内心情感矛盾冲突的展现，日译本突出剧中'革命党'情节的内涵，中译本对此'心有灵犀'，循着同一思路去理解和再创造。"①可以看出，原剧对人物性格、人物内心情感及对矛盾冲突的展示，正凸显出悲剧的特征与要素，而我们和日本在引进与接受过程中恰恰忽略了这些悲剧性因素，所以欧阳予倩在回忆这部剧作时说："我们在排练的时候，不知不觉把一个浪漫派的悲剧排成宣传意味比较重的戏。那个时候觉得一个戏感情要强烈些才过瘾。"②可见，作为外来艺术样式的悲剧在进入中国以后，不可避免地发生了变质现象，这不仅反映了中国剧作家在创作中有意识地向现实时代需求贴近，例如宣传革命或是暴露社会黑暗面，同时也反映出国人对纯粹西方悲剧的隔阂与接受上的障碍。

> 春柳剧场的戏悲剧多于喜剧，六七个主要的戏全是悲剧，就是以后临时凑的戏当中，也多半是以悲惨的结局终场——主角被杀或者自杀。……纯粹的悲剧对中国的观众已经不大习惯，像当时我们那样接连演几个悲剧就很难吸引观众，一般的观众为着散心去看戏，如果叫他每次都带着沉重的心情

---

① 田本相主编：《中国现代比较戏剧史》，文化艺术出版社 1993 年版，第 50 页。
② 欧阳予倩：《回忆春柳》，见田汉、欧阳予倩等主编：《中国话剧运动五十年史料集》第一辑，中国戏剧出版社 1958 年版，第 24 页。

出戏馆，他就不高兴再看。①

这段对春柳剧场的回忆至少透露出早期悲剧实践中两方面的欠缺：一、悲剧在当时话剧创作中虽占据主流，但除去粗制滥造的剧目外，即使在严肃的戏剧创作中，剧作家们对于何谓悲剧并没有深入的思考，近乎一致地将悲剧误解为惨剧，通过写实的手法将现实生活中的悲惨事件通过艺术的形式搬上舞台，以刺激观者的情感，触动人的现实感应；二、作为接受者，普通的中国大众本身并不具有深刻的悲剧精神，当面对这一陌生的艺术样式时，囿于传统的团圆意识以及欣赏习惯自然很难接受纯粹的悲剧，甚至对外国的剧本也并不欢迎，往往倾向于具有中国传统特色与风格的题材。

在当时的话剧流派中，春柳社的创作与演出还是比较严肃的，众多同人也都具有较为纯洁的艺术理想，在当时处于曲高和寡的尴尬境地。与此不同，崛起于1910年末的进化团以宣传革命为主，融入一些传统戏曲的技法，并在话剧中加入演说的形式，为群众喜闻乐见而风靡一时。其中也有家庭戏的题材，比如根据吴趼人的小说改编而成的剧目《恨海》，又名《情天恨》，被明确定位于悲剧。故事是描写一个富家子弟吃喝嫖赌、抽鸦片的堕落生活，他的未婚妻极力挽救他，而就当这个富家子弟终于深受感动想要幡然悔悟时，却已经病入膏肓。这部剧深刻地揭露了鸦片的危害，具有一定的社会意义，所以很受欢迎。无疑剧中的主人公令人心生愤怒与怜悯，其结局是可悲的，但剧中情节并没有触及个人与

---

① 欧阳予倩：《回忆春柳》，见田汉、欧阳予倩等主编：《中国话剧运动五十年史料集》第一辑，中国戏剧出版社1958年版，第42页。

社会之间的矛盾冲突，以及在冲突中悲剧人物的反抗精神，观众看不到被毁灭者身上所表现的正面因素，更无法感知悲剧的艺术力量，所以这只能算是生活中的现实惨剧或不幸遭遇，将其定位于悲剧并不准确。当然这一时期创作的所谓悲剧大多也只达到了这样的艺术水平，还无法让人体会到悲剧独特的艺术魅力与深沉的审美愉悦。

其实在早期的悲剧创作中，家庭戏占的比重相当大，剧作家将目光投向普通家庭的日常琐事，这样不仅拉近了与观众的距离，也扩大了戏剧的影响。但有些剧团以此来迎合大众的浅显媚俗，仅仅通过缠绵悱恻的悲剧情节，追求廉价的舞台刺激性，"演出来不但浅显而妇孺皆知，且颇多兴味。演戏的人也容易讨好。于是男女老幼个个欢迎"①。这样讨好取巧的演剧策略不仅降低了戏剧的艺术品位，也最终导致了早期话剧日趋衰败的结局。而在这样的创作潮流中，春柳社想演正式的悲剧、喜剧，介绍一些世界名作的做法在当时反而行不通，所以说观众的欣赏情趣或者说传统文化的积习也给悲剧的发展造成了一定的障碍，限制了对悲剧本质及审美意蕴的进一步挖掘。

由于这些新剧活动家们积极投身于创作实践，无暇甚至也没有这样的理论敏感度去思索更为学术化的问题，对于什么是悲剧、悲剧的本质以及悲剧的审美体验都没有清晰的认识，即使是关注新剧发展的评论家也往往是以"哀愁之作""以哀悲之不悦于人"来定位悲剧②。所以在近乎没有理论指导实践，或者说理论与实践相互牵制的情形下，艺术创作是很难有旺盛的生命力的。再一点，

---

① 欧阳予倩：《谈文明戏》，见田汉、欧阳予倩等主编：《中国话剧运动五十年史料集》第一辑，中国戏剧出版社 1958 年版，第 69 页。

② 剧魔：《喜剧与悲剧》，《新剧杂志》1914 年第 1 期。

艺术创作与现实人生如此贴近，又极易使人从艺术世界的欣赏中退回到现实世界的苦痛，也就是说欣赏者即审美主体与艺术作品之间的界限近乎消失，这样的审美欣赏可能变成了自伤身世，所以何来审美的愉悦，悲剧性的审美体验又由何产生？在悲剧创作及欣赏中重要的心理距离理论，却在这一时期的创作实践中被忽视。所以，作为春柳社重要成员之一的欧阳予倩曾这样回顾道："试问今日中国之戏剧，在世界艺术界，当占何等位置乎！吾敢言中国无戏剧，故不得其位置也，何以言之？旧戏者，一种之技艺。昆戏者，曲也。新戏萌芽初苗，即遭蹂躏，目下如腐草败叶，不堪过问。"[1]纵观整个中国早期的话剧创作，欧阳予倩的评价虽有些苛刻，但实际情形也的确不容乐观，在热闹非凡的表象下，真正具有悲剧精神和悲剧特征的作品并不多见。

在近代戏剧变革的大潮中，西方话剧作为一种崭新的戏剧样式被引入我国，它是名副其实的舶来品，所以对于中国的接受者来说必然要经历一个适应、探索、转化的阶段。总体而言，中国早期的悲剧创作实践正是对无涯生、蒋观云等人现实化、功利化悲剧论的积极回应，将生活上的苦难、悲哀、不幸的遭遇等同于悲剧艺术，高尚者怀抱文艺救国的良苦用心，对现实的苦难与悲哀投去怜悯的目光；庸俗者试图通过与传统世俗情调的融合拉近与观众的距离，借此牟利。此时的悲剧情节充斥着悲惨与无奈，执着于现实的批判，却少了一份精神的超越与审美的快感，王国维对悲剧艺术独立审美价值的倡导几近淹没于当时热闹的创作实践表象下。相对于西方的悲剧理论，中国悲剧的首次实践并不成

---

[1] 欧阳予倩：《予之戏剧改良观》，见胡适编：《中国新文学大系·建设理论集》，上海良友图书公司1935年版，第387页。

功，但它毕竟是试图挣脱传统戏曲母体束缚后的一次决绝的抗争，以及面对灾难深重的国情而生发的对人生、对社会的切实体验，当然它也更多地体现出了一种中国人特有的悲剧意识。而且通过对现实生活中不如意、不圆满的人生缺憾的揭示，撼动了中国几千年来因传统文化积淀而形成的团圆意识，对中国人调和、中庸、乐天的民族习性以及脆弱的情感承受力给予了重重一击；另外，对现实人生的刻画也使得现实主义文学的写实手法受到关注，人们敢于而且乐于正视严酷的现实，这是中国传统的文学、戏剧得以步入现代阶段的首要前提。

二、五四时期泛悲剧化倾向的蔓延

五四新文化运动作为一个时代的标志承前启后，它最突出的业绩就是将"启蒙"这一从近代延续下来的任务推向了历史的顶峰。这并不是一个新鲜的话题，近代资产阶级革命派与改良派都曾为此不遗余力地奔走呼喊过。这一时期的文学革命其目的不仅在于革新中国的传统文学及观念，更在于间接地推动中国的政治运动。"改革的作用是散布'人的'思想，改革的武器是优越的文学。"[①] 这里很明确地指出了"五四"新文学的特点——启蒙，而启蒙的工具则是文学。所以，我们研究、理解"五四"新文学的前提就要明确这个启蒙主义功利观，可以说 20 世纪中国历史上的几次文学革命都与文化启蒙相辅相成。

自从 20 世纪初悲剧概念初入中国，经过二十年左右的时间，悲剧观念已被广为接受并成为新文学创作的主流，正如冰心所言，

---

① 傅斯年：《白话文学与心理的改革》，见黄振萍、李凌己主编：《傅斯年学术文化随笔》，中国青年出版社 2001 年版，第 233 页。

"五四"以来，在新文学的创作领域，"新潮流向着这悲剧方面流去，简直同欧洲文艺复兴时一样。文艺复兴后，英人如睡醒的一般，觉得有'我'之一字。他们这种'自我'的认识，就是一切悲剧的起源。'我是我''我们是我们'（I am I.We are we.），认识以后，就有了自由意志，有了进取心，有了奋斗去追求自由，而一切悲剧就得产生"①。很显然，这一悲剧热潮的形成离不开"五四"启蒙运动的土壤，人的觉醒、对个性解放的向往、对腐朽传统的批判既是时代的主题，又是文学创作的题材来源，此时出现了大量所谓"悲剧性"的作品，在戏剧、诗歌、小说等艺术样式中都有所体现，但这些冠以悲剧性名义的作品究竟体现着怎样的悲剧意识，此时的学者们追求的是西方悲剧的本质，还是以本民族特有的悲剧意识重塑着悲剧理论的内核？创作者的理论主张不仅是其文学思想的集中体现，还直接影响着创作实践，所以这里主要以当时学人的理论主张为切入点来探讨五四时期的悲剧观念。

　　五四时期的中国依然在历史的灾难与苦楚中挣扎，而怀抱治国安邦理想的中国文人自然无法逃避这一充满血泪的现实，所以在五四文学，乃至整个中国现代文学创作中都贯穿着现实功利意识与道德启蒙底色，"人的文学""平民的文学"和"写实的文学"思潮风起云涌，面对充斥着"榛棘""悲惨""枪声炮影"的中国现状高声疾呼。"我们所需要的是血的文学，泪的文学，不是'雍容尔雅''吟风啸月'的冷血的产品"。②

　　对现实人生的关切使得此时的中国文人们依然将目光投向了

---

① 冰心：《中西戏剧之比较——在学术讲演会的讲演》，见吴重阳、萧汉栋、鲍秀芬编：《冰心论创作》，上海文艺出版社1982年版，第122页。
② 郑振铎：《血和泪的文学》，《郑振铎文集》第四卷，人民文学出版社1985年版，第392页。

黑暗社会重压下民众的不幸与疾苦，而中国近代话剧创作实践中将悲剧定位于惨剧的倾向也普遍存在，沈从文对此做了较为客观的评价："'悲剧'这个名词，在中国十年来新创作各作品上，是那么成立了非常可笑的定义，庐隐的作品，淦女士的作品，陈学昭的作品，全是在所谓'悲剧'的描绘下面使人倾心拜倒地表现自己的生活。或写一片人生，饿了饭的暂时失业，穿肮脏旧衣为人不理会，家庭不容许恋爱把她关锁在一个房子里，死了一个儿子，杀了几个头，写出这些事物的外表，用一些诱人的热情夸张句子，这便是悲剧。也就因为写到那表面，恰恰与年青人的鉴赏程度相称，艺术标准在一种侥幸的情形下低落了。"[①] 当然，这并不是说此时悲剧文学创作的弊端就在于对现实人生的批判，艺术来源于生活、关注人生，这本无可非议，问题的关键在于艺术家对悲剧概念的理解还流于表层，在整体的情感基调与内在精神上并没有超越中国传统悲情戏的囿限，可以说是将悲剧与悲情混为一谈。对此钱钟书先生曾在 20 世纪 30 年代撰文加以辨别，认为中国古代戏曲中的悲哀情感与真正的悲剧性体验不同，其让人在欣赏之后"全无激情过后的平静，或者如斯宾诺莎所谓对内在命运的默许；与之相反，却被一种剧烈的、郁闷的、失落的甚至自身意欲隐藏的悲痛所折磨"[②]。

傅斯年在《再论戏剧改良》中论编制剧本时明确提出："剧本的材料，应当在现在社会里取出，断断不可再做历史剧。……剧本里的事迹，总要是我们每日的生活，纵不是每日的生活，也要是每年的生活，这样才可以亲切。"[③] 这样的艺术主张同样是立足于

---

① 沈从文：《论中国现代创作小说》，《沈从文选集》第五卷，四川人民出版社 1983 年版，第 373 页。
② 钱钟书著，陆文虎译：《中国古代戏曲中的悲剧》，《解放军艺术学院学报》2004 年第 1 期。
③ 傅斯年：《再论戏剧改良》，《新青年》1918 年第 5 卷第 4 号。

艺术的现实社会效应，将艺术创作与现实世界的苦痛体验相混淆，既无艺术欣赏可言，更无审美体验可感。实际上，无论是作为一种艺术样式还是美学范畴，悲剧概念都具有独立的艺术特性与美学意义，最终给予人的是一种艺术的享受与审美的愉悦，这不仅是悲剧特有的内在精神，而且是一切艺术都须必备的审美性质，否则它只是一种纯粹说教、启蒙的工具。

但此时出现的大量现实主义悲剧，相比于早期的话剧创作还是体现出了时代的进步与艺术理论的深化，"无冲突无戏剧"的观念已经基本被接受，很多理论主张都将悲剧的矛盾冲突视为悲剧的本质特征。熊佛西在《我们现在的大悲剧》中对悲剧作了这样的界定："照戏剧的原理说来：凡一人的'意志的冲突'即一人的悲剧；凡一事之内心的冲突即一事之悲剧。亚里士多德说：'悲剧是动作的模仿'。亚氏之谓'动作'决不是一般人平常在戏中所见到的动作，我想他的'动作'一定是现代批评家所谓的冲突。"[1]的确，"无冲突无戏剧"，矛盾冲突是构成悲剧的首要条件，但光有"意志的冲突"对于悲剧来说，还不是最本质的要素，按照西方的悲剧理论，这个冲突还必须要反映社会的必然性，与社会历史发展有必然联系，而且正义暂时被非正义性因素压倒，在毁灭中表现正面主人公巨大的精神力量。当然，熊佛西并没有就此进行更为深入的思考，所以单凭"意志的冲突"这一点是无法挖掘到悲剧的实质的，他所论断的如今中国悲剧遍处皆是的情形，只是一种现实生活中悲剧的泛化，这点从他所举的例子中可以清晰看出，如某人一心想嫁一个多才多艺的丈夫或娶一个如花似玉的媳妇而失败了，由于这是一种意志的冲突，所以它是悲剧；莘莘学子远

---

[1]　熊佛西：《我们现在的大悲剧》，《晨报副刊》1926 年 10 月 21 日。

离家乡外出求学，但却无书可读，这是悲剧；甚至袁世凯想做皇帝而失败也是悲剧。很显然这种试图对悲剧加以理论界定的做法反而更加剧了泛悲剧化的蔓延。但他对"悲剧"与"悲"的区分，对于当时的理论界来说也体现了一种认识上的深化："一般人以为'生、老、病、死'，是人生之悲剧，其实非达到'求生不得求死不能'的境遇，不能谓之真正的悲剧。"①

　　冰心同样立足于心灵冲突、自由意志的标准去界定悲剧，认为悲剧的发动力就是悲剧主人公心理冲突的一种力量，所以"悲剧是英雄的所有物，小人物只能成就惨剧，因为他们没有强的自由意志。悲剧中的主人翁是英雄"②。将悲剧限定为英雄的所有物，很明显是偏激的，悲剧的主人公不一定都是英雄，只要具有一定程度的正面因素，具有向恶势力斗争的精神，社会底层的普通人同样可以成就可歌可泣的悲剧。所以冰心对于悲剧意义的探求，尽管对当时文学创作领域盛行的小人物的惨剧现象有所纠正，但依然是有所偏颇的。其实，对悲剧中主人公意志的强调，在王国维后期的思想中也有所体现，通过对中国古典戏曲的研究，王国维认为"元则有悲剧在其中"，"其最有悲剧之性质者，则如关汉卿之《窦娥冤》，纪君祥之《赵氏孤儿》，剧中虽有恶人交构其间，而其蹈汤赴火者，仍出于其主人翁之意志，即列之于世界大悲剧中，亦无愧色也"③。他在《宋元戏曲史》中甚至将主人公意志的有无视为悲剧的决定性要素，相反倒忽略了悲剧的其他要求，比如他在《〈红楼梦〉评论》中所看重的悲剧对人生真相的揭示以及对

① 熊佛西：《我们现在的大悲剧》，《晨报副刊》1926年10月21日。
② 冰心：《中西戏剧之比较——在学术讲演会的讲演》，见吴重阳、萧汉栋、鲍秀芬编：《冰心论创作》，上海文艺出版社1982年版，第122页。
③ 王国维：《宋元戏曲史》，上海古籍出版社1998年版，第98—99页。

人性的形而上的哲学思考。王国维对中国古代戏曲中所谓悲剧的理解,其实是值得商榷的。钱钟书就曾撰文予以反驳:"王国维这种植根于主人公意志的完整悲剧观似乎明显是高乃依式的,而他所构想的悲剧冲突比起高乃依则少了人物内心的冲突。"①

这一时期无论是创作者还是文论家都对悲剧倾注了极大的热情,纷纷著文立说,从不同的角度探寻悲剧的本质与内涵,但大多数还是立足于为人生而艺术的思考模式,真正触及悲剧的内在品质或是挖掘到西方悲剧所蕴含的对于人性精神哲理思考的却极少见,其中徐志摩对莎士比亚的悲剧《奥赛罗》所作的剧评体现出了对悲剧艺术的深刻理解。徐志摩首先对流行的悲剧观念进行了澄清:"悲剧不仅是不团乐的爱史,不仅是全台上都横满死尸的戏情,不仅是妻儿被强盗抢去的悲伤,不仅是做了一辈子老童生的凄惨;这些和相类的情节,我们可以承认都含有些悲剧的味儿,但不是艺术上的悲剧。"随后对真正的悲剧概念加以界定:

> 真粹的悲剧是表现生命本质里所蕴伏的矛盾现象冲突之艺术。心灵与肉体之冲突;理想与现实之冲突,先天的烈情与后天的责任与必要之冲突,冷酷的智力与热奋的冲动之冲突,意志与运命之冲突,这些才是真纯悲剧的材料。生活的外象只是内心的理想不完全的符号。所以真悲剧奏演的场地,不仅在事实可寻可按的外界,而是在深奥无底的人的灵府里。要使啮噬,搅扰,烧灼,撕裂,磨毁,人的灵魂的纤微之事实经过,真实地化成文字,编为戏剧,那便是艺术,那便是

---

① 钱钟书著,陆文虎译:《中国古代戏曲中的悲剧》,《解放军艺术学院学报》2004 年第 1 期。

悲剧的艺术化。[1]

徐志摩对悲剧的理解突破了当时流行的社会学立场，并没有从悲剧产生的社会环境，或者悲剧人物的悲惨遭遇着眼，而是指向人性的深邃与复杂，这是真正从哲学层面对悲剧进行的思考，着眼点在于每个人的个性存在以及生命的意义，而不是对人的社会性、群体性的笼统关照。这一角度恰好与傅斯年相反，前文提过傅斯年认为编制剧本要以我们每日的生活为题材，这样才可能亲切；要以平常人的行事为内容，这样才可能含有教训鉴诫之功用，个体的人淹没于群体的共性之下，社会的现实批判成为悲剧创作的最终目标。这样的创作理念势必掩盖了悲剧作为艺术乃至作为人类审美方式的更高层面的追求。在当时泛悲剧化、将悲剧艺术现实化的主导倾向中，徐志摩的声音是微弱的，无法扭转整个创作及理论导向，但毕竟对悲剧做出了多元化的解读，指向其哲学与美学上的价值。

总体而言，五四时期的悲剧文学创作依然集中于形而下的社会问题，毕竟时代的主题与艺术家的历史使命相契合，营造了启蒙主义功利文学观的氛围。当传统社会价值观的崩溃成为有良知的知识分子的共识时，真正的悲剧"能发生各种思力深沉，意味深长，感人最烈，发人猛省的文学。这种观念乃是医治我们中国那种说谎作伪思想浅薄的文学绝妙圣药"[2]。所以许多人对悲剧艺术的提倡是出于"希望一线曙光一点同情之泪在中国发现"[3]的初衷。可见，此时大多数学者对悲剧的理解还没有达到王国维的审美高

---

① 徐志摩：《看了〈黑将军〉以后》，见《徐志摩全集·补编三·散文集》，上海书店 1988 年版，第 116 页。

② 胡适：《文学进化观念与戏剧改良》，见胡适主编：《中国新文学大系·建设理论集》，上海良友图书公司 1935 年版，第 383 页。

③ 熊佛西：《论悲剧》，《东方杂志》1930 年第 27 卷第 15 号。

度，创作的大多数悲剧文学作品还是从社会的视角借悲剧的不圆满引发人对现实的思考。而王国维则是从哲学的、宇宙的、文学的自律性去弘扬《红楼梦》的艺术价值，摒弃了所谓政治的、国民的、历史的他律视角。

经历了大革命的洗礼与五四运动的启蒙，此时的民众已不甘于在灾难和屈辱中苟活，一部分人渐渐萌发了觉醒和抗争的意识，体现在悲剧创作中，除去不幸与苦难的情感基调，又增添了一种反抗的情绪，个人与社会的冲突、阶级矛盾、家庭婚姻等问题中主人公不屈服的意志得到强化，但大多数的创作者在情节安排上并没有着重于对人物反抗精神的刻画，而是将重点放在了对造成悲剧的社会根源的挖掘上，强调的是悲剧人物的生存环境，无形中悲剧的力量感被削弱了。而所谓的对于矛盾冲突的反抗又是那么的无力，所以娜拉出走了，但走后的命运会怎样，鲁迅做过理性的分析，不是堕落毁灭就是重新回来，出路渺茫，结局仍然是悲惨的。

五四时期文学作品中的悲剧性是从个人性的悲剧感受出发，以悲情感人，如乡土小说描绘了那些生活在封建宗法制农村里的愚昧朴实的农民们困顿悲惨的生活状态；郁达夫从人性角度深度剖析的饱受"生之悲哀，爱的苦闷"的忧郁的零余者系列；鲁迅塑造的狂人形象中，觉醒者的孤独与绝望，以及庐隐、冯沅君等所刻画的捆绑在封建婚姻樊篱中，无法主宰自己命运的旧式女子的凄惨人生，或是为争取婚恋自由的时代女性，终将面对"梦醒之后无路可走"的娜拉式的迷茫窘境。……这些作品并不是以深沉、理性、超越的悲剧人生观为根基，没有激烈的矛盾冲突，没有决绝的命运抗争，没有英雄的传奇色彩，只是在"几乎无事的悲剧"中让人感慨叹息，这与西方的崇高悲剧精神发生了背离，所以遭到许多学者的质疑，认为这根本不是真正意义上的悲剧，很明显，其立论的基点是以西方的悲剧理论为准绳去衡量五四时期的悲剧文学，而前述熊佛西"意志的冲突"说、冰心的"英雄悲剧"论，以及徐志摩对"真粹的悲剧"的呼唤，其实都是对西方悲剧理论的认同。不可否认，悲剧是一个完全外来的概念，我们在使用它时势必需要一个西方话语的参照系，从理论上来说，由于其植根于西方的哲学及文化传统中，当借用这个术语对中国的文学创作进行审视时，适用性问题值得商榷。但进入实践层面，当这一西方美学术语在与中国文学、美学的融合过程中，也势必会附着上中国传统文化的印记与时代精神，其内涵的变异不可避免。所以如果我们严格坚持西方悲剧理论的原创性与纯粹性，试图把它应用于中国美学理论、文学实践中，是不现实的；而相反，当我们将悲剧美学作为中国现代美学理论的一个重要组成部分时，就会看到所谓中国式悲剧的丰富内涵与独特性质。

　　对此，王富仁先生认为理解中西方不同的悲剧精神，首先应该区分悲剧性生活感受和悲剧性精神感受。"悲剧性生活感受是从对现实生活条件的不满足中感受到的，悲剧性精神感受是从对人类、自我生存价值和意义的困惑中，在对人类、自我人生命运的根本思考中产生的。"[①]古希腊悲剧并不是产生于灾难深重的现实生活悲剧中，相反是在和平环境中出于一种娱乐的目的而发展起来的，超越了现实的羁绊，古希腊人的目光得以投向人性深处，去探寻人类的生存价值以及宇宙、自然等更为深沉的哲学层面，并具有正视人类苦难与人类自身缺陷的勇气。而体验着悲剧性生活感受的人，譬如处于五四时期乃至整个中国近现代阶段，裹挟在如此真实的疾苦中，想必任何人都已无暇顾及人性、宇宙等仿佛

① 王富仁：《悲剧意识与悲剧精神（上篇）》，《江苏社会科学》2001 年第 1 期。

遥不可及的话题，改变现实处境才是当务之急。再加上中国传统文化的积淀与影响，雅斯贝尔斯曾指出，在古代中国，由于天人合一的理念使得人与自然的关系，不存在绝对的对立与挣扎的状态。尽管有恐惧与战栗，但安详静谧仍然是占支配地位的生活氛围，一切都基本上是明朗、美好和真实的，中国人舒缓、宁静的面孔与西方人紧张而富有自我意识的表情形成了鲜明对照，所以，在这样的文明中是不可能产生西方式的悲剧观念的。[①] 因此在五四新文学中我们看到的大多是一些表现普通人不幸遭遇的最平凡的社会悲剧，以期引起疗救的注意。这也就形成了中国式悲剧的平民性、悲凉感，与西方式悲剧的英雄性、崇高感这两种不同的悲剧形态。当然，我们也不乏具有崇高精神的英雄悲剧，只不过在五四时期，这是一股暗藏的潜流，被掩盖在时代性的主流创作之下了。

第三节　近代美学理论著作中悲剧范畴的演进

通过前文的论述，我们可以了解到，中国学界对"优美""壮美"范畴的认识几乎是与美学学科的引入同步进行的，最初对美的分类也只限于这两种类型。而在纯粹学术理论著作中"悲剧"这一范畴出现得较晚，学界对其的认识与理解过程也相对复杂、缓慢些。虽然，无涯生、蒋观云等人首先引入了"悲剧"概念，但主要是从戏剧类型角度出发，凸显了悲剧的社会学意义，且立论角度缺乏理论色彩，认识也相对模糊、浅显，还很难将其定位为纯粹的学术化理解。而王国维对悲剧的美学理解可谓先知先觉，但遗憾的是，他

---

① 〔德〕卡尔·雅斯贝尔斯著，亦春译：《悲剧的超越》，工人出版社1988年版，第13—14页。

的这种个人化的学术追求并没能掀起理论界对此的研究热潮。

　　也许由于资料的匮乏，笔者并没有在 20 世纪最初几年的理论文献中看到其他有关悲剧的介绍。通过前几章的介绍，我们知道西方美学知识最早是通过一些心理学译著传入中国的，大多数在论述情感的章节中都涉猎了美学尤其是美感方面的知识，但在这些著作中，我们见到的几乎都是有关优美、壮美、滑稽美三类的分析。例如 1903 年张云阁翻译的日本著作《心理学教科书》，在美的情操中介绍了"宏壮之情"（即崇高感）及"滑稽之情"（即喜剧感）；1905 年陈榥编译的《心理易解》中，主要探讨了优美感、崇高感；1907 年杨保恒在《心理学》著作中将美的情操分为优美、壮美、滑稽美三类；1907 年王国维译述的《心理学概论》中也提到宏壮之情与滑稽之情，等等。

　　总体而言，相对于优美、壮美以及下一章将要介绍的喜剧范畴，学界对悲剧概念的认识，确切地说是从美学范畴意义上切入的深层理解，经历了一个稍显漫长的过程。个中原因，从表层上看也许因为悲剧的外在特征是不幸、忧伤以及莫大的痛苦，与普通美感意义上的愉悦、快感很难相容，所以理解起来会有一定的难度，而真正将其上升为美学范畴去探讨就需要更多的理论铺垫与学术阐释了。即使在西方美学的历史上，近代美学理论家包括心理学家对悲剧快感、悲剧审美心理机制问题的认识也比较滞后，正如朱光潜先生在写作《悲剧心理学》时发出的感叹："为什么论喜剧的著作已经这样多，论悲剧的又这样少呢？难道人们更喜欢喋喋不休地谈论人生的光明面，而一旦说到悲剧，却保持一种适合于悲剧的庄重的缄默吗？"[①] 也许这正是导致中国近代学界对悲

① 朱光潜：《悲剧心理学》，安徽教育出版社 2006 年版，第 3 页。

剧范畴诸多特征的挖掘在早期阶段较为欠缺的原因之一。

　　但当"悲剧"概念进入中国，并借助于中国的戏剧改良运动兴起了一场创作热潮之后，在美学理论层面也相应地呈现出了一个繁荣的局面，当然这时已经进入了 20 世纪 20 年代。下面我们将视野主要放在这一时期处于体系建构过程中的美学理论著作上，了解一下当时学界对作为美的种类之一的悲剧范畴的理解及认识过程。

一、《近世美学》对"悲壮"范畴的阐释

　　1920 年刘仁航翻译出版了一本日文著作《近世美学》，这是我国近代翻译的第一本较系统地介绍西方美学的著作。在第四章介绍近代美学家哈尔土门氏（Hartmann）①的美学理论时，其中专设一节介绍美的种类，总体上将美分成两大类，一类是"无葛藤之美"（"葛藤"，意为矛盾），包括壮美与优美两种；一类是"有葛藤之美"，主要介绍了悲壮与滑稽两种类型。在这本书中出现的"悲剧"一词是作为戏剧类型而言，当作为美学范畴使用时，译者采用的是"悲壮"这个名称。在中国近代美学史上，"悲壮"一词似乎具有很强的生命力，以至在 20 世纪 20 年代几乎所有的美学著作都使用了"悲壮"这个范畴名称。《近世美学》对"悲壮"范畴的阐述，笔墨不多但透露出的某些观点已经达到了现代美学理论的高度，其开创性的意义具体体现在以下三方面：

　　其一，将悲壮与崇高初步结合。

　　　　壮美使人恐，若特别强大之道德，使人生敬畏是，凡精

———————

① 今译哈特曼（1882—1950），德国美学家。

神力较自然力，倍易使人畏怖者。不但以其理想之高尚，实力上亦优于自然力也。道德意志，有壮美之观者，以能除难断之烦恼，忍难胜之苦痛，尚保其精神之自由，与品位之高尚，是其强大之力也，此多于悲剧中勇士表之，吾人所常见者。[①]

此书中没有使用"崇高"这一范畴名称，而是代之以"壮美"这个称谓。结合上下文来看，这段话本身是在阐述"壮美"范畴，当"壮美"超越了自然界的范围，倾向于人的精神领域之社会价值、道德意义时，其实就与"悲壮"的内涵有了某种联系，并借助于"悲剧"得以充分的展现。当然，这里的"悲剧"仍然是指戏剧类型而言，而悲剧这一艺术样式自然是悲壮范畴内在品质的最集中的体现。所以作者在后文集中阐述悲壮范畴时，遂顺理成章地得此结论："最高之壮美，亦真正之悲壮也。"[②]

其二，对"似悲壮而非悲壮者"的辨析。首先，分析了可怜、悲哀与悲壮的不同。

可怜与悲壮，外面虽类似，而其差别极大。二者之间，必须注意者，即可怜方面之葛藤，不过为一种方便；而悲壮方面，则以葛藤为目的，无此即未由显其悲壮也。在可怜方面，其葛藤虽一时极为激烈，然一转移间，尚有可调和之期。在悲壮方面，则直与葛藤为始终，以至最后破裂之境而已。

又有宜论及者，则悲哀是已。das Traurige 为悲哀正当目的而起之葛藤，如最终决斗失败，是此目的，更无希望，更

---

① 〔日〕高山林次郎著，刘仁航译：《近世美学》，商务印书馆1920年版，第152页。
② 〔日〕高山林次郎著，刘仁航译：《近世美学》，商务印书馆1920年版，第161页。

无悲壮之余力也。故悲哀者，绝望也，无力之绝望也。死非必悲哀，最悲哀者，绝望之生也。①

由于悲壮的外观形态常常体现为悲哀、不幸或者可怜，所以极容易因外表相似而造成相近概念之间的混淆，并导致对悲壮本质的误解，而对这些相似概念进行辨析，在美学范畴引入初期是十分有必要的。可怜与悲壮的不同在于，悲壮始终贯穿着不可调和的矛盾，以致最后矛盾破裂导致毁灭的结局，所以说没有矛盾冲突就没有悲剧。而可怜却并不一定与矛盾相始终，即使伴随着矛盾，也不是作为其固有要素存在，只是一种外在的表象而已。而悲哀与悲壮的不同则在于悲哀是一种绝望，不具有悲壮的力量感。可见，对可怜、悲哀与悲壮的辨析，实际蕴含了对悲壮本质的把握，一是悲壮与矛盾冲突密不可分；二是悲壮相比于单纯的悲哀，更具有力量感。这两个要素都触及了悲壮范畴的本质，所以说，作者对其特征的理解还是十分深刻的。

另外，作者还通过主人公的遭遇分析了三种看似悲壮而实非的类型。第一种是处于矛盾冲突中的主人公始终执着于此矛盾而导致毙命者，此类型有壮美之外观但无壮美之内质，被称为"壮美之丑"；第二种是处于矛盾冲突中之主人公因与此矛盾相峙而耗尽力量终被敌人所毙者，这是悲哀而不是悲壮；第三种是处于矛盾冲突中之主人公虽已抛却此矛盾，但其心尚不屈节而无奈被傲慢降伏，这种类型仅是令人慨叹而已。其实这三种类型又是可以转化为悲壮的，"此类达于悲壮之途，并非全绝，特须更改其根本

① 〔日〕高山林次郎著，刘仁航译：《近世美学》，商务印书馆1920年版，第154—155页。

志意而已。悲壮之所以为悲壮者，乃由其葛藤之末路，认现象界人生之毫无价值，遂翻然断灭烦恼，向超绝界而解脱现世者也"①。这里实际上宣扬的是一种悲观哲学，为悲壮奠定了一个消极解脱的理论基调，并视之为悲壮最核心的本质。

其三，对悲壮矛盾必然性的强调以及对悲壮主人公的要求。前面分析过"悲壮"与"可怜"的不同在于悲壮始终与矛盾不可分，但体现在悲壮中的矛盾却是有条件限制的，它不能是偶然的矛盾，要体现出一种因果必然性，所以灾害、车祸等只能被称之为不幸。"苟为美而死灭者，其所以超绝现象界，与其死灭，两者间论理之关系，乃明现于形体之上矣，两者虽为异时继起，而其关系，不可不有因果之联络。盖因果联络，为超绝解决（即悲壮）之第一制约也。"②当然，由于时代及价值观的局限，此时的理论还不能深刻揭示出这种矛盾冲突与社会历史发展的必然联系，还无法将悲壮与时代精神、社会现实紧密结合起来。另外，悲剧人物性格也要具有一定程度的正面因素。"悲壮剧之主人公，或甘心自杀，或死于决战，或从容以待死期之至。其最后种种状态，虽各不同，要必轻忽现世如鸿毛，欢迎死运之慰乐，于此点无不同者。到此境地，则生命为污垢，世界为尘埃，冲出名利之坑，超然生死之表。"③这是对悲剧英雄性格的肯定。

通过以上的分析可以看出，在《近世美学》中对"悲壮"范畴的理解已经相当深刻，但在这些论述中却也透露出一个相当大的局限，即与叔本华的悲剧理论相通，最终在悲剧效应以及价值

① 〔日〕高山林次郎著，刘仁航译：《近世美学》，商务印书馆1920年版，第159页。
② 〔日〕高山林次郎著，刘仁航译：《近世美学》，商务印书馆1920年版，第159—160页。
③ 〔日〕高山林次郎著，刘仁航译：《近世美学》，商务印书馆1920年版，第160页。

取向上走向了消极的解脱。"悲壮主人公之目的,则非为现世及自己之改善,而自己意志之断灭也。"①断灭了生存意志,一切烦恼也就烟消云散,才能超脱"生命为污垢,世界为尘埃"的现实,才能实现所谓宇宙意志的进步,"而一切超绝者,乃此世界之理想"②。这种超脱现实以达理想彼岸的悲剧观直通作者的哲学悟境,实际上是对悲剧本应具有的崇高性质的削弱,也导致了其悲壮学说思想上的矛盾。

二、三部《美学概论》对 "悲壮" 范畴的系统认识

进入 20 世纪 20 年代以后,随着吕澂、范寿康、陈望道等人《美学概论》著作的纷纷出炉,对悲壮范畴的阐释也进入了一个更为系统的阶段。与《近世美学》相比,这三大《美学概论》对悲壮范畴的理解在实质上的突破不多,只是探讨的范围有所扩大。

首先,在对悲壮类型的划分上,根据矛盾冲突的性质不同将其划分为性格悲壮和命运悲壮两种。以吕澂的《美学概论》为例:"苦恼不必常为不正之责罚,每有善意招致之者。此其道德的责任,则不在吾人之性格,而归于运命之意志。……至于性格悲壮,则恶人之苦恼非徒属于表面事实,同时又得感其苦恼为罪恶之报偿。"③另外,作者还对亚里士多德、叔本华的经典悲剧理论进行了评说。自亚里士多德以来,"诗的正义说"认为悲壮是由于人的某种缺点或过失所招致的惩罚而引起的,并通过这种类似"恶有恶报"的模式满足观者的心理,吕澂认为这种解释并不能概括所有的悲壮类型,仅适用于性格悲壮;而叔本华的"运命之崇高说",

---

① 〔日〕高山林次郎著,刘仁航译:《近世美学》,商务印书馆 1920 年版,第 162 页。
② 〔日〕高山林次郎著,刘仁航译:《近世美学》,商务印书馆 1920 年版,第 161 页。
③ 吕澂:《美学概论》,商务印书馆 1923 年版,第 44—45 页。

则适用于命运悲壮，而且其缺陷之处在于对人的意志力的否定，这恰恰违背了悲壮所具有的肯定性价值，成为叔本华消极悲剧理论的致命弱点，相比于王国维的《〈红楼梦〉评论》以及《近世美学》中所持的消极解脱的观点，吕澂对悲壮的积极价值的肯定正体现了认识上的提升。

其实对于悲剧类型的划分，并不仅限于性格悲剧和命运悲剧两种，从西方悲剧意识的历史演变来看，悲剧的类型与时代变迁以及社会形态密切相关。命运悲剧主要盛行于古希腊时期，反映的是命运主宰人生的主题，而所谓的"命运"，实质上就是古希腊人还无法自由掌握的客观规律的必然性，因此命运悲剧正是反映人与自然之间矛盾的一种特殊形式。文艺复兴时期，由于人的觉醒、个性的解放，艺术表现的视角逐渐由神转向了人自身，性格的缺陷、人自身的弱点往往成为造成悲剧的主要原因，所以此时性格悲剧逐渐取代了命运悲剧的主导地位。而随着资产阶级启蒙运动的开展，个人与社会的矛盾成为时代的主题，艺术表现的内容也就由个人转向了社会问题，由此另一种类型的悲剧——揭露社会、批判现实的社会悲剧出现了。所以悲剧的类型是随着历史的发展而变化的，而理论的总结往往都是滞后的。可以看出，我国此时的美学理论与创作实践存在着严重的脱节，在这些理论中被忽略的社会悲剧，却在五四时期的文学创作中得到弥补，更有甚者，当时的创作实践几乎都是贴近现实的社会问题剧。

另外，在吕澂、范寿康、陈望道各自所著的《美学概论》中，都探讨了悲壮美感产生的原因，这是悲壮之所以能成为美学范畴的关键所在。我们知道，审美所产生的愉悦情感是一种积极意义的情绪；而悲则与人的情感构成敌对关系，是一种具有负面意义的情绪，但悲壮却为何能够成为美学中的重要范畴，且比单纯的美具有更大的情绪感染力与审美效应？在这三部《美学概论》中对这个问题都给出了同样的答案，即"心之贮留"或者叫"心理的蓄积"法则。"人心活动之间，如有一点妨害其自然进行时，即如渊之停水，而贮留其处。以有贮留而注意集中，于是反复念惜，不觉其情性之深，花落人亡，伤怀有逾恒时者，固以过去觉其完全，而今骤感欠缺，亦以花若人原于吾人为有价值，以其欠缺而愈见其价值也。"①

《美学概论》中对悲壮与崇高的关系，又有了更深入的认识。"悲壮在由于苦恼之人格的价值的提高上有他成立的根据。悲壮的人物常在苦痛与破灭之中终其生命。悲壮的感情只能成立于、出现于生的否定中之那种人格的价值的是认。所以凡是征服苦恼，打胜逆境的运命决不能算做悲壮。悲壮是与由征服的斗争而增其深刻之度的那种崇高完全不同。悲壮只能出现于破灭、伤败、死亡者的运命之中。"②在美学理论中对悲壮范畴进行界定的时候，首先需要明确的就是悲壮与崇高密不可分的联系，悲壮的本质不是苦难而是崇高，悲壮是崇高美的最集中的体现。但二者毕竟又是两个独立的美学范畴，除去内含上的相通之处外，二者的区别也同样是十分鲜明的，所以对二者进行辩证地分析才能更深刻地理解它们的本质，否则极易造成这两个范畴的混淆。对于这一点，无论是范寿康、吕澂还是陈望道都形成了自觉的认识，并在其著作中做出了明确的表述。在矛盾冲突中各方力量相互角力较量，崇高感是因为最终对苦难的胜利征服而获得，而悲壮感却总是在伤败、死亡中形成。"悲壮在被否定之生之高贵，而不

---

① 吕澂：《美学概论》，商务印书馆1923年版，第43页。
② 范寿康：《美学概论》，商务印书馆1927年版，第177页。

在能胜之力之伟大也。"① 这在戏剧形式上也就形成了悲剧与正剧的不同，从矛盾冲突的结果来看，悲剧是非正义力量暂时压倒了正义力量，悲剧人物在冲突中总是以失败告终，但其精神却是可贵的，悲剧的美感就源于这种精神生命的永恒价值；而如果是正义战胜了邪恶，即所谓的善恶有报的模式，这是正剧，美感的获得在于对这种征服苦恼的伟大力量的一种畅快淋漓的表达，这是对纯粹崇高的欣赏。所以朱光潜说悲剧感是崇高与可怜两种效果的结合，悲剧中总是包含着某种惋惜的、怜悯的情感，而这在崇高中是不曾出现的。

　　此时学者集中关注的话题还涉及表现悲壮的艺术形式问题，表现悲壮并不仅限于戏剧类型的悲剧，还广泛存在于文学、绘画、雕塑、音乐等其他艺术样式中，但不同的艺术样式由于自身固有的特点，对悲壮的表现方式也大相径庭。绘画与雕刻是一种空间艺术，对于悲壮只能静止地表现出苦难与正义的永恒价值，无从表现出苦恼的由来以及正义遭受毁灭的因果关联；而文学作为一种时间艺术，正可以利用语言描述的优势将悲剧苦恼的来源、矛盾冲突的过程以及对人格价值的肯定等一一展现，从而激起一种悲壮的美感，所以文学在表现悲壮上要胜于绘画和雕刻的形式。

　　那么，悲壮的情感是否只能通过艺术的形式表现，或者说悲壮是否只限于艺术美的领域，文中并没有沿着这个思路继续探讨下去。对此，蔡仪在其美学理论中作了明确的论断，他认为悲剧是艺术独有的美感形态，和现实美没有关系。"这里谈的悲剧和喜剧，限于作为艺术范畴内的美感形态。这两个概念也可以用来指历史事件和社会现象，不过现实中的那种意义的'悲剧'和'喜

---

① 吕澂：《美学概论》，商务印书馆 1923 年版，第 44 页。

剧'一般都不可能是美的，也是和美感无缘的。"①之所以在现实中不存在悲剧的美感，是因为现实中的社会灾难、个人的不幸甚至死亡与观者生命攸关，那种最切肤的痛感、最现实的刺激让人缺少一种安全的距离，唯一的感受就是悲痛甚至恐怖，自然无法升华为美的愉悦。而通过艺术的形式，剥离了与现实利害的直接关联，则可以将实际生活中悲剧的"现实性削弱，典型性加强"，这种距离的存在才使得欣赏者具备了一种审美的态度。这种从心理学角度切入美学理论的"心理距离"说最早是由英国心理学家爱德华·布洛提出的，这是审美主体获得审美体验的必要条件，并不限于悲剧这种形式，但却更适用于对其进行理论阐释。虽然蔡仪没有明确提到"心理距离"说，但已显露出这样的理论支撑。而朱光潜在《悲剧心理学》中对这个理论进行了细致的阐发，此书中所说的"悲剧"概念明确指称的是悲剧这种戏剧形式，所以视野自然集中在艺术领域。那么即使在艺术领域中，艺术家也往往借助于各种手段以与观众保持一定的距离感，使其与现实生活中的痛苦和灾难区别开来，以求取得最大的悲剧效果与审美感受。"悲剧表现的是理想化的生活，即放在人为的框架中的生活。它是现实生活中不可能找到的现成艺术作品。实际生活中的确有许多痛苦和灾难，它们或者是悲惨的，或者是可怕的，但却很少是最严格意义上的'悲剧'。它们没有'距离化'，没有通过艺术的媒介'过滤'；它们缺少伟大的悲剧中理想的人物和形式的美。因此，像许多论者那样以实际生活中所见的苦难为类比来讨论悲剧，完全是错误的。"②

_____

① 蔡仪：《美学原理》，湖南人民出版社1985年版，第179页。
② 朱光潜：《悲剧心理学》，安徽教育出版社2006年版，第38—39页。

20世纪20年代这三部系统性的《美学概论》著作中对悲剧理论的阐述，无论在广度上还是深度上都可以作为这个时期代表性的理论成果。当然，悲剧理论进入中国并被美学研究者所接受，这个过程远远不像我们梳理的那样脉络清晰，但面对近代庞杂的历史场景，我们无法躲避由于资料的不够丰富而造成的某些信息的空白，而那种过于拘泥、琐细的研究视角同样也不是真实恢复历史场景的必须手段，所以出于这样的考虑我选择了以上几部比较具有时代典型性的美学著作，以此展开对悲剧范畴的考察，希望能够窥一斑而见全豹。①

第四节　中国现代悲剧观念的初步确立

可以看出，在20世纪20年代中国美学体系的建构阶段，学界对悲剧范畴的理解已经渐趋成熟与稳定了，但这基本是按照西方悲剧理论的模式构建的，在理解上完全从西方悲剧的内涵出发，而这些相对成熟的悲剧理论究竟在中国当时的悲剧文学创作领域发挥了多大的作用，通览一下五四时期的悲剧文学作品，可以看出情形是不容乐观的，创作实践和理论研究之间存在着严重的脱节现象。这就说明任何一种外来的理论资源都携带着自身的文化传统与哲学根基，我们要想真正地借鉴与引进，还需要与本土的艺术创作及审美实践相结合。从这一层面上来看，范畴名称的固定使用相对来说还只是一个外在的因素，中国悲剧观念要想真正

---

① 中国学界第一部系统研究悲剧理论的专著应该是朱光潜先生的《悲剧心理学》一书，其英文版于1933年在法国斯特拉斯堡大学出版社出版，但直到半个世纪之后该书的中文版才在国内问世，此书在法国初版时并没有为国内学界所熟知，自然也没有对当时的学界研究悲剧理论产生多大的影响。所以本书在考察这一悲剧范畴的历史流变时，回归到当时的历史语境中去考察，就没有对这部书加以重点的分析与研究。

确立起来，必须与本民族的文化心理相融合，必须植根于我们的民族土壤与时代精神中，只有这样，呈现在我们视野中的才是一个中国化的悲剧美学范畴，而非西方式的悲剧。

一、范畴名称的个人化使用及渐趋统一

由于"悲剧"首先是作为一种艺术体裁即戏剧类型的名称而存在的，所以对其美学意义的分析也往往受到体裁的限制，也就是说人们对"悲剧"概念的使用，在很长的时间里还主要是从剧种的角度着眼。比如说 1915 年商务印书馆编纂的《辞源》对悲剧的解释为："悲剧，Tragedy。西洋戏剧之一种，其旨严肃高尚，或为咏史叙事之诗歌，或专用科白，描摹人生失望悲惨之事。希腊时已盛行，如索福克 Sophocles 及幼理庇得 Euripides 诸杰作，几尽人传诵，故于文学上最有价值。近世悲剧多偏于社会道德，与古悲剧之概念，盖已不同，则随时会而变迁也。"[1] 此外，还有 1929 年初版的《新术语辞典》："悲剧（Tragedy）是描写人类向运命宣战而终被运命所战败之戏剧。他在观者底心里唤起一种对于被运命所牺牲的主人翁之同情的感情并对于我们自己将陷于同样的命运之恐惧的感情。"[2]

虽然王国维在 1904 年的《〈红楼梦〉评论》中已经从理论上确立了"悲剧"这个美学范畴，而且文中多处使用的"悲剧"概念已经不是剧种的名称，但此后在很长一段时间内似乎都没有引起理论界的关注，而且伴随着这种纯粹审美视角的曲高和寡而渐被淹没。

---

[1]　方毅主编：《辞源》，商务印书馆 1915 年版，第 27 页。
[2]　吴念慈、柯柏年、王慎名编：《新术语辞典》，上海南强书局 1930 年版，第 215 页。

也许由于"悲剧"一词作为戏剧名称的观念根深蒂固，也许是为了避免名称的混淆所带来的误解，在中国早期美学界，大多数学者并没有将"悲剧"作为美学理论中具有普遍意义的美学范畴名称，而是选择了与其含义相近的另外的词汇。在此期间，悲剧性范畴名称的使用同样经历了一个个性化使用、渐趋统一并最后固定的过程。

徐大纯的《述美学》一文中对于悲剧性范畴，使用的是"悲惨美"的名称，对应的英文是"Tragical beauty"，而且对这个范畴的阐释也相当简单："滑稽与悲惨，皆原于人世之葛藤，与其谓之为美也，毋宁谓之为丑。然人往往因之能引起一种不可名状之快感，故得收入美之范围。"可见，作者将"滑稽美"与"悲惨美"放在一起做了一个笼统的定位，但显然没能揭示出"悲惨美"的实质，并且"悲惨美"这个范畴名称的选择也极容易使人产生误解，更加深了早期戏剧理论界所奠定的将悲剧定位于惨剧的基调。

在蔡元培的一系列美学论文中，对美学范畴的相关内容往往都是简略地提及，很少进行详细的阐述，尤其对悲剧性、喜剧性范畴涉猎更少。在 1917 年《以美育代宗教说》中出现了"悲剧"的名称，这里的"悲剧"不是戏剧的类型，而是作为美学范畴使用，并将其与崇高相关联："要之美学之中，其大别为都丽之美，崇宏之美（日本人译言优壮美），而附丽于崇宏之悲剧，附丽于都丽之滑稽，皆足以破人我之见，去利害得失之计较。"[1] 但这只是偶尔使用，作为美学范畴名称，大多数情况下蔡元培使用的还是悲壮一词。就像吕澂在《美学浅说》中表述的那样，"像悲剧一类的

---

[1] 蔡元培：《以美育代宗教说》，见文艺美学丛书编辑委员会主编：《蔡元培美学文选》，北京大学出版社 1983 年版，第 72 页。

美就叫'悲壮'"①，这里很明显，他将"悲剧"作为戏剧类型的名称，而"悲壮"才是这类美的范畴名称。可见，在此期间，对于这个范畴名称的使用，学界还没有达成统一，甚至在同一个人的使用中都没能形成一致的称谓。

而进入20世纪20年代，在《近世美学》以及吕澂、范寿康、陈望道的《美学概论》等几部美学理论著作中，无一例外地都使用了"悲壮"这个范畴名称，但就在这种看似已经固定下来的范畴名称中，却又透露出某种转机。

陈望道在其《美学概论》中介绍悲壮范畴时，将"悲壮"与"悲剧"两词同时作为范畴的名称："所谓悲壮或悲剧的（Tragic）之感，常以人类底苦难为对象。"②虽然只是在开篇简单地提及"悲剧"这个名称，但也透露出"悲剧"一词在此时的理论界中，作为范畴的名称并没有被遗忘，依然占有着一席之地。

宗白华写于1926—1928年的演讲稿《艺术学》，则从美感范畴的角度，明确地使用了"悲剧"这一范畴名称："悲剧之美，使人悲哀之余，确能得到一种安慰，一种解放，故可名曰美也，其范围在欧洲甚广，而以悲剧在史学上发达最高，故用以代表一切，如Shakespeare之戏剧，法人Racine之悲剧皆属之，中国甚少，雕刻与图画，亦不易表示悲剧。"③并且还说明了使用"悲剧"概念的原因在于，悲剧这类艺术样式可以最集中地体现这种类型的美，故用它作为这个美学范畴的名称。

1934年李安宅在《美底范畴与悲剧》中，从美的种类角度介

---

① 吕澂：《美学浅说》，商务印书馆1923年版，第23页。
② 陈望道：《美学概论》，见复旦大学语言研究室编：《陈望道文集》第二卷，上海人民出版社1980年版，第79页。
③ 宗白华：《艺术学》，见林同华主编：《宗白华全集》第一卷，安徽教育出版社1994年版，第531—532页。

绍了"庄严的美、悲壮的美、优雅的美与智巧的美",分别对应于现代美学理论中的崇高、悲剧、优美、喜剧范畴。从范畴名称的角度着眼,文中同时提到了悲壮与悲剧两个名称。"庄严而遇困苦,便成悲壮。悲壮是由苦中得乐,所以又名悲剧。"①

　　可以看出,在20世纪二三十年代的美学理论著作中"悲剧"与"悲壮"两词同时具备成为美学范畴名称的条件,甚至"悲壮"的名称看似更为普遍,可在现代美学理论中"悲剧"却最终取代了"悲壮"这一在中国古典文论中就曾被普遍使用的概念。那么理论界为何最终选择了"悲剧"一词,笔者没有在当时的文献中看到有人对此问题进行解释说明,也许这本是一个不成问题的问题,某个概念的流行以至被广泛采纳,偶然性的因素有时往往会起到决定性作用。"美学中所应用的名词,大多不是出乎任何一个人之决定;它们乃是采自日常的语言,借着应用的力量,在不知不觉的状况下,逐渐受到大众的欢迎。它们被人应用的方式也经常并不一致,某人应用过它之后,其他的人可以援例;但是还有其他的人也可以把它们用在另一种不同的方式之中,因此,这些名词变得歧义多端,多年之后,甚至于改变了它们的原义。虽然这种情形在其他的科学中也是一样,但是,美学中所包含之歧义名词,却显得特别多。"②另外,如前所述,中国近代美学理论和文艺创作实践之间存在着严重脱节的现象,当时的社会潮流与时代需求使得纯粹的学理追求与审美视角被迫处于几近淹没的状态,也就是说纯粹的美学理论研究在当时的社会上并没有产生多大的影响,文学实践也没有

① 李安宅:《美底范畴与悲剧》,见胡经之主编:《中国现代美学丛编(1919—1949)》,北京大学出版社1987年版,第54页。
② 〔波兰〕瓦迪斯瓦夫·塔塔尔凯维奇著,刘文潭译:《西方六大美学观念史》,上海译文出版社2013年版,第9页。

接受美学理论的指导。或许正是由于五四文学创作实践中泛悲剧化倾向的蔓延，扩大了"悲剧"一词的使用频率及影响广度，使得这一概念得以广为流行，并且成为一个众人皆知的概念，无论是日常用语中的生活悲剧，还是作为戏剧类型的悲剧艺术，以至扩展到整个文学领域中的悲剧意识，众人在对其进行广泛言说与研究的过程中，已不可避免地产生了将其审美特性泛化的倾向，自然也就将悲剧概念向着审美形态一步步地推进了。

二、中国式悲剧命题的提出

在中国现代文学史上，鲁迅创作了许多现实主义悲剧作品，并于 1925 年在《再论雷峰塔的倒掉》一文中明确提出了悲剧的定义："悲剧将人生的有价值的东西毁灭给人看。"这一精炼的概括可以说是中国学者第一次从理论的高度揭开了悲剧的本质并得到学界的广泛认可，刘再复先生认为这是在马克思主义悲剧理论传入之前，我国美学领域里对悲剧最科学的认识。科学性与否，我们暂不讨论，至少这个定义是建立在中国悲剧文学创作实践基础之上的，所以它的理论适用性、现实指向性，相比于西方的悲剧理论具有更大的现实意义，成为中国现代悲剧发展史上一个经典的悲剧理论命题。

面对中国近代尤其是五四时期的悲剧文学创作热潮，理论家们纷纷从各自的角度对悲剧内涵进行了探讨，但在理解上却存在着诸多矛盾与混乱的情形，因为这毕竟是一个来自西方的美学范畴，执着于西方悲剧理论的学者，并不认同五四时期悲剧文学的价值；而完全撇开西方悲剧范畴的原有含义，又是不切实际的，所以可取的态度是"我们一方面要认同'悲剧'这个来自西方的美学范畴的基本内涵，另一方面又不能拘泥于它的原有含义，应将这一概念与中国人的悲剧观联系起来加以理解"①。

　　而鲁迅这一悲剧定义的出炉正应了时代之需,不仅植根于中国文学发展的现实土壤,而且做了深刻的理论概括与提升。当然,从理论的体系性与完备性上看,这一定义似乎太过简单,并没有对悲剧的诸多要素展开深入探讨,但当我们结合其作品进行理解时,认识会更深刻、更明了一些。

　　纵观鲁迅的小说,悲剧性作品居多,这些作品从题材上分,大致可分为五类:(一)整个中华民族的悲剧,代表作品是《狂人日记》;(二)中国贫苦农民的悲剧,代表作品是《阿Q正传》《故乡》;(三)中国劳动妇女的悲剧,代表作品是《祝福》;(四)中国下层知识分子的悲剧,代表作品是《孔乙己》《伤逝》;(五)旧民主主义革命者的悲剧,代表作品是《药》。②在这些作品中,鲁迅以批判现实的眼光,揭开了掩盖在团圆主义之下的吃人的封建制度与黑暗社会的疮疤,将中国下层人民的惨痛遭遇、悲剧命运真实地暴露出来,这不仅需要直面现实的勇气,更需要先知先觉的睿智与信念。鲁迅深刻地意识到中国几千年封建文化形成的民族性顽疾,即团圆主义以及相伴而生的欺瞒艺术:"中国人向来因为不敢正视人生,只好瞒和骗,由此也生出瞒和骗的文艺来,由这文艺,更令中国人更深地陷入瞒和骗的大泽中,甚而至于已经自己不觉得。世界日日改变,我们的作家取下假面,真诚地、深入地、大胆地看取人生并且写出他的血和肉来的时候早到了。"③

　　正是基于这样的出发点,鲁迅借助悲剧文学的创作对民族灵

① 王确:《使命的自觉——儒家传统与中国现代文学的文化品格》,东北师范大学出版社2000年版,第190页。
② 参见刘再复:《鲁迅美学思想论稿》,中国社会科学出版社1981年版,第97页。
③ 鲁迅:《论睁了眼看》,见《鲁迅全集》第一卷,人民文学出版社1981年版,第240—241页。

魂进行了拷问、解剖与疗救。他作品中的悲剧人物往往是一个弱者形象,没有自觉的反抗意识,没有明确的斗争信念,甚至可悲到没有自觉到自己的悲剧命运,只是期望能在一个平静、安定的环境中过着没有灾难与痛苦的生活,然而就连这样基本的做人的权利都无法得到社会的满足时,主人公所遭遇的毁灭就更加令人触目惊心。在这些人物身上我们看到的是中华民族真善美的传统美德,然而善良、勤劳的祥林嫂最终连奴隶也做不得;英俊、活泼的少年闰土被苦难折磨成了呆滞的木偶人。当这些原本美好的形象、有价值的品质被毁灭时,这是何等的震撼。在鲁迅的悲剧作品中,我们真切地感受到了"悲剧将人生的有价值的东西毁灭给人看"的震撼力,这种震撼力来源于作者直面惨淡人生的勇气与揭开民族疮疤的决绝,在这种毁灭中我们看到了社会生活中相对弱小的美善力量与强大的丑恶势力之间不可调和的矛盾,尽管双方力量悬殊,甚至没有力量的对抗,只是弱小一方单方面地被毁灭,但作品中所传达出的对丑恶势力的批判与控诉,让我们不禁对作者肃然起敬。

但与西方的传统悲剧不同,鲁迅笔下的主人公只是一个没有反抗意识的被动的悲剧承受者,没有坚定的信念、不屈的意志,没有激烈对峙的矛盾冲突,作品中所蕴含的是对悲剧人物居高临下的怜悯,同时传达出一种控诉与批判悲剧制造者的情绪,只不过这种批判性并不来自于悲剧主人公,而是体现在作者的倾向中。所以我们无法从中体会到悲剧人物的力量感,无法激起对剧中人物的崇敬感,也就是说作品中缺失了西方悲剧的崇高本质,但我们获得的却是更为复杂的情绪体验,既哀其不幸,又怒其不争,这是一种悲悯与激愤的混合情感,相比于西方的悲剧形态,这其实是一种更加深沉的悲剧意识,同时也是一种弱化了的悲剧精神。

同马克思主义美学对悲剧本质的表述相比，鲁迅对悲剧的定义在历史性、社会性以及矛盾冲突的必然性的揭示上都不够鲜明与深刻，没有明确地表明两种社会阶级力量、两种历史趋势的必然冲突，只是笼统地以是否"有价值"来概括，而对这个"价值"内涵的理解，可能见仁见智，反而具有更大的意义阐发空间。

中国现代文学中的悲剧创作体现的是一种独特的悲剧情怀，它植根于中国传统文化与时代精神的现实土壤中，呈现出一种悲凉的风格。其实在鲁迅的思想中并不缺乏崇高的因素，他的睿智与深刻并不只停留在对现实悲剧生活的当下感受上，他完全有能力洞悉人类的悲剧性命运，并思考着人的存在与价值等更具超越性的哲学命题。而鲁迅笔下的悲剧人物也不单纯是受欺凌的弱者形象，在他根据中国古代神话传说改编的小说，例如《补天》《奔月》《铸剑》中塑造了一批具有英雄气质的悲剧形象，这里着重描绘的不是悲剧的苦难，而是超越了苦难的悲壮与力量感。但鲁迅认为"人们灭亡于英雄的特别的悲剧者少，消磨于极平常的，或者简直近于没有事情的悲剧者却多"[1]，出于中国传统知识分子根深蒂固的历史使命感，鲁迅选择了合乎中国现实国情的"几乎无事的悲剧"作为批判与启蒙的武器，同时出于功利与现实的考虑，甚至不惮用曲笔，对自己的悲剧精神做出了种种让步。"自然，在这中间，也不免夹杂些将旧社会的病根暴露出来，催人留心，设法加以疗治的希望。但为达到这希望计，是必须与前驱者取同一的步调的，我于是删削些黑暗，装点些欢容，使作品比较的显出若干亮色。"[2] 所以，悲剧的情

---

① 鲁迅：《几乎无事的悲剧》，见《鲁迅全集》第六卷，人民文学出版社2005年版，第383页。

② 鲁迅：《〈自选集〉自序》，见《鲁迅全集》第四卷，人民文学出版社2005年版，第468—469页。

节淡化了，矛盾的冲突性也受到了削弱。

可以看出，鲁迅对悲剧的定义以及在创作实践中同样体现出了一种与西方不同的悲剧模式与悲剧美学形态，即中国式的悲情悲剧。"表现的主要是那些弱者受到强者的欺凌和压迫时不得不承受的人生命运，它是以唤起对弱者的同情和怜悯为主要艺术手段的。"① 虽然西方式的崇高悲剧在当时中国的文学创作中也存在，但悲情悲剧更符合中国人的审美心理，也更贴合中国的创作现实，所以具有较强的生命力与时代的共鸣性。

相比于同时期吕澂、范寿康、陈望道的《美学概论》中对悲剧范畴的论述，鲁迅的悲剧命题在学术性、体系性上还存在许多欠缺，而且没有围绕这个范畴展开详细的论述，有关悲剧的审美效果以及美感特征等方面也都没有涉及。但之所以得到广泛的认同，主要在于它的本土性与适用性。它揭示了这一西方概念与中国悲剧观念的融合，而不是像上述三部《美学概论》那样存在较强的理论移植性与异质性，再加上"悲剧"这一概念并不是单纯理论上的美学范畴，还有具体的艺术样式作为支撑，即要对应于创作实践上的戏剧样式及文学作品，情况就更为复杂了。

我们在同时期的文艺创作中，看到了与美学理论中完全移植西方悲剧理论截然相反的情形，悲剧艺术的创作既参照了西方的悲剧理念，同时又具有极强的时代价值感与中国传统悲情戏曲的遗痕。这种理论与实践的脱节其实正体现了理论引进的正常状态。可以这样理解："中国现代文学的悲凉风格既体现着西方悲剧传统的一些基本要素，也积淀着中国的悲剧精神。就中国现代悲剧理论来说，我们有可能直接把西方这一方面的思想'横移'进来，

---

① 王富仁：《悲剧意识与悲剧精神（下篇）》，《江苏社会科学》2001 年第 2 期。

但作为体现在中国现代文学作品中的悲剧因素和悲剧属性，这种
'横移'，严格地说是不存在的。因为中国现代文学的悲剧性是作
家们用中国式的灾难和悲剧人生体现出来的悲剧性质和特征。我
们对西方悲剧观念的吸收是从理性的共鸣开始的，西方的悲剧只
能是一种我们用来创造新思想、新形式的外部资源。中国新文学
传统既不是西方的传统，也不是中国古代传统，而是一种新的中
国传统。"①

①　王确：《使命的自觉 —— 儒家传统与中国现代文学的文化品格》，东北师范大学出版
社 2000 年版，第 193—194 页。

第四章 中国"喜剧"观念的
现代转型与确立

　　作为一种戏剧类型的喜剧模式，中国古已有之，但受制于古典美学思想的制约，无论在审美效应还是美学品质方面都呈现出与西方近现代喜剧不同的特点。中国近代学界对西方悲剧、喜剧形式的借鉴与引进，是依托于文学革命与戏曲改革的大背景，所以中国的悲剧、喜剧从诞生之日起，就背负了沉重的社会责任与历史使命。而喜剧这种戏剧类型最初被引进中国时，学界主要还是将其比附于传统的滑稽剧，对其持批判否定的态度，直到20世纪二三十年代情况才有了一些好转。

　　作为美学范畴意义上的中国喜剧概念，几乎完全是西方理论的移植，而且内部包含多种喜剧形态，比如滑稽、幽默、讽刺、机智等，使得喜剧的家族概念呈现出丰富性的特征。而学界对这些喜剧性的分支形态，无论在名称的使用，还是内涵的理解上都存在着一些模糊及混淆现象，导致喜剧范畴的确立过程呈现出曲折与缓慢的状态，这是喜剧范畴相比于其他美学范畴的更为复杂之处。

第一节　对西方喜剧美学的早期译介

中国现代喜剧概念与悲剧一样最初都是从西方引进的，二者不仅作为美学中的理论范畴存在，也都具有各自对应的艺术样式。喜剧作为一个与悲剧相对的范畴，在表层形态上通常以笑为标志，而后者以哭为特征，但这还远未触及二者内在的美学品质。而中国学界对西方喜剧美学译介引进之初，对其内涵的理解总体上还比较浅显，往往将喜剧与笑剧等同视之。

一、美的种类之一——滑稽美的出现

从美学范畴意义上来考察，中国学界对喜剧范畴的认识要比悲剧早很多，几乎与"崇高""优美"两范畴的介绍同步，原因也许正在于喜剧性的"笑"，较之悲剧性的"哭"更容易让人体会到愉悦之感，而这正是审美情感产生的一个首要前提。但在这时并没有出现"喜剧"这一范畴名称，学界首先接触的是"滑稽"概念，这是一个本土的词汇，并不像"悲剧""喜剧"一样来自域外。①

20 世纪初，学界对"滑稽"概念的介绍主要集中于两点，一是从情感类型角度出发将滑稽作为人类情感之一种，二是将滑稽与笑相连。1902 年王国维翻译出版的《心理学》一书，在介绍"笑"的专章中，将人类的笑分为四种类型：微笑、伪笑、嘲笑和滑稽之笑，并分析了"滑稽"产生的原因在于"不思之物之触事乘兴而现出者"。滑稽是一种出人意料之物，当其与我们自身

---

① 据刘正埮、高名凯等主编的《汉语外来词词典》一书考证，"悲剧""喜剧"都是来自日语的汉字词汇，分别意译英语 Tragedy 与 Comedy。

"无危难、又无苦痛时"才称作滑稽，否则谓之惊愕，滑稽之情可"与人以快活"。① 无疑，滑稽之笑可以给人带来愉快感，但情感的快乐与审美的愉悦并不是同一的，此处的"滑稽"概念，还只是一个日常用语中的普通词汇，并不具有明确的审美意义。这与立普斯对"滑稽"所持的观点相似："滑稽是突然出现的意外之物，由此得到的愉悦是基于我们内在行为的成就方式的情感，是有关逻辑价值的东西，不是审美愉悦。"② 当然，立普斯是明确地将"滑稽"排除在美的形态之外，而在《心理学》中对"滑稽"所做的寥寥数语的介绍中，作者并不是有意识地撇清滑稽与审美的关系，而是没有意识到二者之间可能存在的潜在关联。

1903 年出版的《心理学教科书》中，已将"滑稽之情"与"宏壮之情"并列于美的情操之中："滑稽之情，由事物之不相适合而起，古之依类托讽，及玩世不恭者，多自溺于滑稽，后世鼓词戏曲，亦深得此秘，使人破涕为笑，亦有喜不自胜。……滑稽之情，能使人去拘攀之见，达于真美与真知，尤感情之必要者也。"③ 这里所要表达的是滑稽起于不和谐、不协调的形式，鼓词戏曲艺术中的讽刺、比喻、插科打诨等都是滑稽手法的运用，并且可以通过对不和谐、不合理的否定，引起人们或欢乐或戏谑的笑，达到情感的净化与平衡，并获得审美的愉悦。

《心理易解》一书同样是在对笑的种类的介绍中提到了滑稽，笑分五种，其中第四种为姗笑："如极不堪之文，读之必笑；如乡

---

① 〔日〕元良勇次郎著，王国维译：《心理学》，见《哲学丛书初集》，教育世界出版所1902年版，第51页。

② 〔日〕竹内敏雄主编，池学镇译：《美学百科辞典》，黑龙江人民出版社1987年版，第181页。

③ 〔日〕大濑甚太郎、立柄教俊著，张云阁译：《心理学教科书》，直隶学校司编译处1903年版，第8—9页。

间丑妇，强效时世装，见之必笑，此等笑辄含有骄矜之意于其内面；又如极严肃极慎重之礼式，偶有错误则笑，而常时不然；学生往往于先生之一举一动，指摘以为谈笑之助，而对常人不然。故崇威之对面，常有滑稽之大敌，而一姗笑则崇威顿驰焉。"[①]"姗笑"即滑稽之笑，这里对"滑稽"内涵的分析已经进入较深的层面，既意识到丑自炫为美时的滑稽可笑，又挖掘出滑稽对于威势的否定与瓦解力量；而且在情感的表达上，主体既可以面对缺陷、谬误产生优越感，又有一种对威势进行调侃戏谑而产生的畅快感。而在第五种噱笑中，"小儿兀处于室中也则笑之，其天真烂漫而游戏也又笑之。此时笑者与所笑者，恒暗相联结，即同情是也。故噱笑为表同情之笑"[②]。笑者与被笑者之间不存在对立的关系，甚至"暗相联结"，更多的是一种亲密的情感，这种"噱笑"已经没有了"姗笑"中骄矜的优越感与对崇威的嘲讽感，仅是会心的同情之笑，这其实已经孕育了"幽默"形态的萌芽。

在杨保恒的《心理学》中，更加明确地将"滑稽美"与"优美""壮美"并列，作为美的情操之三大种类。对于滑稽美的理解，同样强调对象的不协调及异于常态并让人出乎意料，但由于"滑稽与庄敬不相容"，所以不能滥用，以免对"品格有损"。[③]这主要是从儿童教育的角度着眼，但显然把"滑稽"看作是一种单纯调剂生活的取乐手段，并没有意识到它本身所具有的严肃的社会意义以及对真善美的追求。

我们知道，在西方美学范畴体系中，滑稽是作为喜剧性的表现形态之一而存在的，除了滑稽之外，喜剧性中还包括幽默、讽

---

① 陈楑编译：《心理易解》，上海会文堂 1905 年版，第 189 页。
② 陈楑编译：《心理易解》，上海会文堂 1905 年版，第 189—190 页。
③ 杨保恒编：《心理学》，中国图书公司 1907 年版，第 90 页。

刺、机智等概念。但在 20 世纪初期，近代学人们对整个西方美学范畴体系的认识还处于相对模糊的状态，不仅没有明确提出"喜剧性"范畴，对"滑稽"的阐述也较为简单，极容易使人产生一种误解，即将其等同于中国古典滑稽戏中丑陋的外貌形体、滑稽可笑的动作以及机智诙谐的言语等形式。其实，从美学意义而言，中国古代滑稽戏的性质是属于古典喜剧形态的，而在中国古典和谐美的制约下，无论"喜"还是"悲"都不具有独立存在的意义，各种不同因素间需要一种中和、平衡的力量去统摄，所以还远远达不到西方近现代意义上蕴含着"丑"与"悲"因素的喜剧范畴的高度。而这正是中国近代审美理想转换中，传统喜剧观念必然要经历的现代转型，也是整个美学从古典走向现代的一个标志。

二、"喜剧"概念的最初引进

　　"喜剧"概念的最初引进同样缘于 20 世纪初期中国文论界所倡导的那场文学革命，就在近代学界大力推崇悲剧的热潮中，"喜剧"概念也出现了，只不过它最初的身份是代表中国传统落后的戏曲模式，作为一个受批判的对象而存在的。

　　上一章中曾介绍过王国维写于 1904 年的《〈红楼梦〉评论》一文，这是他首次借鉴西方的悲剧理论，将其应用于对中国古典文学的评论中，也是中国美学史上第一次从美学理论层面确立了悲剧范畴。同样在此文中王国维也首次引进了"喜剧"这个概念："《红楼梦》一书与一切喜剧相反，彻头彻尾之悲剧也。"王国维通过对《红楼梦》现代悲剧精神的挖掘，批判了国人世代沿袭的乐天、团圆意识以及体现在戏曲中的大团圆结局，显然他将这种戏剧结局与传统思维模式都归为所谓的喜剧意识。所以，可以看出作者对"喜剧"一词的使用基于一个前提，即喜剧作为悲剧的对立物。

"吾国人之精神，世间的也、乐天的也。故代表其精神之戏曲小说，无往而不着此乐天之色彩，始于悲者终于欢，始于离者终于合，始于困者终于亨，非是而欲厌阅者之心，难矣。"[①] 由于作者立论的重点在悲剧，所以对喜剧不仅没有详细的介绍，甚至连一个基本的界定都没有，可以看出，此时的王国维还并不了解西方现代喜剧概念的内涵，只是简单地将其等同于中国传统戏剧普遍盛行的"先离后合、始困终亨"的团圆模式，并对其加以否定与批判。

1905 年蒋观云在《中国之演剧界》中也提到了喜剧，相比于此时对悲剧的直观认识——悲惨的结局，他对喜剧的理解也大体上侧重于结局的圆满、喜乐或者内容的诙谐有趣，所以蒋观云断言："中国之演剧也，有喜剧，无悲剧。每有男女相慕悦一出，其博人之喝彩多在此，是尤可谓卑陋恶俗者也。"[②] 这些都体现出了"喜剧"概念刚刚进入中国之际，学界普遍表现出的一种扬悲剧抑喜剧的审美取向，而这一倾向的产生恰恰是建立在对喜剧概念误读的基础之上的。也就是说此时的学界只是引进了西方"喜剧"的名称，但并没有深入理解其内涵，很大程度上将其等同于博人一笑的笑剧、闹剧等中国传统戏曲范畴，缺乏现代喜剧观念严肃、庄重的内质以及深刻的否定性。可见，最早引进"喜剧"概念的这二位学者此时对其内涵的理解，甚至还没有达到前述个别心理学译著中对"滑稽"内涵理解的深度。

三、王国维对西方喜剧理论的译介

1907 年王国维翻译出版了《心理学概论》一书，此书的原著

---

① 王国维：《〈红楼梦〉评论》，见阿英主编：《晚清文学丛钞·小说戏曲研究卷》，中华书局 1960 年版，第 112 页。

② 观云：《中国之演剧界》，《新民丛报》1905 年第 17 号。

者是丹麦心理学家海甫定（Harald Höffding）。其实早在 1902 年王国维初涉西学之始，就曾阅读"海甫定《心理学》之半"，但随后转向攻读西方哲学书籍，直到 1907 年才将此书据龙特（Loundes）的英译本转译出来，此书在初版后的三十年间再版次数达到十余次之多，可见其对当时的中国学界影响深远。全书共分七篇，后三篇为"知识之心理学""感情之心理学"和"意志之心理学"，其中在"感情之心理学"篇中介绍了"滑稽之情"，阐述了喜剧的相关概念。海甫定对喜剧的认识建立在西方哲学思想的基础上，这些也成为王国维喜剧思想的重要来源。书中明确指出"喜剧，利用滑稽之情者"①，"滑稽之情"是从情感角度进行的分类，就其实质而言，此处的"滑稽"即喜剧的含义，而在这部书中体现出的某些喜剧观念已经达到了西方现代美学的高度。

　　首先，将滑稽（喜剧）与笑联系在一起。笑是喜剧最显著的外在表征与审美效应，喜剧离不开笑，但并不是所有的笑都与喜剧有关。书中分析了不同类型的笑，第一种是纯物理原因引起的笑，如搔痒时发出的笑，属于"离可笑之事物时之笑"，并不涉及情感的表达，更与喜剧无关。

　　第二种是"发表势力之感及自由之感"的笑，比如"卒然觉自己之优胜者，常易发而为笑"，很显然这种观点来自于英国经验主义哲学家霍布斯的"突然荣耀说"，也就是当主体发现他人的弱点或缺陷时，突然感到自己的某种优越时会产生一种荣耀感，并发而为笑，这实际上是对自身势力的某种肯定。而另外一种情形则是"笑之为物，不必尽表势力之优胜，胁肩之笑，恒发于弱者，且虽觉自己之无势力而不肯承认他人之势力时，亦得发而为笑"②。

———————

① 〔丹麦〕海甫定著，王国维译：《心理学概论》，商务印书馆 1907 年版，第 330 页。
② 〔丹麦〕海甫定著，王国维译：《心理学概论》，商务印书馆 1907 年版，第 326 页。

这种观点与"突然荣耀说"的不同在于主体本身并不具备势力上的优胜，甚至是处于弱者的地位，但却对所谓强者持鄙夷的态度，可以说是一种对威势的挑战，这时所产生的笑，可以导致对方权势及威望扫地。

> 此际之笑，其发表势力也，不如其发表自由之感。而在平时无足奇者，出于名望素著者，即为笑柄。如出一言、行一事，而有不承认者，则已足起滑稽之情，故昔之视为威权者，一日而为笑之对象，则全失其势力，此喜剧之起，所以常在自由之精神发扬之时代也。①

可见，喜剧的情感不仅仅代表着有趣或者轻松愉快，有时还具有一种强弱力量的对比关系，这是两种矛盾的对抗，所以喜剧也常起于自由精神发扬之时代，这里已明确将喜剧与时代背景、社会境遇联系在了一起，阐明了喜剧所蕴含的社会意义。也正因为此，它才具有近现代美学范畴的特质，得以区别于古典的笑剧、闹剧而具有特殊的意义与价值，虽然他们都是以笑为表征，而中国古典喜剧往往在不美好的现实中虚构出美好的结局，通过肯定性的艺术形式表达出对理想生活的期望和企盼。当这种传统和谐观以及乐天精神成为一个衰老民族的痼疾时，就会产生一种自欺欺人的文艺而成为统治者的帮凶，阻碍社会的变革与发展。所以当中国面临近代社会变革的浪潮时，传统的肯定性喜剧必然受到冲击，而具有否定性特征的现代性喜剧观念将逐渐受到时代的青睐。

第三种类型的笑是"同情的笑"，这实际上属于另一种形态的

---

① 〔丹麦〕海甫定著，王国维译：《心理学概论》，商务印书馆1907年版，第327页。

喜剧类型——幽默，当然"幽默"这一现代译名此时还没有出现，王国维将其音译为"欧穆亚"。在"欧穆亚"中没有了轻蔑的情感，代之以同情，因为笑者与被笑者之间的关系发生了改变，二者并不是矛盾对立的双方，而是一种亲密的关系，并试图在对象之无价值中发现其价值，这种情感倾向甚至可以成为一种人生观："即一面既知世界人生之局促苦痛、愚暗不平，一面仍不失对一切生物之爱情，及对管辖自然及历史之势力之信仰故也。此种人生观，实存于知一切伟大者，必有其卑隘之方面，而吾人于笑其狭隘时，不忘其他方面也。"① 这种幽默的喜剧类型在情感倾向上比较温和，更多地体现在主观的态度而非客体的性质上，甚至在海甫定看来，喜剧性本身并不属于审美的形态，而是一种非美的对象，只有当喜剧性达到其特殊形态——幽默时才具有审美价值。幽默包含了对人的价值和意义的肯定，所以和豁达、乐观的人生观紧密相连。幽默"与讥讽诗（本于利己之情或反情而对一个人而发者）相异"②，因为讽刺具有尖锐的攻击性，而幽默则是在肯定对象自身价值基础上的一种善意的含笑的批评，体现出一种爱他性，通常被认为是喜剧的诸种形态中最具有审美价值的范畴。这是喜剧情感超越纯粹的美学理论而具有的人生实践意义，也是现代喜剧观念强大的生命力之所在。

所以说，美学并不具有单纯的学术价值，虽然许多美学家在竭力强调其非功利的一面，努力淡化它的社会学属性，但其背后所蕴藏的时代、人生意义才是它得以存在的理由，因为任何学术都无法超越其时代而存在于理论的真空中，绝对的超功利是不存在的。特

① 〔丹麦〕海甫定著，王国维译：《心理学概论》，商务印书馆1907年版，第327—328页。
② 〔丹麦〕海甫定著，王国维译：《心理学概论》，商务印书馆1907年版，第328页。

别是在中国近现代民族民主解放运动成为时代主旋律的历史阶段，纯粹的学术追求必然与社会的发展相脱节，而失去其本身所具有的社会价值与作用，导致学术本身的意义由于其不合时宜而被忽视。"喜剧家之自己，非与他人相反对之自己，而其暴露世界之卑劣愚妄，正所以保持其伟大及真实者也。故其势力之情，非利己的，而惟对与真理及正义相矛盾者，用为滑稽之材料，此吾人所以常视某人为好侣，而亦讥笑之者也。"① 喜剧这种暴露世界卑劣愚妄的作用，实际就是通过笑的方式把无价值的东西送进坟墓，直接否定了"丑"，自然也就肯定了真理及正义的价值，这与鲁迅的"喜剧将那无价值的撕破给人看"的命题是相通的。而海甫定喜剧思想中体现出的进步的社会历史内涵，其实与王国维超功利的美学思想是正相抵牾的，这是王国维传统文人身份与社会转型的分裂导致的时代局限，也就是说"王国维的个性自由意识驱使他冲破儒家功利主义美学传统的桎梏，致力于建树近代的喜剧观念，但遗憾的是，保守的政治态度和矛盾的思想倾向，却使他失落了海氏喜剧观的美学理想、自由精神和唯物史观的因素"②。

再一点，在这部分内容的论述中我们还看到了康德喜剧理论的痕迹，即所谓的"预期失望说"。康德的喜剧理论主要体现在他对"笑"的论述中："笑是由于一种紧张的期待突然转变成虚无而来的激情。"③ 即笑的情感常常源于人对某物的极大的期望，但结果却出乎人的预料之外，让人们的心理期待突然消失，也就是说期望如此之大，而结果却出乎意料的小。这一点在海甫定的《心

---

① 〔丹麦〕海甫定著，王国维译：《心理学概论》，商务印书馆1907年版，第328页。
② 庄浩然：《中国近代喜剧美学之前驱——兼论王国维对西方近代喜剧美学的译介》，《福建师范大学学报》1996年第2期。
③ 〔德〕康德著，邓晓芒译：《判断力批判》，人民出版社2002年版，第179页。

理学概论》中有相似的论述："滑稽之情，无论或为同情或为反情之对象，皆由微弱之事物，猝然与强大之事物相反对，然后此情可得而起也。即其初必使吾人为一幻影所蒙蔽，而生一种之冀望，而旋暴露此冀望之幻妄。……存于冀望之归于失望矣。……一切谜语，存于唤起一种之冀望，而示一问题之解释，然终发见其此解释之虚妄，故可笑也。"[①]

整体上看，海甫定在《心理学概论》中体现出的喜剧思想借鉴了西方美学史上重要的喜剧理论，比如霍布斯、康德等人的学说，他们主要从心理效应出发探讨喜剧的发生原理，在西方喜剧史上具有广泛影响。而王国维在翻译此书的过程中，自然接触到了这些理论，但他究竟接受多少，对其影响如何，接受之后发生怎样的思想转化，却是需要进一步论证的问题。对此，我们通过他这一时期发表的文章，可以有一个大致的了解。

1907 年王国维发表了《人间嗜好之研究》一文，刊于《教育世界》第 146 号上，文章列举了人的各种嗜好，在谈到常人对戏剧的嗜好时，分析了悲剧、喜剧的美感来源及审美心理机制。"先以喜剧（即滑稽剧）言之。夫能笑人者，必其势力强于被笑者也，故笑者实吾人一种势力之发表。然人于实际之生活中，虽遇可笑之事，然非其人为我所素狎者，或其位置远在吾人之下者，则不敢笑。独于滑稽剧中，以其非事实故，不独使人能笑，而且使人敢笑，此即对喜剧之快乐之所存也。"[②]王国维认为喜剧产生美感的原因在于其戏剧形式所带来的非现实性，它可以使人超越世俗等级与利害关系的束缚，将现实生活中我们有所顾忌、不敢嘲讽、不能小

① 〔丹麦〕海甫定著，王国维译：《心理学概论》，商务印书馆 1907 年版，第 328 页。

② 王国维：《人间嗜好之研究》，见傅杰编校：《王国维论学集》，中国社会科学出版社 1997 年版，第 305 页。

视的对象转化为艺术形式后，却使人"能笑""敢笑"，类似于游戏的虚拟性与娱乐性，喜剧不仅能给人带来愉悦，还能使人体验到审美的最高境界——自由感："吾人内界之思想感情，平时不能语诸人或不能以庄语表之者，于文学中以无人与我一定之关系故，故得倾倒而出之。易言以明之，吾人之势力所不能于实际表出者，得以游戏表出之是也。"[1] 很显然，这一观点是王国维从席勒的审美游戏说借鉴而来。而且上述这段引文，明显与《心理学概论》中"笑之发表势力之感及自由之感者"这部分内容相近，可见，在王国维的喜剧美学思想中，霍布斯"突然荣耀说"对其产生了重要的影响，他主要采用移植西方理论的方式作为自己立论的出发点。

而在《屈子文学之精神》中，我们看到了王国维将西方喜剧观念与中国古典文学相结合的初步尝试，体现出了中西方喜剧思想的融合。此文发表于1906年，与《心理学概论》一书的翻译时间几乎同步。王国维根据地域文化的差异、社会环境的影响，将中国先秦思想家及文学家分为南北两派，并以全新的视角即西方美学理论对屈原其人其文进行了重新解读，进而挖掘出屈原幽默的人生观。

　　　　盖屈子之于楚，亲则肺腑，尊则大夫，又尝管内政外交上之大事矣，其于国家既同累世之休戚，其于怀王又有一日之知遇，一疏再放，而终不能易其志，于是其性格与境遇相待，而使之成一种之欧穆亚。《离骚》以下诸作，实此欧穆亚所发表者也。[2]

---

[1] 王国维：《人间嗜好之研究》，见傅杰编校：《王国维论学集》，中国社会科学出版社1997年版，第305—306页。

[2] 王国维：《屈子文学之精神》，见傅杰编校：《王国维论学集》，中国社会科学出版社1997年版，第317—318页。

文中使用的"欧穆亚"（Humour）一词，即现代喜剧美学形态"幽默"的早期译名，王国维也成为中国近代美学史上最早引入西方幽默概念的学者。王国维之所以将屈原的人生观定位于幽默，是基于屈原"性格与境遇相待"的人生境况，也就是其个人与社会之间所形成的不和谐的矛盾状态，但这种矛盾并不是绝对的对立与冲突，因为屈原虽然受到群小的诬陷与君王的疏远，但其满怀爱国热忱，以及对曾与自己有过知遇之恩的君王仍然怀有深深的眷恋，这种"一时以为寇，一时以为亲"①的情感，使他对那个日趋腐朽的贵族集团既恨又爱，这类似于海甫定所言"欧穆亚"应具有的同情之感，但我们知道，同情不等同于幽默，幽默作为喜剧性范畴必不可少的是以笑为特征的审美效果，而此处王国维却恰恰舍弃了幽默的这一重要特质。

其实，王国维在此处使用的幽默"并不等于当今一般所说修辞意义或写作技巧上的'幽默'"，而是认同了叔本华对幽默的理解，即"幽默依赖了一种主观的、然而严肃和崇高的心境，这种心境是在不情愿地跟一个与之极其抵牾的普通外在世界相冲突，既不能逃离这个世界，又不会让自己屈服于这个世界"②。叔本华将幽默立足于严肃、崇高的心境，他眼中的幽默更多具有的是悲剧的情感，而非喜剧的精神，这正是叔本华悲剧人生观的蔓延，他从喜剧性的幽默中挖掘出了悲剧的内涵，然而这却给了我们一个更为深刻的启示：悲剧与喜剧表面上虽截然对立，而内在本质却是可以共通的，这就是所谓含泪的笑所具有的深刻的悲剧情感。

---

① 王国维：《屈子文学之精神》，见傅杰编校：《王国维论学集》，中国社会科学出版社1997年版，第316页。

② 温儒敏：《中国现代文学批评史》，北京大学出版社1993年版，第8页。

所以，虽说屈原的文章"庄语之不足，而继之以谐"[①]，但总体上看"这种幽默不只是喜剧性的，而主要是悲剧性的美学范畴；或者说，是悲剧性的崇高与喜剧性的诙谐的结合"[②]。

虽然说深刻的幽默可以与悲剧相连，但悲剧与喜剧毕竟是不同的美学范畴，它们在某些方面的同质并不能导致二者的混同。喜剧性从本质上说是以笑为手段，去否定生活中的不协调形式，而幽默这种形态没有尖锐的讽刺，只是在含笑的批评中体现一种豁达乐观的人生观。屈原的人生观从本质上说是悲剧性的，他受到小人的诬陷、君王的疏远，文章中同样也流露出悲愤的情感，而悲愤的强烈情绪势必冲淡幽默的温厚情怀，他最终也没能以同情的笑包容、超脱一切，反而以结束自己的生命作为对社会的反抗。所以王国维以幽默（欧穆亚）评价悲剧性诗人屈原的思想及著作，还是有些不妥，这时王国维对幽默的理解更多地倾向于叔本华的悲剧人生观，由于过多地强调幽默与悲剧的联系，反而丧失了它本身作为喜剧性范畴的特质。

相比于王国维在《〈红楼梦〉评论》、蒋观云在《中国之演剧界》中流露出的浅显的喜剧观念萌芽，王国维此时对西方近代美学思想家康德、霍布斯、席勒和叔本华等人喜剧理论精髓的译介，才真正触及喜剧美学的学理层面，标志着中国近代喜剧美学的真正发端。但由于这种纯粹的学术追求，脱离了生活与艺术创作的鲜活层面，如同其悲剧理论一样，并没有对当时的艺术实践产生实际的指导作用，他的喜剧美学思想在很长一段时间内也是处于一种潜在状态。另外，在王国维的美学概念体系中，喜剧与滑稽

---

① 王国维：《屈子文学之精神》，见傅杰编校：《王国维论学集》，中国社会科学出版社1997年版，第318页。

② 温儒敏：《中国现代文学批评史》，北京大学出版社1993年版，第8页。

剧是同义的，这反映出"喜剧"概念引进初期，学界对喜剧范畴的相关概念还不能加以明确的区分。

第二节　对西方喜剧美学理论的丰富性阐释

在中国美学体系初步建构起来的 20 世纪二三十年代，虽然我们还很难见到从整体上建构喜剧美学的专著，但在许多学者的文章或著作的部分章节都涉及喜剧话题的某些层面，当我们将其中的资料挖掘出来，进行整理与综合时发现，这一时期学界对西方喜剧美学的阐释其实已经相当丰富了。

一、近代喜剧中新质素的介入 ——"丑"与"悲"

在我国古典艺术形式中，喜剧的出现是早于悲剧的，根据王国维先生的考证，中国戏曲有两个主要来源，一是远古时代的巫师，二是后世的俳优。"巫以乐神，而优以乐人；巫以歌舞为主，而优以调谑为主。"[1]"优"在早期常与侏儒通用，表演中往往以其形体外貌的丑陋、夸张歪曲的动作、诙谐有趣的言语取悦于人。俳优的出现奠定了中国传统戏曲最初的喜剧模式，以侧重外在行动和表面丑态的滑稽调笑为主，很少涉及本质上的恶或者内容上的丑，当然也存在个别"优谏"的讥讽时弊，虽破坏了艺术形式表面的和谐，但总体上并没有突破古典和谐的审美理想。再加上中国传统文化中占据主导地位的乐观精神的支撑，就形成了中国古典喜剧最典型的样式 ——闹剧。从现代喜剧类型的角度去审视，所谓闹剧应该是喜剧多种样式中最简单的一种，以局部的缺

———

[1]　王国维：《宋元戏曲史》，上海古籍出版社 1998 年版，第 4 页。

陷与形体的丑陋为取笑对象，给人一种并无恶意的滑稽可笑之感，这也就导致了中国古典喜剧在内容上缺乏严肃与庄重性，产生的审美体验也是浅层次的，很少给人心灵的触动并引发深层的思考，甚至部分作品流于庸俗，既无法与感动人心的深沉的悲剧相比，更无法登上艺术领域的大雅之堂。所以说，"旧剧无所谓喜剧也，有诸自新剧始"[①]。

西方的喜剧美学，从亚里士多德开始就把喜剧与丑联系起来考察，他认为"喜剧是对于比较坏的人的摹仿，然而，'坏'不是指一切恶而言，而是指丑而言，其中一种是滑稽。滑稽的事物是某种错误或丑陋，不致引起痛苦或伤害，现成的例子如滑稽面具，它又丑又怪，但不使人感到痛苦"[②]。其实这里的"丑"更多意义上还是限于古典喜剧表演中丑角所具有的形式上的客观性的丑，依然没有脱离古典和谐美的制约，并不具有与美对峙的力量。所以说中西方古典喜剧模式与近代喜剧相比具有明显的不同，甚至是一种质的差异，古典喜剧更多的指向滑稽可笑，而近代喜剧则表达了一种更为深刻的内涵。周来祥说："近代喜剧中的丑是一种有害的本质上的丑，它虽然在逐步走向坟墓，但它还有相当力量，还在拼死挣扎，有时还表现出一种狗急跳墙的疯狂。"[③]当然，喜剧作为戏剧形式是丰富多样的，作为美学范畴同样具有不同的表现形态，但总体上仍然体现出美与丑的矛盾冲突，这是近现代喜剧区别于古典喜剧的主要特征。

对于近代喜剧性的本质，中国美学界经历了一个逐步深化的

① 公展：《剑气箫心室剧话》，《新剧杂志》1914 年第 1 期。
② 〔古希腊〕亚理斯多德、〔古罗马〕贺拉斯著，罗念生、杨周翰译：《诗学·诗艺》，人民文学出版社 1962 年版，第 16 页。
③ 周来祥：《论中国古典美学》，齐鲁书社 1987 年版，第 80 页。

认识过程。徐大纯在《述美学》一文中对喜剧范畴的描述不多："滑稽与悲惨,皆原于人世之葛藤,与其谓之为美也,毋宁谓之为丑。然人往往因之能引起一种不可名状之快感,故得收入美之范围。即哈妥门(哈特曼)所谓有葛藤之美也。"[1]在对喜剧范畴名称的选择上,徐大纯使用的是"滑稽"一词,他把"滑稽"(喜剧美)与"悲惨"(悲剧美)两个范畴放在一起,对二者的共性做了一个简单的阐释,应该说还没有触及这两个范畴各自独立的内涵属性,即没有区分这二者的区别,但却从另一层面让我们了解到这两个看似对立的范畴在内在本质上的一致性,挖掘出了现代悲剧、喜剧范畴中新的价值观念——"丑"的因素,这在中国现代美学史上具有开创性的意义。而且他强调了悲剧与喜剧对矛盾冲突的表现,也就是说对悲剧与喜剧这两个范畴的理解,不能像中国传统悲喜剧那样,认为有"悲"就是悲剧,有"笑"即为喜剧,其实二者在最深层的本质上是具有某种共通性的,正像普希金所说,高度的喜剧性经常是接近于悲剧性的[2]。当然,徐大纯没有就此进一步展开阐述,但有时最简单的界定往往透露出最深刻的理解,在这篇简短的美学论文中,已经让我们看到了现代喜剧美学新质素的萌芽。

对于"丑"的因素介入喜剧性这一范畴中,在这一时期的许多美学著作中都被提及,可见这基本已经成为学界的理论共识。例如吕澂在《挽近美学思潮》中就提到过滑稽对于丑的否定:"有时人格的印象因滑稽的否定而愈感其高,这成了诙谐的美。凡不意而现的细小事实,使我们心里的预备力骤然消解,遂有轻快之

① 徐大纯:《述美学》,《东方杂志》1915年第12卷第1号。
② 〔苏〕A.齐斯著,彭吉象译:《马克思主义美学基础》,中国文联出版公司1985年版,第231页。

感。论到这样消解，反乎我们的预期，只得个空虚印象，其实际固然是丑，但因丑的否定，而于人生本来有价值的——像人格等等——愈有新鲜印象，所以终归于美。"[①] 在范寿康的《美学概论》中，也明确地提出了滑稽是对丑的否定的命题，滑稽的对象是"伟大的事物忽成破灭的那种轻小"，此时本应在对象身上体验的"美的内容""人格的价值"等等都被毁损，所以说，"滑稽本身是价值的否定"[②]，而对矛盾、无价值或缺点的否定、嘲弄自然会给人带来一种愉悦，并引人发笑。

在宗白华的《艺术学》一文中，对滑稽美也持类似的观点，并且文中指出了滑稽的英文名称 Comic，可见此处"滑稽"之名称下，实指应是喜剧范畴的内涵。作者在介绍此范畴时，在滑稽之美后面写道："Antlitz，指为'无伤害的丑'。Antlitz，德文，指丑表演。"[③] 宗白华同样意识到了滑稽之美与丑的联系，并且指出滑稽与悲剧的相同之处在于都表现冲突矛盾，只不过悲剧矛盾的结果为悲哀，而滑稽矛盾的结果"为浅薄，为愉快，为解放"。当然这里所说的"丑"，有点类似于亚里士多德所说的无害的丑，对此宗白华并没有对其做过多的说明。

总体而言，近现代意义上的喜剧范畴，同崇高、悲剧等范畴一样都产生于古典和谐的审美理想向近代崇高转换的时代氛围中，"丑"与"悲"的因素突破了古典和谐美的束缚，作为一种新的价值观念介入到喜剧范畴中来，标志着美学理想及其话语形态的现代转型。对于西方喜剧美学思想，其自身经历了一个漫长的理论

① 吕澂：《挽近美学思潮》，商务印书馆 1924 年版，第 53 页。
② 范寿康：《美学概论》，商务印书馆 1927 年版，第 191 页。
③ 宗白华：《艺术学》，见林同华主编：《宗白华全集》第一卷，安徽教育出版社 1994 年版，第 535 页。

演进过程，再加上不同学者或侧重经验主义的心理分析，或倾向于哲学上的理性阐释，学说众多，至今也很难达成一致。而对于中国近代学者来说，通过译介方式引进而来的理论，情况就更为复杂，既要对众多西方理论进行个人化的选择取舍，还要在引进过程中加入自身的理解并受到潜在的中国传统文化的影响，所以在理解上参差不齐也是在所难免的。对于喜剧性的内涵，有的学者已经触及其本质，但在内涵的界定和表达上还不够严密、准确，而有些学者的理解则依然流于表层。

二、"笑"的发生与喜剧的美感

从表面上看，悲剧与喜剧的区别之一是表现方式及审美效应上的差异，前者以哭为标志，后者与笑相关联。哭与笑都是人类情感的自然流露，但一经上升到审美层面就与人类的审美心理机制产生了某种共鸣。相对于悲剧性的哭给人带来的审美愉悦，喜剧性的笑与审美的联系似乎更容易理解，因为按照通常的思路去理解，笑通常表示一种愉快，而愉快自然与美感更为接近。但当我们更进一步去分析喜剧的内涵与本质时，却发现事情远非我们所想的那样简单。

喜剧的美感从外在效应上来说以笑为表征，但笑所引发的情感并不是单一的，它具有多层次与多义性。这首先要提到发表于1913 年和1916 年《东方杂志》上的两篇同名译文《笑之研究》，主要从生理和心理层面解析笑的发生与表现，"今就笑考之，则笑者不仅存于喜悦，亦起于惊骇、嘲谑、轻蔑及深切之悲哀等时"[1]，并对笑的心理及其种类进行了细致的分析。这两篇文章虽然没有

---

[1]　章锡琛：《笑之研究》，《东方杂志》1916 年第 13 卷第 10 号。

从美学层面研究喜剧性的情感，但却明确地提及喜剧性的笑并不是生理意义上单纯的喜悦，还有可能是痛苦或者其他更为复杂的情感，尤其是在近代喜剧形态中。所以对于喜剧美感的产生及其性质的理解同样是一个理论的难点，需要深入的阐释。而对于中国近代最初引进西方喜剧美学的学者来说，对此理解起来似乎更有难度，因为中国古典的喜剧模式在审美情感上是倾向于嬉笑、喜悦的表层的。下面我们就介绍一下这一时期中国学者对喜剧性美感的认识过程。

喜剧作为一种戏剧类型，具有多种表现形式；而作为一种美学范畴，它同样包括多个下属的子范畴，这些不同的喜剧形态产生的美感自然也是各异的。前文提到过"喜剧"概念的最初引进者蒋观云和王国维，在其思想中存在着鲜明的重悲剧轻喜剧的倾向。他们认为喜剧在情感表达上是一种皆大欢喜或者诙谐有趣的笑，产生的喜剧情感自然是轻松、浅显、甚至无意义的，这种轻视喜剧甚至反感喜剧的倾向在相当长的时间内代表了学界的主流。

当然，王国维随后对西方美学思想家康德、霍布斯和席勒等人的喜剧理论进行了译介，对喜剧美学也有了更深层的理解，但正像前文所述，他的这种学理追求由于与当时启蒙救亡的时代主题相脱节，既没有对当时的艺术实践起到指导作用，也没有在理论领域得到应有的重视。但随着 20 世纪二三十年代中国美学学科体系的建构，喜剧美学理论也一度繁荣起来。

前文经常提到蔡元培的《以美育代宗教说》，此文同样也涉及喜剧范畴，但所言甚略。"要之美学之中，其大别为都丽之美，崇宏之美（日本人译言优壮美），而附丽于崇宏之悲剧，附丽于都丽之滑稽，皆足以破人我之见，去利害得失之计较。"蔡元培总体上将美分为两类，即崇高与优美，而悲剧与滑稽（即喜剧）则附属于这两类美。将崇高与悲剧相连，这点比较容易理解，许多美学家也都探讨过二者的关系。但将滑稽附丽于都丽（即优美），则令人费解，而作者对此并无过多解释，只是说"滑稽之美，以不与事实相应为条件。……故令人失笑耳"①。整体上看，蔡元培对喜剧形态的理解还限于初级形态，比如小丑似的滑稽、笨拙可笑的言行等，而欣赏者也往往抱着消遣的心态一笑了之。所以如果说蔡元培将滑稽附丽于优美的论断可以成立的话，较为合理的解释应该是从二者产生的相近的美感体验着眼，也就是说当欣赏者面对优美或滑稽的对象时，内心产生的是轻松愉快的体验以及平和的欣赏心态，即审美主体与对象在关系上呈现出的是和谐而不是抵触、矛盾。对此，蔡仪做出了更为明确的说明，他认为喜剧的美感是同秀丽（即优美）的美感有关系的，理由在于"秀丽的美感由对象的柔和刺激所引起，并伴随蒙眬的精神反应。喜剧的美感则由于对象的更柔弱，引起过度的顺受反应，所以对于对象所持的不是爱怜抚慰之情，而是戏弄嘲讪之意"②。

虽然蔡元培没有明确指明，但通过分析依然可以看出，他与蔡仪立论的基础都是优美与喜剧美感的相通性，即心理的顺应与轻松的美感。但在现代喜剧美学理论中，我们知道喜剧的美感远远不止于单纯的愉悦，除了轻喜剧轻松愉悦的浅层次情感，其他的喜剧形态往往还混杂着严肃、不快甚至悲剧感等否定性的情绪体验，而对喜剧这种混合、深沉美感的认识，学界则经历了一个逐步深化的过程。

在陈望道的《美学概论》中，对喜剧美感的认识依然停留在

---

① 蔡元培：《以美育代宗教说》，见文艺美学丛书编辑委员会编：《蔡元培美学文选》，北京大学出版社 1983 年版，第 72 页。
② 蔡仪：《美学原理》，湖南人民出版社 1985 年版，第 185 页。

可笑、轻快的表层。

　　　　至于滑稽（Comic）底对象，则差不多都是细末的事情。
　　所以它底快感，也差不多都是非常轻快的。简直全然只是一种
　　的游戏的可笑味；既不是见着高尚行为或端壮情操之类时候的
　　喜悦的心情，也不象悲壮那样的与意志有关的。其中智力的成
　　分，含得极多；但感动人的力量却并不极大。普通的，完全只
　　和呵了痒一般，觉得有点手足松动，脾胃舒畅就是了。①

　　陈望道的《美学概论》出版时虽然已经是 1927 年了，但他对
喜剧美感的理解还远远没有达到王国维的高度，不仅否定了喜剧
美感的丰富深刻性，认为其"不过是轻易，松动，浮浅，空虚一
类性质的东西；与我们底心情，多半只有浮面的交涉"②。甚至还将
喜剧的快感等同于搔痒般的生理反应，这实际上已经淡化乃至否
定了喜剧的审美情感，将其等同于消遣意义的笑而已。

　　当然，当时也有很多学者已经认识到喜剧的美感不同于优美
那样单一，它是一种非纯粹的混合情感，这种情感包含了快与不
快两种截然相反的情绪。悲剧的结局是悲惨，审美情感的体验经
历了由痛感向快感的转化；而喜剧的特征是笑，但情感的体验却
并不是单纯的愉悦。西方美学史上关于喜剧性产生原因的探讨五
花八门，但被当时中国学界广为接受的观点大致有两种，都倾向
于从主体心理角度去界定，一是以康德为代表的预期失望说，吕

---

① 陈望道：《美学概论》，见复旦大学语言研究室编：《陈望道文集》第二卷，上海人
　民出版社 1980 年版，第 81 页。
② 陈望道：《美学概论》，见复旦大学语言研究室编：《陈望道文集》第二卷，上海人
　民出版社 1980 年版，第 83 页。

澂在《美学概论》中对此进行了阐述："有至大之期待，而一旦不惬所望，势必残留不快之痕迹。"① 但如果仅停留在不快的层面，自然与美感无缘，所以这种不快感应该是浅层次的，这样则"能使吾人忘其不快而有愉悦，至较深时则不能也"②。这种忘却不快的愉悦，主要是由于紧张的心理期待突然间松弛下来，伴随着恍然大悟的笑声将紧张的情绪释放出来。再一点，喜剧性快感的产生还有一个制约条件，即喜剧的对象不能引起人的痛苦和伤害，否则就会被强烈的怜悯或者憎恶之情所取代。可见，吕澂对喜剧美感的认识还是比较辩证与全面的。

另一种关于喜剧性产生原因的学说则是霍布斯的"突然荣耀说"，在喜剧性的笑中同时包含着否定性与肯定性两方面的情感，既有对喜剧对象缺点的嘲笑，又有对自身优越的肯定。对于霍布斯的学说，王国维早在翻译《心理学概论》时就介绍过，此后中国学者多有提及，有的还以此为基础加以引申发挥。范寿康在其《美学概论》中，虽然没有明确提到霍布斯的理论，但借鉴的痕迹还是十分明显的。他把"幽默"范畴翻译为"谐谑"，"第一种狭义的谐谑是见着世界上矮小、卑细、可笑的事物时加以轻笑，而自己却超然于事物之上，俯视一切。换言之，自己居于超然的位置，维持自我的威严，确保自我的信念，而以微笑俯临这世界的卑小的时候，这谐谑乃行实现。第二种是知道世界的卑小与转倒，而主张自我的伟大与完善，就是对于这卑小的世界主张自我的尊严，不单止于微笑而已，这就是讽刺"③。可以看出，在这些论述中都贯穿着喜剧情感中不可缺少的鄙夷、荣耀的情感，而且这两种

① 吕澂：《美学概论》，商务印书馆1923年版，第46页。
② 吕澂：《美学概论》，商务印书馆1923年版，第46页。
③ 范寿康：《美学概论》，商务印书馆1927年版，第195—196页。

情感的产生是相辅相成的，既对喜剧对象的可笑、滑稽表示嘲笑，同时欣赏主体又以自身的"伟大与完善"俯视喜剧客体，如果在这种俯视中主体以轻松的微笑去否定客体的不和谐，产生的就是温和的幽默情感，即所谓含笑的批评；而如果在鄙夷中主体的情感"不单止于微笑"，而是包含了尖刻、强烈的嘲讽因素，这就是讽刺的情感，比幽默更具有攻击性。这两种笑——幽默的笑、讽刺的笑——的含义是不同的，但总体而言，"这类喜剧性笑的产生，体现了一种特殊的对主体本质力量确证的审美情境。它是主体对客体对象征服以后所引起的强烈愉悦情感"[①]。

　　这一时期学界对于喜剧美感的认识，还是存在较大差异的，有的学者认为它只是一种类似于消遣意义的肤浅的快感，也有人认为这是一种比优美更高级的美感。在《近世美学》一书中，作者根据美的形态中是否存在矛盾的因素将美分成两大类，一类是"无葛藤之美"，一类是"有葛藤之美"，前者包括壮美与优美两种类型，后者包括悲壮与滑稽两种。无葛藤之美，由于没有内在的矛盾与冲突，所呈现的美是平和、单纯的，并不具有强烈的情感表现，所以被认为是"美感中最劣等者"；而有葛藤之美，目的非在葛藤（矛盾），但正由于矛盾冲突的存在，所以对其的欣赏要经由否定之后达到肯定，经由抵抗然后获得征服的愉悦，而这种复杂的情感最终"惟由葛藤之解决，乃达于高级之平和耳"[②]，这是一种经由主体力量的参与转化而来的快感，鲜明地体现出人的本质力量。这里虽然没有单就喜剧的美感进行阐述，但从总体上给予了喜剧美感一个较高的定位。

---

① 佴荣本：《笑与喜剧美学》，中国戏剧出版社1988年版，第63页。
② 〔日〕高山林次郎著，刘仁航译：《近世美学》，商务印书馆1920年版，第153页。

　　而宗白华先生则更进一步地挖掘出喜剧与悲剧同等的人生价值以及二者在情感表达上的深刻性："悲剧和幽默都是'重新估定人生价值'的，一个是肯定超越平凡人生的价值，一个是在平凡人生里肯定深一层的价值，两者都是给人生以'深度'的。"[①]所以真正意义上的喜剧，与悲剧是没有高下之分的，二者都具有震撼心灵、提升人的精神境界的作用。

三、喜剧范畴名称的个人化使用及分类的混乱

　　在喜剧性美学范畴名称确立之前，"喜剧"与"悲剧"概念一样都是首先作为戏剧类型的名称出现的，而且在随后不短的时间里，"喜剧"概念一度只具有这一剧种名称的单一含义，当其作为美学范畴的意义使用时，它则另有其名。

　　从 20 世纪初喜剧理论的最初引进直至二三十年代，对于喜剧性范畴的名称，学界习惯上将其译为"滑稽"一词。早期出现在众多心理学译著中的"滑稽美"概念，就其实质而言，它更接近于我们现在所说的喜剧表现形态之一的"滑稽"，主要体现的是客体对象在外在结构、表层关系上的不协调状态，以及侧重滑稽与可笑性的联系上。这些理论大都来自于西方，经过日译版本转译为中文，这说明在西方以及日本对喜剧范畴的理解最初都停留在浅层，将其与作为喜剧亚范畴的滑稽形态混合为一，也就是说这时的理论倾向是把滑稽当作喜剧的同义语，这不仅将喜剧性丰富的内涵简单化了，还会给刚刚接触西方美学的国人造成理解上的混乱。以致在很长一段时间里学界整体上倾向于将西方现代喜剧

---

① 宗白华：《悲剧的与幽默的人生态度》，见林同华主编：《宗白华全集》第二卷，安徽教育出版社 1994 年版，第 67—68 页。

概念理解为中国古典滑稽剧、笑剧形式中的插科打诨，将可笑性看作喜剧范畴的全部内容。

所以将喜剧与滑稽等同，这已不仅仅是一个名称的使用问题，它涉及对此范畴内涵本质的认识，黑格尔在其《美学》第三卷中指出："人们往往把可笑性和真正的喜剧性混淆起来了。……但是对于喜剧性却要提出较深刻的要求。……笨拙或无意义的言行本身也没有多大喜剧性，尽管可以惹人笑。"[1]

到了 20 世纪二三十年代，学界对喜剧的理解已经超出了滑稽的表层意义，不仅认识到喜剧范畴内部除了"滑稽"这一类型外，还包含其他丰富多样的形态，比如幽默、机智、讽刺等，而且此时"喜剧"这一名称也早已出现，只不过在美学理论著作中大多依然沿用"滑稽"一词来指代喜剧范畴，也就是说名为滑稽，内涵却已不限于单一的滑稽形态，这说明随着理解的深入，"滑稽"概念的内涵与外延其实也在发生着转换与发展。这时"滑稽"的含义被大大泛化，指向了喜剧这个大范畴，这在本节介绍的诸多理论著作中都可以看到。所以说，"滑稽"一词的影响与应用是相当广泛的，以至于我们在现在一些美学词典中依然可以看到这样的表述："滑稽（德语 Das Komische，英语 The comic，法语 Le comique），又称喜剧美"[2]，同时又把"滑稽"下分为幽默、讽刺等其他亚范畴。

在中国近代社会西学东渐之初，首先面临的就是将西方美学的概念、术语翻译成汉语的问题，而在译名的选择与使用上往往存在着各行其是的现象，有人自创名词，有人从日本直接引进。

---

[1] 〔德〕黑格尔著，朱光潜译：《美学》第三卷下册，商务印书馆 1981 年版，第 291 页。
[2] 〔日〕竹内敏雄主编，池学镇译：《美学百科辞典》，黑龙江人民出版社 1987 年版，第 181 页。

之所以将西方喜剧范畴首先对译为"滑稽",很大程度上是受到了中国本土词汇的影响,这是"词从本土"的便利。在我国,"滑稽"一词古已有之,而且从诙谐、可笑、讽谏等表层含义看,与西方的喜剧性范畴确有相似之处,再加上 20 世纪初中国学者对西方喜剧美学的理解也并不深入,自然就将其与中国的"滑稽"等同了,并将其作为喜剧范畴的同义语而广泛应用。

　　除了用"滑稽"名称指代喜剧范畴之外,此时的美学理论中还出现了其他的称谓。比如吕澂在《美学浅说》中将喜剧范畴称为诙谐:"有些从不纯粹的快感成立,那里面最重要的,像悲剧一类的美就叫'悲壮',喜剧一类的美就叫'诙谐'。"[①] 而吕澂在《美学概论》中将美分为崇高、优美、悲壮、谐谑四类,书中也提到了"滑稽",只不过在吕澂的概念体系中,"滑稽原非是美",它仅具有负面的价值属性而已,所谓滑稽之感情也"显与美感相悖",但"人格的价值亦常因滑稽 Komik 之否定而加强其印象,于是有谐谑之美"[②]。也就是说滑稽本身非美,但通过对其价值的否定则可以得到一种美——谐谑之美。所以在这里,具有审美意义的范畴是"谐谑",而"谐谑"实际上是"Humor"(今译幽默)的译名。这说明吕澂对喜剧的理解更倾向于幽默的形态,进而又将谐谑分为三类:狭义的谐谑、刺笑的(Satire)谐谑、反语的(Ironie)谐谑,这些称谓我们并不熟悉,如果将其对应于现在通行的喜剧美学术语应该是幽默、讽刺与反语,也就是说吕澂将喜剧分为幽默、讽刺与反语三种形态。这与范寿康在其《美学概论》中对喜剧范畴的分类几乎一致。其实对于喜剧形态的分类,历史上形成了多种不同的分类标准,甚至还有人否认这一项分类工作

① 吕澂:《美学浅说》,商务印书馆 1923 年版,第 23 页。
② 吕澂:《美学概论》,商务印书馆 1923 年版,第 46 页。

的意义与可行性，但经过众多学者的研究也形成了大体一致的看法，从表现形式上划分可以将喜剧范畴的基本形态分为滑稽、讽刺、机智、幽默四种。如果我们以此为标准来衡量，吕澂的分类反映出他对喜剧诸种形态的认识还并不清晰，不仅将幽默的内涵扩大，还将其置于所谓讽刺与反语之上，而且反语又名反讽，在现代美学范畴体系中应该是属于讽刺的一种特殊形式。

在李安宅的《美底范畴与悲剧》一文中，还出现了"智巧的美"这一范畴名称。李安宅将美分为优美、崇高、悲剧、喜剧四类，只不过他使用的名称分别为"优雅的美""庄严的美""悲壮的美"与"智巧的美"，而"智巧的美"实际就是指喜剧性范畴。

> 智巧的美是表示事物与自然或理想与实况彼此相去之远，然在同时的印象则是浑而为一。智巧的美包括喜剧与讥讽。游戏性质的是喜剧，不加限制，顺乎自然，以理知为前提，与优雅相近。报复性质的是讥讽，没有破坏，没有自由，以感情为判断，与庄严相近。直接限制人，难免人欲逃避；用艺术间接地讽刺人，便可当下接受。凡以为智者，可用慌恐来限制他，以免自满；凡以为愚者，可用讽刺来限制他，以警其无知。嫉恶如仇能够刺动良心，不如冷嘲热讽足以铲除虚荣。受时甚苦，受毕则能获得一项新的勇气。[①]

引文中已经使用了"喜剧"这一概念，而且不是作为戏剧类型的名称，它承载着一定的美学范畴意义，但它所蕴含的"游戏性质"，以及"与优雅相近"的姿态，似乎更接近于现代喜剧形态

① 李安宅：《美底范畴与悲剧》，见胡经之主编：《中国现代美学丛编（1919—1949）》，北京大学出版社 1987 年版，第 54 页。

之一的"幽默",所以此处的"喜剧"概念还不能与现代美学理论中通行的"喜剧"范畴等同。总体上看,李安宅对喜剧性相关概念的名称在使用上还很混乱,他认为喜剧性范畴包含了两个亚范畴:幽默与讥讽(即讽刺),这在当时基本上是一个被广泛认可的相对简单的分类,只不过在范畴名称的使用上他用"智巧的美"代替现在通行的"喜剧性"范畴,而用"喜剧"一词代替现在的"幽默"概念。

其实李安宅将喜剧性范畴命名为"智巧的美",也是有一定道理的,因为在西方美学史上一直存在这样的声音,认为喜剧与人的理智相连,而悲剧则主要诉诸人的情感。正如伯格森所说,喜剧主要触动我们的理智,而悲剧却深深打动我们内心,激发我们的情绪。机智与喜剧性的确关系密切,但二者却不能等同,因为喜剧性中除了机智这一种形态外,还存在着其他样式。

在《近世美学》中,对于喜剧性范畴同样使用的是"滑稽"一词,并将其形态分为两大类:无意识滑稽与有意识滑稽。所谓"无意识滑稽者,本来可避之背理,即观者亦有时不能免,若精神上之欠点,或肉体上官能不具之类"[1]。无意识的滑稽即客观的滑稽,侧重客体对象自身的性质、形态等外观的不协调,它更多的具有喜剧范畴的表层意义。而"有意识滑稽"其实就是主观滑稽,理性的参与或者主体介入的成分多一些,"机智"是其最重要的表现形式:"机智滑稽之种类殊多,若阳赞(Ironie),若夸张(Karikatur),若换形(Travestie),若换意(Parodie),若讽嘲(Satire)等为其主要者。"[2]另外还有"自嘲"。可见,作者将讽刺、

[1]〔日〕高山林次郎著,刘仁航译:《近世美学》,商务印书馆1920年版,第156页。
[2]〔日〕高山林次郎著,刘仁航译:《近世美学》,商务印书馆1920年版,第157页。

自嘲、反语、夸张等形式都纳入了主观滑稽中，机智则成为其共同的特征。而滑稽的另一种特殊形态则是"有情滑稽（Humor）"，这是日本人对"幽默"的译法，"幽默"被视为"美中之最高级矣"，赋予幽默形态以最高的审美价值是大多数西方美学家的共同见解。李斯托威尔在《近代美学史评述》中也有过类似的表述："在喜剧性的各种类别中，光荣的地位，通常不是派给巧智，而是派给幽默。这样做是对的，因为在幽默里面，最高尚的人类价值得到了认真的对待。"①

《近世美学》中对喜剧形态的分类主要从客观与主观两个方面展开，并以机智因素为共性将幽默、讽刺等形式都纳入到了主观喜剧形态中，而且给予幽默更高的美学地位。这种分类方式对于我们来说可能不太熟悉，但在日本学界却是比较流行的，我国于20世纪80年代从日本引进了竹内敏雄主编的《美学百科辞典》，其中也持这样的观点，甚至在具体表述上都极为相似。而《近世美学》在范畴名称的使用上与现代美学术语还是有很大差异的，比如将反语（Irony）译为阳赞，将讽刺（Satire）译为讽嘲等，差异最大的是将幽默（Humor）译为"有情滑稽"，当然这些都是译名选择过程中的一些有益的尝试，许多过渡性译名也都发挥了各自的历史作用。

宗白华对"滑稽之美"（即喜剧形态）的分类，总体思路上还是比较清晰的，他将其分为三类，使用的是英文名称 Wittiness、Irony 和 Humor，在正文下方的注释中对其加以解释，Wittiness 指诙谐、机智；Irony 指修辞学的反语法，无论在概念的阐释还是译

---

① 〔英〕李斯托威尔著，蒋孔阳译：《近代美学史评述》，上海译文出版社1980年版，第227页。

名的使用上与现在基本一致;但对于 Humor,他则暂译为滑稽,但已意识到此名称并不恰当,只不过没有找到更合适的译名。

在陈望道的《美学概论》中对喜剧形态的划分同样存在分类混乱、名称混淆的问题,但值得一提的是他对于幽默范畴名称进行了简单的梳理,认为将"Humor"译作"有情滑稽",有些累赘;又有人译为谐谑,也不太得当,所以倾向于现今通行的音译词汇"幽默"二字。而对于 Humor 汉语名称"幽默"的最终确立则要归功于林语堂先生,这点在后面会有专门的介绍。

从喜剧范畴名称的使用情况来看,虽说王国维早在 1904 年就引进了"喜剧"概念,但并没有在美学理论著作中得到广泛的推广与应用,学界大多只用"喜剧"概念来指称戏剧的类型,而没有将其作为美学范畴的名称使用。任何一门学科在引进的过程中,术语的使用、名称的确定都是一个首先要解决但却又是最难解决的问题,再加上喜剧性内部亚范畴众多,而且各范畴之间又存在着彼此渗透交融的情形,诸多历史原因、语言习惯等因素都使得术语名称的确立势必要经历一个复杂的过程。而从这一时期学界的总体接受情形看,对喜剧性的内涵、内部诸多形态的认识已有了一定的进展,但在范畴名称的使用、具体表述以及喜剧内部亚范畴的分类方面还是比较模糊的。幽默、讽刺、滑稽、机智等概念之间多有局部包容的现象,在范畴名称的使用上也出现了一名多译、一名多指的现象。例如朱光潜在《文艺心理学》一书中,将现在通译为"机智"与"幽默"的两个术语 Wit 和 Humor 都翻译为"诙谐"。

随着 20 世纪中国美学理论体系的建构,喜剧美学思想也逐步丰富起来,但整体上看还是以译介西方近代喜剧美学思想为主,不仅没有与中国喜剧艺术创作相结合,即使在纯粹的理论层面也极少融入学者个人的思考。也许面对铺天盖地而来的异域理论，他们还无暇顾及理论引进的创新与生动性，所以真正中国式的喜剧美学命题还需要鲁迅那样活跃在创作第一线的学者去沉淀与总结。

第三节　中国现代喜剧范畴的基本确立

以上所述理论家们对西方喜剧范畴的介绍，虽说还停留在纯粹美学理论的层面，但随着美学学科影响力的扩大，这些理论也被逐步内化、融合，不但出现了一批卓有成就的喜剧作品，喜剧性手法也在整个文学领域被大量采用，加之鲁迅对讽刺范畴、林语堂对幽默范畴的系统阐述，中国美学界不仅出现了第一个民族化的喜剧命题，也形成了清晰化的喜剧亚范畴理论，这些都标志着中国现代喜剧范畴已进入基本确立阶段。

一、中国喜剧创作的现代转型

在近代戏剧创作实践中，喜剧与悲剧的地位是大相径庭的。作为文学革命的急先锋，悲剧由于具备了严肃的思想启蒙性质而备受青睐，喜剧却因其表面形式的"笑"以及"团圆"意识与救亡图存的时代氛围相悖，一度受到冷落甚至排斥，所以学界普遍流行一种扬悲剧抑喜剧的倾向，导致喜剧在中国的发展进程异常缓慢，甚至一度停留在传统戏曲中丑角的插科打诨。

中国早期的话剧实践多以现实生活中的悲剧题材为内容，在悲剧创作成为话剧实践主流的同时，喜剧没有得到应有的重视，所以在此时我们很难看到严格意义上现代喜剧的出现。"吾国之旧剧，无论矣，即以新剧而论，亦多哀愁之作，余则悉系趣剧，而非喜剧。"① 另外，据中国话剧创始人之一的欧阳予倩对春柳社的回忆，也可以看出当时喜剧创作的大致情形。

> 春柳剧场的戏悲剧多于喜剧，六七个主要的戏全是悲剧，……在八十一个剧目当中，喜剧约占百分之十七，其中有一半是独幕戏，而且除掉《鸣不平》当一个戏排练过其余差不多都是胡乱凑的。我们的演员都不大会演喜剧，也没有认真加以重视，喜剧在春柳剧场只能算是临时凑数的。②

此时所谓的喜剧大多只是穿插在正戏表演中用以活跃剧场气氛的小插曲，更有甚者，"海上旦角几无一善演喜剧者，于是演喜剧者，莫不以丑角为主"③。大多数的滑稽角色往往在即兴表演中自由发挥，虽然不乏个别具有喜剧天赋的演员，但大多数都由于没有事先排练与安排，单纯为了滑稽而滑稽，有时甚至还破坏了整个戏剧情节的连贯性与完整性，而这种脱离戏剧情节的滑稽形式仅仅停留在可笑性上，严格来说并不属于真正的喜剧形态。除了滑稽之外，讽刺性因素也被应用在戏剧中："对于和尚、算命的瞎子、媒婆都可以用同样的方法来讥讽。这样的表演往往是与剧情不调和的一种穿插，可是颇能起一些破除迷信、揭露社会黑暗面的作用，而当场取得喜剧的效果。而且他们经常扩大讽刺的对象，而所讽刺的都是大家比较熟悉的某种人和某种社会现象。"④ 当然这

---

① 剧魔：《喜剧与悲剧》，《新剧杂志》1914 年第 1 期。
② 欧阳予倩：《回忆春柳》，见田汉、欧阳予倩等主编：《中国话剧运动五十年史料集》第一辑，中国戏剧出版社 1958 年版，第 42 页。
③ 公展：《剑气箫心室剧话》，《新剧杂志》1914 年第 1 期。
④ 欧阳予倩：《谈文明戏》，见田汉、欧阳予倩等主编：《中国话剧运动五十年史料集》第一辑，中国戏剧出版社 1958 年版，第 98 页。

种讽刺还远远达不到喜剧性讽刺针砭时弊的攻击力度。

当时的学者对我国早期喜剧创作给予了较为客观的评价："吾国不知有喜剧业，此者以哀悲之不悦于人也，乃为突梯滑稽之作，以求悦乎里社，戏情匪所计，宗旨靡所定，苟得妇孺一笑即为极其能事，媚俗而已。"[①] 总体上看，早期话剧中所谓的喜剧并没有突破"悦笑"的层面，与现代意义上喜剧的自觉还有一定的距离，而滑稽形式的泛滥只能导致人们对真正喜剧性的理解流于丑角与闹剧的浅层。

进入"五四"以后，悲剧题材仍然是新文学创作的主流，但相比于中国早期话剧界，此时的喜剧创作情形出现了一定的改观，这在很大程度上得益于喜剧理论在美学层面的深化，并出现了一批致力于讽刺喜剧创作的艺术家队伍，如陈大悲、欧阳予倩、熊佛西以及鲁迅等人。喜剧性手法的使用突破了单一的戏剧类型，扩展至小说等文学领域。这时的文艺工作者们从启蒙主义功利观出发，充分运用写实主义手法反映时代问题、揭露社会弊端。由于对文学艺术工具性的强调，所以在喜剧性的诸多形态中，具有鲜明攻击性、破坏性的讽刺形式得到了极大的重视。

1919 年鲁迅首次提出讽刺者要成为"偶像破坏者"[②]，这无疑为讽刺铺设了一个较高的理论基石。随后周作人在对鲁迅《阿Q正传》进行评价时也引用美国学者福勒式的话进一步为讽刺做了一个明确的定位："关于政治宗教无论怎样的说也罢，在文学上还是一条公理：某种的破坏常常即是唯一可能的建设。……真正的讽刺实在是理想主义的一种姿态，对于不可忍受的，与之正义的

---

① 剧魔：《喜剧与悲剧》，《新剧杂志》1914 年第 1 期。
② 鲁迅：《热风·随感录四十六》，见《鲁迅全集》第一卷，人民文学出版社 2005 年版，第 349 页。

愤怒的表示,对于在这混乱的世界里因了邪曲腐败而起的各样侮辱损害之道德意识的自然的反应。……其方法或者是破坏的,但其精神却还在这些之上。"周作人由此得出结论:"在这讽刺里的憎也可以说是爱的一种姿态,'摘发'一种恶即是扶植相当的一种善。"① 这就使得讽刺摆脱了早期文明戏阶段博人一笑的浅俗层面,具有了严肃、深沉的社会内涵。

此时出现了以陈大悲、欧阳予倩、熊佛西等为代表的著名喜剧家,在他们的作品中对腐朽的封建制度、吃人的封建礼教进行了无情的揭露与讽刺。比如陈大悲的《双解放》,通过一对顾姓夫妇互换灵魂的幻想性情节,揭露了封建社会夫权制对女性的压迫,这种封建礼教甚至已经渗入了他们的骨髓,使得被压迫者也陷入了被欺与欺人的恶性循环中。欧阳予倩的《屏风后》则描写了当时所谓的道德维持会会长玩弄女性、始乱终弃,在满口仁义道德掩盖下的丑恶行径,揭露了社会上层名流、政府官员们骄奢淫逸的生活,撕掉了披在封建卫道士们身上的道貌岸然的外衣。那么,除了这类辛辣的讽刺外,这一时期的喜剧创作中还有一些轻松的爱情喜剧、温和的幽默喜剧等。

而鲁迅的讽刺性小说可以说达到了这一时期喜剧创作的最高水平,其喜剧理论主张在《阿Q正传》《孔乙己》等作品中得到了实践。其实对于这些作品我们已很难明确界定它们是悲剧还是喜剧,因为悲喜两种因素同时存在于其中,"我们既可以说它是喜剧性的悲剧,也可以说它是悲剧性的喜剧"②。无论是阿Q还是孔乙己都属于受上层社会摧残与损害的弱者,他们可怜、可悲又可恨,鲁迅对他们身上自欺欺人、妄自尊大、迂腐麻木等国民性弱点进行了嘲笑

① 周作人:《自己的园地(八)·〈阿Q正传〉》,《晨报副刊》1922年3月19日。
② 刘再复:《鲁迅美学思想论稿》,中国社会科学出版社1981年版,第117页。

与讽刺，同时将更大的矛头指向了罪魁祸首——传统的封建社会，这才是造成国民愚昧、民不聊生的罪恶渊薮。所以面对这些具有喜剧性特征的人物形象，我们发出的笑并不是轻松的，它的背后包含了太多的苦与泪，这种含泪的微笑是讽刺带给我们的巨大情感效应，也是讽刺性作品深沉的社会内涵给予观者的心灵震动。

其实在创作中，对于喜剧性讽刺尤其需要把握好一个尺度，只有恰到好处才能取得最佳的艺术与社会效应，其中严肃的创作态度及高尚的趣味是一个重要的支撑因素，否则极易流于无意义的油滑与冷嘲，这也造成了现代文学创作中一股值得警惕的"浮薄而不庄重的气息"[1]。沈从文在《论中国现代创作小说》中表达了对文学创作中滥用讽刺的不满："我们看看年轻人的作品中，每一个作者的作品，总不缺少用一种诙谐的调子、不庄重的调子写成的故事，皆有一种近于把故事中人物讥讽的权利，这权利的滥用，不知节制，无所顾忌，因此使作品受了影响，文学由'人生严肃'转到'人生游戏'，所谓含泪微笑的作品，乃出之于不足语此的年轻作者，结果留下了一种极可非难的习气。"[2]当然，沈从文对当时讽刺性文学创作的理解与定位不尽准确，但至少透露出一个信息，"五四"以来，喜剧性文学尤其是讽刺性喜剧的创作已经形成了一定的潮流，得到了理论家与创作者们的高度重视。

二、民族化喜剧命题的提出

通过前述众多美学理论著作对喜剧问题的阐述，学界对此已

---

① 沈从文：《论中国现代创作小说》，见《沈从文选集》第五卷，四川人民出版社 1983 年版，第 378 页。

② 沈从文：《论中国现代创作小说》，见《沈从文选集》第五卷，四川人民出版社 1983 年版，第 379 页。

经有了一定的知识积累，但毕竟还没有与中国的民族传统以及创
作实践结合起来，所以在理论的深度与广度上都有待提升，而真
正提出中国化喜剧命题并完善讽刺这一分范畴理论的人依然是鲁
迅，他将喜剧范畴由纯粹美学领域引向了戏剧、文学的创作实践，
从社会学视角着眼，同时又没有忽视喜剧的艺术价值，所以他对
喜剧本质的探索不仅具有现实意义，同样不乏深刻的学理价值。

　　1925 年在《再论雷峰塔的倒掉》一文中，鲁迅在论述了悲剧
的本质之后同样提出了喜剧的定义："喜剧将那无价值的撕破给人
看。讥讽又不过是喜剧的变简的一支流。"[1] 这样的寥寥数语还不能
算作严格的定义，但其中所透露出的信息却是异常丰富的。

　　其一，将喜剧对象定位于"无价值"之物，而无价值的具体含
义，鲁迅在后来的杂文中经常提及，是指"公然的，也是常见的，
平时是谁都不以为奇的，而且自然是谁都毫不注意的。不过这事情
在那时却已经是不合理，可笑，可鄙，甚而至于可恶"[2]。也就是说
喜剧应该是对不合理、可笑、可鄙、可恶现象的揭露，而且鲁迅深
刻地意识到中国几千年封建传统世代积习，已经形成了瞒与骗的汪
洋大泽，许多痼疾根深蒂固，人们已习以为常甚至视而不见了，这
就需要艺术家们擦亮双眼去挖掘，往往"事情越平常，就越普遍，
也就愈合于作讽刺"[3]。而讽刺者"他内心有理想的光"，要做"革
新的破坏者"[4]，"假使他所讽刺的是不识字者，被杀戮者，被囚禁

---

① 鲁迅：《再论雷峰塔的倒掉》，见《鲁迅全集》第一卷，人民文学出版社 1981 年版，
　　第 193 页。
② 鲁迅：《什么是"讽刺"？》，见《鲁迅全集》第六卷，人民文学出版社 2005 年版，
　　第 340 页。
③ 鲁迅：《什么是"讽刺"？》，见《鲁迅全集》第六卷，人民文学出版社 2005 年版，
　　第 341 页。
④ 鲁迅：《再论雷峰塔的倒掉》，见《鲁迅全集》第一卷，人民文学出版社 1981 年版，
　　第 194 页。

者，被压迫者罢，那很好，正可给读他文章的所谓有教育的智识者嘻嘻一笑，更觉得自己的勇敢和高明。然而现今的讽刺家之所以为讽刺家，却正在讽刺这一流所谓有教育的智识者社会"①。鲁迅对喜剧讽刺对象身份的界定可以说是对西方传统喜剧理论的反驳，西方从亚里士多德开始就明确了喜剧与悲剧的严格界限，"喜剧总是摹仿比我们今天的人坏的人，悲剧总是摹仿比我们今天的人好的人"②。所以西方传统喜剧往往以社会地位来划分悲喜剧角色，悲剧表现英雄显贵，喜剧则表现平庸卑微之人。而鲁迅提出的喜剧命题是以社会功能论为核心的，将讽刺的矛头指向腐朽的封建社会统治者以及所谓上流社会的伪君子们。对于这一点，邓以蛰也从戏剧学层面表达了同样的看法，他认为喜剧的征服性力量正在于对讽刺与破坏这种手段的运用："非先削夺被征服者的威权与否认它的价值不可。"③

其二，对喜剧审美本质的揭示。鲁迅的喜剧命题，如果单纯从对无价值之物的揭露、针砭时弊的角度着眼，只能说它是一种社会学意义上的批判，还缺少一种美学价值，无法使人产生审美的情感，而鲁迅最终将其上升到审美层面则在于所谓"撕破"这一关节点。也就是说无价值、不合理之物是不会自动现形并退出历史舞台的，必将通过伪善的手段将自身装点为伟大："在出现的时候宛如伟大的事物的样子，然而忽然之间就变为轻小，就变为虚无了。"④由伟大突变为虚无，就在于艺术家对无价值之物外强中

---

① 鲁迅：《从讽刺到幽默》，见《鲁迅全集》第五卷，人民文学出版社 2005 年版，第 46 页。
② 〔古希腊〕亚理斯多德、〔古罗马〕贺拉斯著，罗念生、杨周翰译：《诗学·诗艺》，人民文学出版社 1962 年版，第 8—9 页。
③ 邓以蛰：《戏剧与道德的进化》，见《邓以蛰全集》，安徽教育出版社 1998 年版，第 64 页。
④ 范寿康：《美学概论》，商务印书馆 1927 年版，第 185 页。

干的面具的撕破,而无价值的东西被撕破,自然让人产生轻松愉快的笑,所以喜剧就是以笑为手段,去否定生活中的假恶丑,从而达到对真善美的肯定。这与马克思的表述几乎是一致的:"历史是认真的,经过许多阶段才把陈旧的形态送进坟墓。世界历史形态的最后一个阶段是它的喜剧。……这是为了人类能够愉快地同自己的过去诀别。"① 与鲁迅强调喜剧的社会批判功能相比,马克思对喜剧的认识包含了鲜明的历史感,但二者在整体思路上是相通的,对否定性对象的批判与揭露都是在明确的是非价值判断的前提下展开的,通过严厉辛辣的讽刺,毫不留情地撕破其虚伪的假面。很明显,这种喜剧形式与幽默型喜剧以及肯定性喜剧都是有区别的,它应该属于讽刺型喜剧,这就涉及问题的第三点。

其三,对讽刺范畴的情有独钟。从鲁迅对喜剧的界定中可以看出他将"讥讽"(即讽刺)看作喜剧"变简的一支流",在随后的文章中他也多次强调讽刺的重要性,几乎将其与喜剧概念视为一体。之所以对讽刺形式情有独钟,是因为在喜剧性的所有形态中讽刺最具有攻击性与战斗性,与鲁迅的思想倾向及战斗策略吻合,所以在喜剧诸种形态中讽刺是其必然的选择。可以说鲁迅对于中国喜剧理论的贡献除了提出喜剧的经典命题,另一个就是确立了讽刺这一喜剧亚范畴。他对讽刺艺术的强调主要侧重于两方面内容,一是对讽刺的真实性的重视,他认为讽刺的生命就是真实:"非写实决不能成为所谓'讽刺';非写实的讽刺,即使能有这样的东西,也不过是造谣和诬蔑而已。"② 只有真实的讽刺才能切

---

① 〔德〕卡尔·马克思:《〈黑格尔法哲学批判〉导言》,见中共中央马克思恩格斯列宁斯大林著作编译局编译:《马克思恩格斯文集》第一卷,人民出版社 2009 年版,第7—8 页。

② 鲁迅:《论讽刺》,见《鲁迅全集》第六卷,人民文学出版社 2005 年版,第287—288 页。

中时弊，产生强烈的社会效应，"因为真实，所以也有力"①。另外，他还认为讽刺应该具有社会性，针砭社会的痼疾，而不是对个人的人身攻击。

对于鲁迅的讽刺手法及其喜剧性文学作品的社会意义，冯雪峰给予了高度的评价，并将其提升到更为激进的政治化层面。他认为"讽刺文学一般地是在某一社会制度烂熟到不合理的存在，而对抗这社会制度的新的社会的意识形态也开始生出了的时代，即新旧二种社会理想相冲突着的时代所产生"②。这已将鲁迅"喜剧将那无价值的撕破给人看"的命题具体化为新旧两种社会制度的对抗，喜剧（主要指讽刺形态）就是要否定旧制度、旧势力的不合理，进而为新的社会理想摇旗呐喊。虽说他从历史与政治的视角定位讽刺，甚至将其艺术价值让位于政治价值，不无笔走偏锋之嫌，但在特定的历史时期以及严峻的政治斗争形势下，至少比那种将喜剧视为"滑稽""有趣"的言论更有意义。况且，纵观世界喜剧史上喜剧发生、繁盛的时代背景，可以看出"喜剧的活跃和发达恰恰是同那种新旧制度交替的特定历史时代密切相关的"③。

总体而言，这种典型的现实化、功利化的喜剧观在这一时期的学界具有一定的代表性。鲁迅对讽刺所做的界定都是围绕其文艺救国的初衷展开的，他对喜剧尤其是讽刺形态的理解，可以说真正建立起了喜剧观念的现代性价值，即"丑"的要素介入其中。他倡导对"丑"进行淋漓尽致的表现，而这里的"丑"不再是亚里士多德所说的滑稽式的无害的丑，而是一种本质意义上与美相

---

① 鲁迅：《漫谈"漫画"》，见《鲁迅全集》第六卷，人民文学出版社 2005 年版，第 242 页。
② 冯雪峰：《讽刺文学与社会改革》，见《雪峰文集》第二卷，人民文学出版社 1983 年版，第 297 页。
③ 张健：《中国喜剧观念的现代生成》，北京大学出版社 2005 年版，第 39 页。

对的具有独立意义的丑。所以说，鲁迅不仅首次提出了中国式的喜剧定义，而且完善了以讽刺为核心的喜剧分范畴理论，真正实现了中国喜剧观念的现代性转换。

三、"幽默"范畴的确立

中国近代美学史上最早引进幽默范畴的学者是王国维，他在1906年所作的《屈子文学之精神》和1907年翻译出版的《心理学概论》中对其内涵做了详细的介绍，只不过使用的是"欧穆亚"（Humour）一词，即现代喜剧美学形态"幽默"的早期译名。随后理论界在此范畴名称的使用上一直各行其是，曾出现过"有情滑稽""谐谑""诙谐"等译名，直至林语堂在20世纪20年代中期才首创了"幽默"译名，并得到了学界的普遍认可。

1924年林语堂连续发表了两篇文章——《征译散文并提倡"幽默"》和《幽默杂话》，开始了他对幽默范畴的考察与研究，并且在此后五十年时间里一直没有间断，已将其内化为他的人生追求。

对于为何选择"幽默"作为"Humour"的汉译名称，林语堂做出了自己的回答。

Humour 既不能译为"笑话"，又不尽同"诙谐""滑稽"；若必译其意，或可作"风趣""谐趣""诙谐风格"（Humour实多只是指一种作者或作品的风格）。无论如何总是不如译音的直截了当，省引起人家的误会。既说译音，便无所取义，翻音正确便了。不但"幽默"可用，并且勉强一点"朽木""蟹蟆""黑幕""诙摹"都可用。惟是我既然倡用"幽默"自亦有以自完其说。凡善于幽默的人，其谐趣必愈幽稳，而善于鉴赏幽默的人，其欣赏尤在于内心静默的理会，大有不可与外人道之滋味，与粗鄙显露的笑话不同。幽默愈幽愈默而愈妙。故译为幽默，以意义言，勉强似乎说得过去。[①]

由于"Humour"的含义与中国传统的滑稽、诙谐相似，但又不尽相同，所以对译名的选择采取音译方式不致产生异议，但汉语词汇中与"Humour"的汉译音相近的又有很多，所以意义方面也是需要加以考虑的一个因素。而"幽默"一词不仅音同"Humour"，更具有一种静默幽深的意味，所谓"愈幽愈默而愈妙"，从译名的选择即可以看出林语堂对幽默的理解，更强调一种心灵的感悟，倾向于主观论的喜剧思想。

林语堂首先提倡"在高谈学理的书中或是大主笔的社论中不妨夹些不关紧要的玩意儿的话，以免生活太干燥无聊"[②]。可以看出他最初对幽默的定位更倾向于一种"作者或作品的风格"，而随着研究的深入，他对幽默的理解也有了进一步的发展，将其与反对封建礼教、传统道学的时代主题结合起来。"不管你三千条的曲礼，十三部的经书，及全营的板面孔皇帝忠臣，板面孔严父孝子，板面孔贤师弟子一大堆人的袒护、推护、掩护、维护礼教，也敌不过幽默之哈哈一笑。"[③]不可否认，此时林语堂提倡幽默的初衷具有鲜明的时代价值与进步意义，但如果说几千年延续下来的庞大的封建传统只因"幽默之哈哈一笑"便轰然倒塌，那简直如同儿戏一般。所以说，林语堂对幽默寄予了过高的期望，势必走向一种虚妄，成为一种脱离现实的幻想。

---

① 林语堂：《幽默杂话》，《晨报副刊》1924 年 6 月 9 日。
② 林语堂：《征译散文并提倡"幽默"》，《晨报副刊》1924 年 5 月 23 日。
③ 林语堂：《幽默杂话》，《晨报副刊》1924 年 6 月 9 日。

到了 20 世纪 30 年代，林语堂的幽默思想已渐趋成熟，但保守性与主观性也愈加明显，他将幽默视为"一种从容不迫达观态度"①，贬斥讽刺并弱化其社会性与现实批判性，认为"愈是空泛的、笼统的社会讽刺及人生讽刺"，就"愈近于幽默本色"②。这种超脱、旁观、冷静的幽默态度与林语堂注重心灵表现的文学观正相契合，而且并没有脱离他对人性与自我的关怀。在林语堂的大力倡导下，"中国的寂寞的文坛上，东也是幽默，西也是幽默，幽默幽默，大有风行一时之概"③。而这样一种以静观超脱的旁观者态度把玩幽默风气的盛行，在现实人生中，尤其是敌我矛盾异常尖锐的社会背景下显然是不合时宜的，如果任其泛滥而不加以正确的引导，极容易导致文学家社会责任感的淡化以致丧失，所以遭到了革命文学作家的抨击与批评，引起了 20 世纪 30 年代那场声势浩大的"幽默"与"讽刺"之争，两派的代表人物就是林语堂与鲁迅。

鲁迅从 20 世纪 30 年代开始表现出了愈来愈明显的贬斥幽默的倾向，"'幽默'既非国产，中国人也不是长于'幽默'的人民，而现在又实在是难以幽默的时候。于是虽幽默也就免不了改变样子了，非倾于对社会的讽刺，即堕入传统的'说笑话'和'讨便宜'"④。在喜剧的诸种形态中幽默的性质是偏于温和的，往往针对某种缺欠进行充满睿智的嬉笑调侃，即使对于否定性对象的揭露，也采取温和轻松的形式加以轻微的讽刺与善意的批评，在轻松愉悦

---

① 林语堂：《论幽默》，见纪秀荣主编：《林语堂散文选集》，百花文艺出版社 2004 年版，第 204 页。
② 林语堂：《论幽默》，见纪秀荣主编：《林语堂散文选集》，百花文艺出版社 2004 年版，第 219 页。
③ 郑伯奇：《幽默小论》，《现代》1933 年第 4 卷第 1 期。
④ 鲁迅：《从讽刺到幽默》，见《鲁迅全集》第五卷，人民文学出版社 2005 年版，第 47 页。

的氛围中巧妙地揭露出事物的矛盾。所以与讽刺更多的是揭露反面人物的严厉辛辣的风格相比，幽默的批判性则要弱化很多。在特定的社会现实中，鲁迅对幽默的批评带有鲜明的时代印记，但也的确击中了林语堂幽默观的要害，提醒其勿"将屠户的凶残，使大家化为一笑，收场大吉"①，导致幽默沦为所谓"帮闲"的艺术。

四、喜剧亚范畴体系的确立

从 20 世纪初中国学界引进西方喜剧美学之初，就开始了对喜剧内部诸多亚范畴的介绍，起先主要集中于"滑稽""幽默"形态。到 20 世纪 20 年代中期，学界对滑稽、讽刺、幽默、机智等喜剧亚范畴都已经触及，在内涵的理解上也有了一定的进展，只不过这四个范畴还未取得相对独立的地位，无论在范畴名称的使用上，还是分类标准上都是混乱的，多个亚范畴之间仍存在着局部包容的复杂情形。这在前文中已经有所论及。

经过鲁迅和林语堂的努力，讽刺与幽默两范畴在名称及内涵上获得了最终的确立。而在 1930 年熊佛西《论喜剧》一文中首次明确提出了包括讽刺、幽默、滑稽、机智在内的喜剧四范畴理论，这也是现代喜剧美学界至今仍普遍认同的四大喜剧形态。熊佛西对喜剧的分析首先立足于戏剧类型的角度，探讨了西方喜剧的起源、历史上有关喜剧的诸种理论，并着重阐述了笑的来源及功用。在分析的过程中他已将艺术类型的喜剧上升到美学形态进行考察，并从产生笑的手段进行分类："笑的普通工具有四种：一曰滑稽，二曰讽刺，三曰讥智，四曰幽默。"②并对这四种喜剧形态进行了细

---

① 鲁迅：《"论语一年"——借此又谈萧伯纳》，见《鲁迅全集》第四卷，人民文学出版社 2005 年版，第 582 页。
② 熊佛西：《论喜剧》，《东方杂志》1930 年第 27 卷第 16 号。

致的分析与对比，确定了它们各自的审美属性与艺术特征。

首先介绍的是"滑稽"范畴。

> 滑稽在这四类中是最粗暴的，它没有蕴蓄，没有幽雅，只有浮面的表现及热闹的激刺性。因为它是轻飘的，所以意味不深长；因为它不细腻，所以功用浅薄。它只在引起人的"哈哈"大笑。只要"哈哈"打完，滑稽的目的即算达到。譬如一个人，身上反穿狐皮袍，头戴巴拿马的白草帽，手摇芭蕉扇，赤足满街跑，我们见到这个样儿固然觉得很好笑，但除了打"哈哈"以外，别无所感。这就是滑稽的本色。[①]

"滑稽"在喜剧的诸形态中属于比较初级的层次，更多的是以形体外表的可笑而取得喜剧效果，缺乏内在深层的蕴藉。但在喜剧性作品中，滑稽手法却被经常运用，因为它"容易与观众接近"，较易产生舞台效果。另外，滑稽因素往往不是单独出现，常常与其他喜剧形态比如幽默、讽刺等相结合，这时产生的滑稽效果就不是单纯的"打哈哈"，而是具有一定的意蕴了。

讽刺范畴要比滑稽高一层次，"较滑稽细腻，它的性质辣而且酸"[②]。熊佛西对讽刺的理解与鲁迅相近，强调了讽刺的攻击性、否定性，但又意识到讽刺的目的不是辱骂与诬蔑，恰恰是出于一种饱含热情的爱护，这是一种所谓"怒其不争"似的情感。再一点，讽刺的对象不是针对个人，而是指向一个群体的弱点，这是讽刺所具有的社会意义。

---

① 熊佛西：《论喜剧》，《东方杂志》1930 年第 27 卷第 16 号。
② 熊佛西：《论喜剧》，《东方杂志》1930 年第 27 卷第 16 号。

对于机智范畴，熊佛西使用的是"讥智"二字，与现在通行的名称有些出入，但不影响对其内涵的理解。他根据佛洛特（Freud）的学说将"讥智"分为两类："一种是有意的（Tendency wit），一种是无意的（Harmless wit），前者是藉着思想和语言的弄巧而与人一种快愉，而这种快愉是纯粹的快愉，除了快愉之外，决无别的目的蕴蓄其中；后者亦是藉着思想和语言的弄巧而与人一种快愉，但除了播弄机巧的快愉之外，还与人一种'性'的或'仇视'心理的满足。"[①] 后面还有具体例子作为说明，但通过所举例子以及对有意、无意两种机智的含义的分析，可以看出作者出现了一个明显的笔误，他将两种类型的机智弄颠倒了，也就是说"无意的机智"是运用思想和语言的弄巧获得一种欢悦，除此之外别无他求；而"有意的机智"则有着另外的意蕴与目的。

幽默范畴被视为这四类之中最高尚的一种。作者将其与前三种喜剧形态做了比较，得出的结论是幽默"比滑稽细雅，它比讽刺轻爽，它比讥智深刻。……它没有讥智那样的酸，没有讽刺那样的辣，亦没有滑稽那样的轻飘，但它是那样的沉静幽雅，深刻隽永。它不使我们声笑，只使我们微笑。……富于同情与公正，又是幽默的特色"[②]。幽默范畴可以说是喜剧诸多范畴中最先被引进中国的，从王国维到林语堂历经二十年的理论积累，学界对其内涵的理解已经相当深入，熊佛西在吸收学界研究成果的基础上，对幽默、滑稽、讽刺、机智所做的阐释，可以说是非常准确、到位的。

由于喜剧范畴家族概念的丰富性，使得喜剧的表现形态十分

---

① 熊佛西：《论喜剧》，《东方杂志》1930 年第 27 卷第 16 号。
② 熊佛西：《论喜剧》，《东方杂志》1930 年第 27 卷第 16 号。

多样，再加上这诸多形态之间又常常交叉融合，遂呈现出更为复杂的面貌，所以在喜剧美学体系建构的过程中，对这些喜剧性分支形态的梳理，即亚范畴的确立自然也成为一项重要的内容。《论喜剧》一文明确提出的讽刺、幽默、滑稽、机智四范畴理论，不仅标志着中国喜剧亚范畴体系的确立，也使得近代喜剧美学理论步入了真正的成熟阶段，当然这一成绩的取得并不能单纯归功于《论喜剧》一文，这基于学界长期的理论积淀。

中国近代喜剧美学思想，从单个命题的介绍到整个理论体系的构建，无不呈现出异域的特征，但无论何种理论只有与本土文化结合才能产生出持久而旺盛的生命力，所以引进之后的喜剧理论也同样不可避免地烙上中国传统文化与美学思想的印记。总体而言，中国近代喜剧理论的学术进程是缓慢的，但经过众多学者的努力，终于取得了一定的成就，即使在理论领域以及创作实践中绕了许多弯路，但最终协同悲剧理论一起打破了中国传统悲喜兼具的戏曲结构与团圆意识，完成了中国传统喜剧观念的现代转型。

第五章　中国现代美学视野中
"丑"概念的凸显

西方美学从近代开始就突破了传统美学和谐的母体结构，此时出现的美学范畴很少由单一的元素构成，一般来说都是一个矛盾的结合体，蕴含着美与丑对立斗争的痕迹。"丑的侵入和扩大，逐步形成美丑对立的关系，以对立为基础的崇高、滑稽、悲剧、喜剧便成为独立的审美对象，成为严格意义上的近代美学范畴。"①所以这些范畴都不同程度地包含着"丑"的因素，而随着丑对美的渗入逐渐由量变发展到质变，最终"丑"独立出来，这也就成为近现代美学区别于古典美学的一个重要标志。所以说，"美学范畴兴衰更迭的历史也构成了从古至今美学思想发展的历史。人们使用、创造哪些美学范畴，这实际上体现了人们对美的内涵的要求和理解，体现了人们对美的解释的视阈和价值取向的变迁"②。而在中国，学界对于丑的独立价值的认识经历了一个相对缓慢的过程，个中原因复杂，其中一点也许是因为在中国古典美学思想中，"美"并不是最高的范畴，与之相对的"丑"也就没能得到应有的

---

① 周然毅：《丑的逻辑裂变与历史生成》，《首都师范大学学报》1998 年第 1 期。
② 朱立元：《西方美学范畴史》第一卷，山西教育出版社 2006 年版，第 6 页。

重视，也就是说美与丑的对立并不尖锐，所以学界对于丑的态度也就稍显温和与含糊。那么，真正将"丑"作为一个独立的美学范畴进行定位与研究，还是始于近代西方美学传入中国之际，源于对西学美学体系的借鉴与移植。

第一节　"丑"的历史生成与美学意义

纵观中西方美学发展史，"丑"并不是一个后起的概念，它始终与美相随，虽时隐时现但却参与了美学发展的全部历史。从丑的意义变迁与逻辑演变来看，它主要经历了古代、近代与现代三个阶段。

一、西方美学从审美到审丑的嬗变

在西方美学史上，亚里士多德首先把"丑"这一概念引入美学领域，他在谈到喜剧问题时说："喜剧是对于比较坏的人的摹仿，然而，'坏'不是指一切恶而言，而是指丑而言，其中一种是滑稽。滑稽的事物是某种错误或丑陋，不致引起痛苦或伤害，现成的例子如滑稽面具，它又丑又怪，但不使人感到痛苦。"[①] 这里所说的丑是一种无害的丑，主要是指形式而言，这是古典美学中丑的典型形态，它还不具有独立存在的意义，往往与滑稽可笑相连，不涉及内容上的恶。在亚里士多德的《诗学》中我们没有看到更多关于丑的阐释，但丑这一问题的提出却为美学界埋下了一个研究的伏笔，丑与美的关系究竟如何，丑与美是否可以相容，丑在

---

① 〔古希腊〕亚理斯多德、〔古罗马〕贺拉斯著，罗念生、杨周翰译：《诗学·诗艺》，人民文学出版社 1962 年版，第 16 页。

美学中是否可以成为一个独立的范畴等，对于这些问题的解答可以说贯穿了整个西方美学的历史。

在古典主义时期，发现美、表现美成为艺术家的金科玉律，美学研究也落入了唯美主义的窠臼。德国启蒙主义美学家莱辛在《拉奥孔》中提到忒拜国对艺术家的创作有着明确的法律规定，即艺术家对事物的摹仿只能比原来的美，而不能比原来的丑，否则就要受到惩罚。这实际上指明了艺术创作的最高法则就是美，"凡是为造形艺术所能追求的其他东西，如果和美不相容，就须让路给美；如果和美相容，也至少须服从美"①。这一创作原则在整个古典主义时期成为一个颠扑不破的真理，直到近代美学研究出现了转向。

雨果在 19 世纪中叶发表的《〈克伦威尔〉序》中描述了丑对美不断渗透的情形："万物中的一切并非都是合乎人情的美，……丑就在美的旁边，畸形靠近着优美，丑怪藏在崇高的背后，美与恶并存，光明与黑暗相共。"②此时，在艺术表现领域，丑终于拥有了自己的一席之地，可以与美并肩而立，这不单单是浪漫主义文学和古典文学的区别，也是近代艺术与古代艺术的分水岭。以这一时期的代表性作品罗丹的雕塑《欧米哀尔》为例，这是一个形容枯槁、年老色衰的妓女形象，皮肤粗糙、干瘪，形体如同骷髅一般令人厌恶与恐惧。但正是这样一件"丑陋"的作品，获得了艺术界有识之士的高度评价——"丑得如此精美"，看似矛盾的一句评语揭示的正是美与丑的辩证关系，即现实的丑经由艺术家的

---

① 〔德〕莱辛：《拉奥孔》，见伍蠡甫、胡经之主编：《西方文艺理论名著选编》上卷，北京大学出版社 1985 年版，第 300 页。
② 〔法〕雨果：《〈克伦威尔〉序》，见伍蠡甫、胡经之主编：《西方文艺理论名著选编》中卷，北京大学出版社 1986 年版，第 126 页。

提炼、创造与情感的融入，转化成了一件艺术的精品，所谓"化丑为美"，是将自然的丑不加掩饰地表现出来，使丑变得更典型。所以艺术领域中的"丑"，不仅不能等同于日常意义上具有否定性价值的丑，有时它反而比单纯的美更让人愉悦与震撼。可见，现实生活中的丑进入艺术领域，不仅可以"以丑衬美"，还可以"化丑为美"，这不单体现了丑的美学价值，也从一个侧面显现出美学范畴的广泛性。当然，近代美学中所体现出的美丑观，集中于表现丑、揭露丑，在对丑的否定中寄托着美的理想，在此前提制约下，近代美学中的审丑仍然是有限度的，其最终目标还是指向更高层次的美。

　　从叔本华、尼采开始的非理性主义哲学思潮使得西方传统的理性主义趋于瓦解，这为人类感性的解放、情感的多元化打开了一个释放的闸门。19世纪中叶以后，人性的异化、世界的荒诞成为西方人世纪末的情感共识，艺术家源于现实和心灵的感触进行创作，自然也要调整自己的方向，拒绝生活的理想化与虚伪性。法国诗人波德莱尔的《恶之花》首开西方现代主义文学艺术之先河，大唱丑的赞歌。与此同时，占据西方审美文化主流的现代主义艺术中，"丑"的形象已从配角变成了主角，艺术的领地也因丑的介入而大大拓展了。"丑在审美中已从原来的作为美的附属和陪衬地位，一变而成为一个独立的范畴，从而与古典的和谐美，近代的崇高美并列，成为人类审美意识的第三种形态。"[1]

　　丑在美学中独立地位的获得，使得传统美学遭遇到了前所未有的巨大挑战，因为以前那种理想化的唯美主义只能概括古典时代人们的审美意识，不仅压抑了人类多元化的情感诉求，显然也

---

[1]　牛宏宝：《康德在丑面前的尴尬》，《西北大学学报》1996年第4期。

无法构成研究人类丰富感性的完备的理论体系。所以如果仍囿于传统美学的角度去审视现代主义艺术，势必如刻舟求剑，无所适从，于是丑学研究异军突起。这一研究转向意义重大，不仅标志着美学学科的阶段性发展，更扭转了西方美学长期以来重美轻丑的片面与偏颇，使得本学科的感性学本义得到了强化。

二、中国传统美学中美与丑的辩证关系

相比于西方古典主义时期美丑分明、崇美抑丑的审美观，我国古典美学更多地倾向于美丑的相对性以及对二者的兼容并包，这种异于西方的民族化美学特征的形成，自然离不开传统儒家、道家哲学思想的浸润，以及来自域外的佛教文化的影响。

"美"这个范畴在中国传统美学中不如西方美学那样占据核心地位，而且远远低于儒家的"善"以及道家的"道"，所以"美"与"丑"这两个范畴更多地具有一种形式上的意义，而缺乏本体论的价值。因此，中国古典美学对于美丑的强调，以及对于二者的区分则不是那么的鲜明与绝对。

在儒家美学思想中，主要依据道德标准进行美丑的评价，美与丑相对于善与恶，构成了形式和内容的关系，也就是说当某物本质是善的时候，形式的美丑已不再重要，反之，也是一样；佛家思想中的万物皆空，更使得美丑失去了存在的意义；而道家思想中对"道至美至乐"的强调，弱化了美与丑的区别，只将其看作现象界中同一层次上的外观形式不同的两种表象而已，远远低于象征着绝对美的宇宙本体的"道"。由此，庄子提出了"厉与西施，道通为一"的思想，并在自己的作品中描绘了一大批外貌残缺丑陋，但却具有极高精神境界的形象，正所谓"德有所长而形有所忘"。所以"在中国古典美学体系中，'美'与'丑'并不

是最高的范畴，而是属于较低层次的范畴。一个自然物，一件艺术作品，只要有生意，只要它充分表现了宇宙一气运化的生命力，那么丑的东西也可以得到人们的欣赏和喜爱，丑也可以成为美，甚至越丑越美"①。

传统美学思想中对于美丑因素互渗交融的辩证关系的强调，给后世的中国美学带来了极深的影响，尤其到了明清之际，随着资本主义萌芽的产生以及个性解放思潮的兴起，文艺领域中对于"丑"的表现更为深入。清初书画家傅山倡导"四宁四毋"的书画风格，即"宁拙毋巧，宁丑毋媚，宁支离毋轻滑，宁直率毋安排"②。刘熙载对丑、怪形象的大力推崇，认为"怪石以丑为美。丑到极处，便是美到极处。一'丑'字中，丘壑未易尽言"③。借此反对封建礼教，颠覆沉闷僵化的价值体系与美学传统。这种审丑意识其实依旧是站在古典美学的立场上，利用丑的形式作为手段去抨击僵化陈旧的美学体系，以追求一种更为深刻的美的理想化的存在。

总体而言，中国古代审美理想始终没有摆脱儒家思想的影响，在这样一个重视社会伦理情感的氛围里，古典形态的"丑"更多的还只限于形式因素，很少涉及本质上的恶或者内容上的丑。而文艺作品中对于丑的表现，主旨正是在于对内容上假、恶的批判而达到对至善至美的追求。所以，中国古典形态的丑还远未达到西方近代本质丑的高度，更无法作为美学意义上的独立范畴存在。

---

① 叶朗：《中国美学史大纲》，上海人民出版社 1985 年版，第 127 页。
② 傅山：《霜红龛集》卷四（上册），山西人民出版社 1985 年版，第 92 页。
③ 刘熙载：《艺概·书概》，见徐中玉、萧华荣点校：《刘熙载论艺六种》，巴蜀书社 1990 年版，第 161 页。

第二节　中国近代美学理论中"丑"范畴的演变

　　纵观中国古典美学思想，即使是在以优美为主体的审美理想与时代氛围中，也不乏对丑怪的偏爱者，直至近代社会，这种思想发展至极端。但中国美学思想并没有沿着自身的模式循序渐进地前行，其发展进程在近代遭遇西方列强的武力入侵而被强行切断，导致现今呈现出来的美学模式几乎完全来自于对西方美学的拷贝。所以，如果想要完整地考察中国现代美学理论中有关"丑"这一范畴的源起，我们的视野还是要回到近代社会西学东渐的大潮中去寻踪索迹。

一、对西方"丑"概念的早期引进

　　近代中国学者对"丑"的最初引进还是出现在 20 世纪初期的汉译西方理论著作中，此时对"丑"的认识总体而言是从道德层面出发，将其与"恶"等同；从美学视角审视，则将其作为美的对立面加以排斥。王国维所译《教育学》一书，从儿童教育的角度出发论及丑的危害。"小儿之周围，不可使驳杂。人间之审美的感情，自幼时之周围造成者也。凡外境自精神之门之五官入，而写出于内心，故不可不深注意于外境之如何。色与形，为自眼写出者，故不可不注意外形，使小儿之周围之物，常保持绮丽。则清洁之习惯，自为第二之天性而为判别美丑之元素也。丑于眼者，不但害眼，且害想像，而延及道德上。故使周围绮丽，于审美上及道德上所必要也。又自耳写出者，声音也，故不可不注意声音。而使闻可生审美之感情者，如乐器之音，又如唱歌，皆能生美感者，而为养成审美的并道德的之方便也。更宜使感绮丽之个物，为互相关系之物，换言之，不可不使周围之物，不可不以适当之次序统理之。如此欲求绮丽与有序之物，要之，不使小儿见闻无次序之物与丑恶之物，为最要也，所谓非礼勿视、非礼勿听是也。"[1] 作为日常意义上的丑，无论在形式还是内容上，都是美与善的对立面，显然不利于儿童道德感的培养；在审美层面，作者仍然否定了丑的意义，认为其在视觉及听觉上都有碍于审美情感的生成。虽然这里对美、丑的论述并不具有严格的美学意义，但仍可以从一个侧面透露出作者的审美倾向，即好美而恶丑。

在王国维的《心理学》译作中，谈到绘画的选材问题，认为选择美丽的素材比丑陋的素材好，这是判定艺术品好坏的一个要件。

> 绘画之选择，如前所云，天然有美丽者，有不然者。美丽之物之与人之视觉以快乐，俟后章言之。兹当粗论天然中之美与不美者，例如画粗俗之瓷盆，不如画古代之酒器；画婀娜之娼妓，不若画优美之贵妇人；画洋服之勇士，不若画服甲胄者；画夏树郁苍，不若画秋山红叶。虽洋服之勇士，与夏树郁苍之景，非不可画，甲可乙非不可。然由题目之可否，而定绘画之良否之几分，此无可疑者也。文学者选其文之旨意，演说家定演题等，皆甚紧要之事，而于其选择之时，已定其后来之绘画之善否者也，此亦定绘画之巧拙之一要件也。[2]

这里虽然没有直接从美学范畴角度阐释"丑"的概念，但视

---

[1]〔日〕立花铣三郎著，王国维译：《教育学》，见《教育丛书初集》，教育世界出版所1901年版，第29页。

[2]〔日〕元良勇次郎著，王国维译：《心理学》，见《哲学丛书初集》，教育世界出版所1902年版，第45页。

角已触及艺术创作领域中的题材问题，所以此处的"美""丑"概念已经具有了美学的意义。从论述中可以看出作者明确的扬美抑丑态度，显然还没有达到中国古典美学中"齐美丑"以及"陋劣之中有至好"①的高度，体现的应该是西方古典时代美丑分明的审美观，类似的观点在《女子教育论》中也有体现：

> 盖予等见绘画感快乐，有三种之别：即画题之选择、模写之巧拙、画工之意匠是也。画题之选择，吾人感快乐者，为美，若丑者必感不快。欲画之美，在择事物。盖自然之事物，非尽美丽，今若写其丑，则何如为巧？譬如真物不美，便不能感动人，何况画乎？故欲感人快乐，不可不注意画题之选择。画流水则写山水之清流，何可令红尘深乎？画市街则光景潇沥，何可杂田舍乎？画未成时，已心中预想优劣，当如何而后可，故欲以画养成美之思想，必先注意画题。②

对于这种严格将丑的素材排斥在艺术领域之外的观点，罗丹曾明确地予以反驳："平常的人总以为凡是在现实中认为丑的，就不是艺术的材料——他们想禁止我们表现自然中使他们感到不愉快的和触犯他们的东西。"③而事实恰恰相反，"自然中认为丑的，往往要比那认为美的更显露出它的'性格'，因为内在真实在愁苦的病容上，在皱蹙秽恶的瘦脸上，在各种畸形与残缺上，比在

---

①　郑板桥著，张素琪编注：《板桥题画》，西泠印社出版社 2006 年版，第 92 页。

②　〔日〕永江正直著，钱单士厘译：《女子教育论》，见《教育丛书二集》，教育世界出版所 1902 年版，第 42 页。

③　〔法〕罗丹口述，〔法〕葛赛尔记录，沈宝基译：《罗丹艺术论》，广西师范大学出版社 2002 年版，第 31 页。

正常健全的相貌上更加明显地呈现出来"①。在这样的理论原则指导下，罗丹创作了极富时代性与旗帜性的雕塑《欧米哀尔》，成为"化自然丑为艺术美"的典范之作。

1907 年王国维在《戏曲大家海别尔》一文中，提到"历史中丑陋阴怪之事实，而为文艺创作之对象者，近世文艺之一特征也"②。作者虽已意识到西方近代文艺的特点就是对于丑怪对象的描绘，但并没有就此进一步展开探讨，更没有将其纳入美学范畴领域进行研究。其实对于近代艺术区别于古典时代的范式转型，许多学者都有论述。由萧石君翻译的《美学原理》中引用了西方美学家的言论，其中提到"希勒克尔 Schlegel 的格言：彼谓'近代艺术之原理，得在美与特殊的丑相结合而不可分离的时候发见之'。罗曾克朗资 Rosenkranz 亦谓艺术的天才，感其艺术之最大的胜利，是在将丑客观化而再现之之时，美亦在其力战胜恶之处，方有光荣云"③。

可以看出，在 20 世纪早期中国学者译作中出现的这种美丑分明、排斥丑的观点并不是中国古代美学思想的延续，而是来自于西方美学理论，体现的正是西方古典主义审美观中对于丑的典型态度。通观西方美学发展史，对于"丑"的认识经历了一个从排斥到吸纳、从"以丑彰美"到"化丑为美"，直至"以丑为美"的渐变过程，这也是近代美学否定古典美学，进而走向现代美学的转折点，所以"丑"得以进入西方美学范畴领域也是势所必然。

---

① 〔法〕罗丹口述，〔法〕葛赛尔记录，沈宝基译：《罗丹艺术论》，广西师范大学出版社 2002 年版，第 36 页。

② 王国维：《戏曲大家海别尔》，见佛雏校辑：《王国维哲学美学论文辑佚》，华东师范大学出版社 1993 年版，第 315 页。

③ 〔英〕马霞尔著，萧石君译：《美学原理》，上海泰东图书局 1922 年版，第 103—104 页。

其实，20世纪的西方美学已经进入了现代主义时期，"丑"在美学
领域中不仅获得了独立地位，而且"丑学"研究渐成主流，并形
成了一股颠覆古典美学传统的强劲势头。而对于这些理论背景与
西方美学史的源流变迁，中国早期的美学引进者们还缺乏一个全
面的接受视角，没能及时地掌握与西方现代美学发展同步的理论
资源。所以，他们对于"丑"的介绍与阐述更多的是对西方传统
理论的横移与照搬，既脱离了西方社会孕育生发现代"丑"的土
壤，也缺少自身的体验性感悟，因此相比于对其他美学范畴如崇
高、悲剧性、喜剧性等的介绍，无论在理论的深度与广度上，还
是与本土文化的融合程度上看，都显得有些浅显与苍白。

二、纳入审美视野中的"丑"范畴

1915年发表于《东方杂志》上的《战争与文学》一文，虽未
明确提出"丑"的范畴，但针对文学作品中对战争题材的描绘这
一现象，提出与"美"相反者亦为美的观点。

> 愁惨惊惶之情态，与夫暴戾粗蛮之举动，亦足以震烁精
> 神，唤起吾人之愉快。盖愁惨惊惶，为欢喜和乐之反感，暴
> 戾粗蛮为文秀娴雅之反感。自心理言之，凡与美为反感者亦
> 为美，犹辛辣之适于口，冷水浴之爽于身也。戏曲中之有悲
> 剧，有丑角，犹亦利用其与美反感之性质耳。吾国小说戏剧，
> 多演古代战争之迹，则战争之美，固为吾人所认知。又叙述
> 女性之美者，往往于肉体之美、服饰之美、文艺之美、道德
> 之美以外，盛道其武勇与战绩，则亦以是为美之一种要素可
> 知。其以美人参加战争，而摹拟其苦战恶斗之迹，或令其处
> 困苦危险之境，遭拘捕杀戮之惨者，即混合正感的美与反感

的美而成者也。[①]

所谓"反感的美"，实际上是指与纯粹美相反的广义的"丑"，细分下去自然也包括悲剧、喜剧等蕴含否定性质素的范畴。这里值得注意的是，作者将"反感的美"同样纳入了审美的领域，并挖掘出其"震烁精神，唤起吾人之愉快"的审美效应。所以，"反感的美"本身就是一种具有独立价值的美，不仅不应被排除在美的领域之外，反而应该受到应有的重视，这样既可以突破狭义美的单一限制，也丰富了审美的领域。

最早从美学范畴的角度，明确将"丑"纳入广义美之一种的学者当属徐大纯，在其《述美学》中，提出美分五类："一曰，纯美，Beauty；二曰，丑，Ugly；三曰，威严，Sublimity；四曰，滑稽美，Comical beauty；五曰，悲惨美，Tragical beauty。……丑本与纯美为正面之反对，然若用之于艺术而得其当，则美之力，可因对比之作用而益强。故美与丑乃相对的，非绝对的，而丑于美之成立上，亦不可缺之要素也。"[②]徐大纯对"丑"的理解，强调的是其衬托美之功效，虽然肯定了丑在美学中的一席之地，但却没有认识到丑的独立价值，只是将其作为美的附庸，这种理解其实并没有超越古典时代的审美范式，远远没有达到西方现代美学对于丑的认识高度。

而进入 20 世纪 20 年代中国美学体系的初步建构阶段，对于丑的认识仍没有取得实质性的突破。在前面的章节中，我们已经探讨了优美、崇高、悲剧性、喜剧性等多个美学范畴，可以看出

---

① 伧父：《战争与文学》，《东方杂志》1915 年第 12 卷第 5 号。
② 徐大纯：《述美学》，《东方杂志》1915 年第 12 卷第 1 号。

在这一时期，学界在对西方美学理论的引进方面已取得了重大成就，对诸多美学范畴的理解已经相当深入，但对于"丑"这一范畴，却是一个例外。大多数的著作中，都没有把"丑"列为美学范畴之一，也没有对其进行细致的论述，只是从美的对立面的角度顺带提及，总体而言与徐大纯的理解相似。

而《近世美学》中对于"丑"的认识却相当保守，这是理论发展过程中难免出现的曲折与倒退现象。书中将美的种类划分为优美、壮美、滑稽与悲壮（即喜剧与悲剧范畴）四种，并没有将"丑"纳入美的种类中。不仅如此，还流露出将丑与美截然对立起来的观点。"壮美之外现为威严，若内无壮美之质，而外饰威严，则可丑矣。优美之特性，在于无意识中之无邪气 Naive，若有意为无邪气之修饰，亦为丑也。"[1] 这里所谓的"丑"，实际上是指对于"美"的不成功的表现，它不但与狭义的"美"相对，而且完全不具备审美的要素，成为被排斥被否定的对象。

在吕澂、陈望道、范寿康等人的《美学概论》著作中，也都没有从美学范畴的角度将"丑"纳入其中。虽然这些著作并不能代表这一时期美学研究的最高水准，但至少从一个侧面反映出此时美学界对于"丑"的认识还比较滞后，而且在美学理论的体系上仍然倾向于对西方美学古典形态的引进。

吕澂虽然没有将丑列入美的种类之一，但仍从美学的视角对其进行了阐述。作者从感情移入的角度对美丑加以辨别，认为二者的区别即源于所移入的感情性质之不同："美为积极的感情移入 Positive Ein，丑为消极的感情移入 Negative Ein。"[2] 所谓积极的感情

---

① 〔日〕高山林次郎著，刘仁航译：《近世美学》，商务印书馆 1920 年版，第 152 页。
② 吕澂：《美学概论》，商务印书馆 1923 年版，第 35 页。

移入,即为"生之肯定者",这是"物象之人格由吾人人格本质加以是认而与之合一之谓。质言之,则与其人格同感之一种同情也。曰生之否定,其实则对物象反感之一种反情也。此同情与反情皆与恒常所起者不同,可别名之为美的。是以为美之最后本质者,惟美的同情,为丑之最后本质者,惟美的反情"①。"美的同情"是指美而言,而"美的反情"则是指丑,此处的美丑与日常意义上的美丑概念不同,这里已明确地将丑纳入到美学的视野中来。但仍然没有认识到"丑"的独立的美学价值,"故丑于艺术中常能为美之衬托而使之愈著。幽谷奇葩,即以荒寂而愈觉其艳。云破月来,即以蔽障而愈觉其明。皆是其例。又丑有暗示过去之用,亦尝裨益于美。废墟荒野,所以暗示世事之沧桑。白发皱颜,所以暗示人生之劳碌。吾人即于此暗示间,别感一种精神之美,则是其例"②。"丑"在美学中的价值依然没有超越"以丑彰美"的层面。

范寿康在《美学概论》中,对美丑的分析无论是立足点还是具体的阐发都与吕澂相似,因为二人都是在西方美学家立普斯"移情说"的影响下,完成中国首批美学原理著作的。范寿康首先批判了所谓"非美"即是"丑"的观点,因为"非美"的对象未经我们的感情移入,所以既无所谓美,也无所谓丑,这时我们实际是在用审美以外的态度去审视对象世界。"所谓丑与美一样,必待我们以感情移入才能成立的。丑不就是非美,乃是美的否定。丑是美的范围以内的价值的否定,决不是适用于美以外的范围的概念。"③可见,这一时期对"丑"的认识已经达成了这样的共识:将"丑"纳入美学范畴之内加以研究,"丑"是美的否定,但同样

---

① 吕澂:《美学概论》,商务印书馆 1923 年版,第 36 页。
② 吕澂:《美学概论》,商务印书馆 1923 年版,第 43 页。
③ 范寿康:《美学概论》,商务印书馆 1927 年版,第 77 页。

具有深刻的美学价值，二者共同创造了丰富多彩的感性世界。

由傅东华译自克罗斯的《美学原论》一书中，则在评述"丑的征服说"中论及"丑"的不快如何转化为美感的问题："丑被容纳于艺术时，其任务就是增高美（即同感）的效力，盖由美丑两相对照，则与人快感的部分必更有效力，更能使人愉快。且按普通的观察，凡经禁欲和苦痛之后，快感是确乎要比较鲜明的。如是，艺术的丑是因替美服务，替审美的快乐作一种刺激剂及调味料，而被容纳的。"[①] 相比于对纯粹美的欣赏所产生的平静的、顺应的美感反应，"丑"所引起的快感是经由压抑与痛楚之后而得来的，这种感觉更加鲜明，也似乎更有力量一些，这是一种不低于优美快感的特殊的美感。

在宗白华的《艺术学》中，明确从美感范畴的角度对"丑的艺术"进行了解析。文中认为艺术不单能表现纯粹的美，更应表现包含不和谐因素的丑，因为"艺术表现生命，生命中尽有属于丑者，盖丑乃黑暗方面之事，又如何能摈诸艺术之外乎"[②]？此外，还提到了法国颓废派诗人波德莱尔的文学作品《恶之花》，是"专向人黑处发展者"，在这里"丑"不但作为描写的对象，而且成为被歌颂的对象，这实际上标志着西方美学已经进入了现代主义阶段，向古典美学传统发起进攻。当然，宗白华在这里只是提到了波德莱尔这部开创了现代主义艺术先河的作品《恶之花》，并没有继续这个话题展开论述，也许西方现代主义美学中这种大力宣扬丑、赞美丑、甚至竞相追逐丑的极端思潮远远超出了中国学者的期待视野，所以在引进的途中即使正面遇到，也往往被轻描淡写

---

① 〔意〕克罗斯著，傅东华译：《美学原论》，商务印书馆 1931 年版，第 145 页。
② 宗白华：《艺术学》，见林同华主编：《宗白华全集》第一卷，安徽教育出版社 1994 年版，第 534 页。

地过滤掉了。

在朱光潜的《文艺心理学》中,探讨了自然美与自然丑、艺术美与艺术丑的话题,明确指出"艺术的美丑和自然的美丑是两回事。艺术的美丑不是模仿自然的美丑所得来的"[1],进一步深化了对美学范畴中"丑"的认识。艺术作品价值的高低不在于所表现的客观对象的美丑属性,艺术家的技巧、艺术的表现力才是决定艺术美丑的关键。自然丑,例如形式的不规律或者事物的变态,给人带来的是一种不快感,而一旦进入艺术领域,自然美可以因为表现得不充分而化为艺术丑,同时也可以因为艺术家的创造与加工而化为艺术美。"所以在美学中,'丑'不完全是消极的,应该有一种积极的意义。"[2]这种观点实际上与罗丹的见解相近,不仅冲击了古典时代的审美法则,打破了传统审美观念回避丑、美化丑的桎梏,也使得丑成为近代精神的产物。

那么,据笔者所见,在中国美学史上,第一次出现"丑学"这个名称,是在陈望道 1924 年所写的《美学纲要》一文中,其中简略地提到,"知'美'必知'丑',有丑始有美,因形容词无不由比较而成立。辨别美、丑之学,因名为'美学';即名之'丑学',亦未为不可"[3]。也就是说,美学研究的主要对象虽然集中于美,但"有丑始有美",所以,美学是无法把丑完全剥离出去的,既然研究的对象中,有美也有丑,那在学科的命名上当然也就"美学""丑学"皆可了。陈望道看似不经意地提出"丑学"的名称,其实对于整个美学学科所存在的严重的审美偏颇——

---

[1] 朱光潜:《文艺心理学》,复旦大学出版社 2006 年版,第 130 页。

[2] 朱光潜:《文艺心理学》,复旦大学出版社 2006 年版,第 143 页。

[3] 陈望道:《美学纲要》,见复旦大学语言研究室编:《陈望道文集》第一卷,上海人民出版社 1979 年版,第 455—456 页。

研究美而忽略丑的思路——给出了一个深刻的启示，但在当时并没有得到学界应有的重视，反而在当代学者中引起了共鸣，这也是本书第一章中许多学者质疑"美学"这一汉语译名、并对这一学科名称进行反思的原因。陈望道先生的这一见解真可谓有先见之明。

20世纪30年代周木斋在《作家》杂志上发表了一篇题为《丑学》的文章，旗帜鲜明地提倡"丑学"。而"丑学"这个话题则源于朱自清1932年为朱光潜先生的《文艺心理学》一书所做的序文，朱自清评价现有的几部关于艺术或美学的书水平低下，像"高头讲章"一般，"美学差不多变成丑学了"，让人不忍卒读。但此"丑学"非彼"丑学"，朱先生这里所言是指现有美学著作枯燥乏味、拗口难懂，明明是研究美学的书籍反而让人缺乏阅读的乐趣与愉悦感，所以这里的"丑学"不是就美学学科的研究对象、学理内容而言的。而周木斋先生却借此"丑学"的概念，引申出了一番关于美学的思考。

"美学变成丑学"，却含有哲学的意味，从这可以得到几个启示。首先，有粉饰现实的丑的，如南京的恶浊的秦淮河，本来很丑，加以美化，虽然丑变成美，但这美一照现实，还得变成丑。现实的丑，自然也可变成文艺的美的，但这层于艺术的成功，决不是对于现实的粉饰。现实的丑变成文艺的美，这中间就需要"丑学"，丑而成学，可知未可轻视，而文艺上的"丑学"也便是美学。现实大部分还是丑，和现实相应的，作为社会的机能之一的文艺就得需要"丑学"。然而这又并非永入地狱，万劫不复，却是一方暴露着丑，一方把握着美。和丑相对，现实已经有美，而且丑也有变成美的未来的必然性。①

这里所论的"丑学",实际是指美学领域中研究丑、暴露丑以及变现实丑为艺术美的学问,究其实质,就是将丑这个范畴纳入美学学科,成为美学研究的一项重要内容。当然,丑学的最终指向还是美学,研究丑,因其"也有变成美的未来的必然性",这样的立足点使得周木斋所理解的丑学,并未触及由西方现代艺术所引发的关于丑的本体论的思考,也并不是现代意义上的"丑学"概念,但这样的反复言说确可以提醒人们注意传统美学的弊端以及研究范围的狭窄。

第三节 "丑学"—"感性学"研究范式的转型

陈望道、朱自清、周木斋等人在 20 世纪二三十年代首创"丑学"概念之后,并没有引起当时学界的关注,这个在西方美学界已经闹得沸沸扬扬而在中国似乎还是片处女地的"丑学"话题此后一度沉寂了几十年,直到 20 世纪 80 年代开始,随着当代文艺创作领域频频出现对丑的肆意描绘,审丑才逐渐形成了一股潮流,有关"丑学"理论的研究也在当代学者的手中日臻成熟。

所以,单从词汇术语的角度来说,"丑学"并不是一个后起的概念,中国近代第一批美学建设者们早在 20 世纪 20 年代就已经提出,但由于视野以及时代的局限,当时学者在接受西方美学理论时,忽略或者弱化了现代思潮,并对崛起于 19 世纪中后期的西方现代艺术存在一定的隔膜,也许既在知识层面难于理解,又在

---

① 周木斋:《丑学》,《作家》1936 年第 1 卷第 6 号。

情感层面难以接受，所以即使个别有识之士意识到了西方美学理论的现代转型，也很难做出深刻的分析与明晰的判断。而中国当代学者由于对当下创作领域中审丑思潮的切身体验以及借助中西便捷的信息交流平台，自然较20世纪初年的学者有了更宽广的学术视野与更多可资借鉴的资源，对"丑学"的研究取得了更大的进展。

回顾西方美学的历史演进，在古典形态向近现代迈进的过程中，一个突出的现象引起了学者的注意，那就是美丑关系发生了时代性逆转，一直浸润在西方理性主义思维控制下的美学不得不正视"丑"因素的逐步突显，对丑的态度也从排斥到吸纳、从"以丑衬美"到"化丑为美"，并努力以"美"为中心去改造丑，力求维持着自己最后的屏障，但最终仍被丑的强势所瓦解。当"美"独占感性学全部风光的时代一去不复返，当审丑成为人们不可回避的问题时，古典美学也就被近现代美学所取代。而这一研究倾向的转变，不仅丰富了美学研究的内容，扩展了美学的领域，也使得这门学科得以向鲍姆嘉滕始创这门学科的本义——感性学"Aesthetics"——回归。因为感性的世界里本来就是丰富芜杂、美丑并存的，单纯研究感性诸多范畴之一的美而忽略丑，本身就是一种片面与缺失。追根溯源，正是由于西方古典美学家将研究的重心更多地倾向于客观对象的"美"，这种狭隘的研究方向限制了人们审美视野的扩展，也导致美学学科在相当一段时间内出现了严重的偏颇，所以传统的审美视角已经无法涵盖本门学科的全部内容。"丑学"的兴起不仅导致了学科研究范式的转型，也使得学者们意识到应该回到"Aesthetics"的原点，从发生学的角度进行深入的理论梳理与学科反思，才能保证学科的未来发展步入一个良性循环的轨道。

当"丑"由美的陪衬反客为主，并在艺术领域大张旗鼓、铺天盖地而来时，传统以审美为主的美学模式必然受到冲击与颠覆，丑学研究异军突起，至今方兴未艾。中国当代许多学者也首先从学科名称的角度提出了质疑与反思，认为丑在美学中独立地位的获得，已经突破了单纯审美的范围，所以对于这门学科的名称，西方的"Aesthetics"（感性学）由于与"Beauty"（美）并不同源，也就是说从字面上看并没有突显"美"的含义，现在只要在研究倾向上转向感性学即可，学科名称仍可继续使用。而作为中文的"美学"之名似已不合时宜了，如果继续沿用难免引起误解与混乱，并阻碍学科的进一步发展。所以在本书第一章中提到有学者认为，应将学科名称由"美学"改称为"意象学"，有人认为"鉴赏学"的名称包容更为广泛。与此同时，更多的学者钟情于回归鲍姆嘉滕"Aesthetics"的本义，认为"Aesthetics 的科学的译语，既不应是'美学'，也不应是'丑学'，而应是'感性学'本身。这门感性学不应该用任何框框去堵人类感性的洪流，而应该疏通河道，让它一泻千里地奔流过来"①。其实，这样的思考本身已经不仅仅是译名的科学性问题了，它关涉到学科内部研究思路与理论视角的转换，标志着学科研究范式的转型。我们在这里为了叙述的便利，以免歧义的产生，也暂把这门学科称为"感性学"，以有别于侧重"审美"的西方传统美学，以及张扬"审丑"的现代理论转型。

中国当代学者对审丑理论的关注，不仅源于丑在西方现代、后现代艺术中的突出表现，更直接的原因在于中国新时期以来艺术领域中对丑的大量展示，表现的深度及力度使人不得不去正视其

---

① 刘东：《西方的丑学——感性的多元取向》，北京大学出版社 2007 年版，第 221 页。

背后蕴藏的时代必然性。刘东在 20 世纪 80 年代所著的《西方的丑学——感性的多元取向》一书"从发生学的角度去描述整个西方感性心理的演变过程，去描述人们的感性心理空间如何经由丑的介入而得以拓宽的全部历史"①。此书可以看作中国研究丑学的奠基之作，它清晰地勾画出了西方文化史上感性与理性、美与丑、善与恶的纠葛演变。其实"丑"不是在现代才突然出现的，"丑学"的历史也不只短短几十年，只不过西方传统用理性的绳索束缚了感性学的多元取向，用唯美的单一视角掩盖了其对立面的鲜活与丰富。但"丑"一直作为一股暗藏的潜流存在，偶尔翻起点点浪花并伺机寻求一个飞流而下的出口。所以说感性和理性、美与丑、善与恶作为一对矛盾的集合体，无论哪一方暂时居于上风，都无法彻底消弭它的对立面的存在，历史也就是在这样一种物极必反的规律支配下稳步前行。由此可见，"'丑学'这样一个晚出的概念，有着历史积淀于其中的丰富的内涵。现在，我们很可以说，这个词在很大程度上，是对迄今为止西方感性心理发展的总结"②。

栾栋的《感性学发微》一书同样旨在梳理感性学的演进历史，整合、规划美学与丑学的未来走向。"定名为美学的埃斯代蒂克（感性学 Esthétique）并不完全俯首于美学的桂冠，而是按照它自身的发展规律不断嬗变。200 多年来，它经历了美的荣耀和丑的苦涩，目前正发生着美学和丑学合一的巨大转折，借用哲学家们惯常的术语来表达，可称之为埃斯代蒂克的正题—反题—合题。"③作者从 1750 年鲍姆嘉滕始创这门学科开始算起，历经 100 年的发展直至 1850 年，埃斯代蒂克（Aesthetics）完成了由感性学本义

---

① 刘东：《西方的丑学——感性的多元取向》自序，北京大学出版社 2007 年版。
② 刘东：《西方的丑学——感性的多元取向》，北京大学出版社 2007 年版，第 176 页。
③ 栾栋：《感性学发微》，商务印书馆 1999 年版，第 54—55 页。

向美学的转向，被称为"正题：美学百年"。而从 19 世纪中叶到 1950 年，西方社会背景与哲学思潮发生了巨大转向，审丑成为感性学的主流，这一时期被看作"反题：丑学百年"。从 1950 年到 21 世纪中叶，是审美与审丑、美学与丑学的合题时期，被称之为"感性学百年"，"从表面上看，审美文化与审丑文化的合题是埃斯代蒂克的返璞归真，而实质上它是一个更高基础上的融合与演变"①。

另外，潘知常在其《反美学》一书中，对美学与艺术在当代工业社会中的命运问题进行了思考，通过对传统审美文化的解构，将关注的重点放在了 20 世纪兴起的大众文化领域，既对传统美学模式进行了批判性考察，又深入论证了"反审美文化的当代审美文化"的美学合法性问题。

可以看出，这一时期学界对丑的研究已真正触及了"丑"范畴的独立本质，而不是像 20 世纪初期的中国美学家那样立足于传统的审美心理去审丑，将丑作为一种情感的消极因素纳入其美学框架中去，这秉承的依然是西方传统的审美本体论视角。而"丑学"研究的兴盛，目的并不是要排斥"美"的存在，让"丑"一枝独秀占据感性学的领地，而是要挖掘出人类情感长期以来被压制的另一面，恢复人生情感的常态，这也是对一个人审美能力的进一步考验，因为"如果一个人只能鉴赏美而没有能力鉴赏丑，那么这个人的审美感兴能力就是残缺不全的，这正是亚里士多德所说的'脆弱的'观众。这种人的审美视野太狭窄，他看不到感性世界的丰富多彩的面貌，因而也领悟不到历史和人生的深一层的意蕴"②。

---

① 栾栋：《感性学发微》，商务印书馆 1999 年版，第 85 页。
② 叶朗主编：《现代美学体系》，北京大学出版社 1999 年版，第 224 页。

现代学术视野中"丑学"的崛起，不仅扭转了传统美学研究中忽略审丑的偏颇，拓展了感性学的多元取向，也使得本学科朝着开放、动态的现代文化形态迈进。同时，这门学科凭借其敏锐的触角对当代社会、人类情感的变化所做出的积极回应，也使我们更深刻地意识到"美学的使命并非是为文明的奇迹作注，而是深入地思考文明给人类带来的后果"①。这实已突破了学理的囿限，成为学者对时代性精神的一种深层把握。

---

① 潘知常：《反美学——在阐释中理解当代审美文化》，学林出版社 1995 年版，第447 页。

第六章 中国近代美学范畴的
体系化特征与现代性品格

前面几章内容从宏观的视角概述了美学学科的初步引进，以及"美学"汉语名称的译名流变。在此基础上对现代美学理论中相对稳定的最基本的审美形态——崇高、优美、悲剧性、喜剧性、丑进行了系统的梳理与考辨，追溯考察了近代审美理想中这五个美学概念从作为名词提出到作为范畴的最终确立过程。"这些范畴以逻辑的形式浓缩了现代美学的历史过程。因此，密切注意思想进程中主要范畴的出现、形成和发展，以及范畴之间的内在联系，对于把握中国现代美学的发展线索，不仅是必要的，而且也是可能的。"[1]

探讨美学学科初建时期美学范畴与术语的演绎流变，其最终目的并不止于语言文字的单纯辨析，而是在词汇、术语的表层下透视出学术发展、学科建构的现代化图景。通过对近代美学范畴、术语的寻根溯源，我们已可以明显地看出这些概念、范畴与中国传统美学在话语系统、思维方式与理论模式等层面的差异，而这些层面的变革实已昭示出审美理想的现代转型、美学学科的现代

---

[1] 邹华：《和谐与崇高的历史转换——二十世纪中国美学研究》，敦煌文艺出版社1992年版，序言第6页。

化构建等信息。

第一节 "美"的范畴体系的确立

作为一门现代意义上的学科，其基本特征就是要具有一套自成体系的术语、范畴，以及在本学科的思维范式下所展开的相对完备的理论系统。美学学科自不例外，其学科内部的分支亦是十分丰富的，包括美的本体研究、美的认识问题、美的范畴论、审美心理、审美感受、艺术的审美特性问题、审美教育问题，等等。而本书的研究课题就是美学学科分支中的一个重要内容——美的范畴系统。我们在追溯这个范畴系统源流时，回溯到晚清至"五四"这一中国学术现代性发生的起点，此时正是中国传统美学发生现代转型的承前启后的重要阶段，传统美学自给自足的自然发展状态被切断，并受到西方外来思潮的直接影响甚至是近乎全面的移植。那么，在这一学科构建过程中，其现代学科性质体现的一个重要方面即是美学范畴系统的完善与确立过程。

在任何一门现代学科体系中，构成其知识基础的概念与范畴也是有着层次与等级的差异的。"范畴结构内部可大致分为核心范畴、中介范畴、具体范畴群这三个层次。其中核心范畴是体系的支撑点，是起核心作用的、能体现范畴体系的基本特点的主导范畴。这种核心范畴往往作为一定理论体系的逻辑起点（或曰元范畴）而出现，其他范畴则是它的展开与演化。它的数量很少而所处层次和所起作用却至关重要。至于中介范畴和具体范畴群则是核心范畴的有序展开。"① 在晚清西方美学思想最初被引入中国之际，近代学界对

① 徐放鸣：《论美学范畴的学科特性》，《学术月刊》1993 年第 7 期。

美学学科的普遍理解大体是认为美学即是研究美的学问。如王国维
在 1902 年所编的《哲学小辞典》中，对"美学"所下的定义："美
学者，论事物之美之原理也。"[1] 1903 年由汪荣宝、叶澜编辑出版的
中国近代第一部新术语辞典《新尔雅》中认为："究研美之性质、
及美之要素，不拘在主观客观，引起其感觉者，名曰审美学。"[2] 虽
然这时学界对美学学科的理解还流于表层，但如此表述的确可以
说明"美"这一范畴在学科中所处的核心地位，如何理解与定位
"美"也成为美学研究中的重要命题。所以说，美学学科中的核心
范畴就是"美"，而本书中所论及的这五大范畴——崇高、优美、
悲剧性、喜剧性和丑，正是通过元范畴"美"的逻辑裂变而演化出
的具体范畴群，这是从美学学科而非其他审美活动的视角出发而确
立的具体审美形态，并且这些范畴在 20 世纪初中国第一代美学学
科的建设者那里已经陆续出现，到 20 世纪 20 年代美的分类子范畴
已经基本齐备，且范畴名称的使用也趋于统一，美的范畴系统至此
已基本确立。所以说，现代美学学科的建构过程即是美学范畴体系
的生成过程，二者是同步进行并且互相支撑的。

　　如上所述，中国早期美学接受者对西方美学的理解，大多倾
向于认为美学即研究美的学问，所以"美学"的中心词"美"自
然成为美学学科的核心概念。中国学界对"美"的分类范畴即美
的种类的介绍，是和对美学学科的引进同步进行的，只不过早期
主要侧重于对美学的学科定义、研究范围的确定，相对来说对
"美"的具体分类则是泛泛而谈，点到为止。如王国维于 1902 年翻
译出版的《哲学概论》，只是简略地提到康德美学分为"优美"及

----

[1]　王国维：《哲学小辞典》，见《教育丛书二集》，教育世界出版所 1902 年版，第 1 页。
[2]　汪荣宝、叶澜编：《新尔雅》，上海文明书局 1903 年版，第 36 页。

"壮美"两部分，并没有就此话题展开进一步的论述。此外在同期
的心理学著作中，在谈到"美的感情"分类时大多将其分为"美
丽"和"宏壮"两种。杨保恒的《心理学》一书在对"美的情操"
的介绍中除了"优美""壮美"之外还加入了"滑稽美"这一范
畴，并对其做了简要的分析。而王国维的《〈红楼梦〉评论》则将
美的两大种类——优美与壮美应用到对中国古典文学名著《红楼
梦》的评论中，并自创了一个与优美、壮美性质相反的概念——
"眩惑"。以具体的文学作品为依托，此时对优美与壮美两个范畴
的阐释可以说有了一定的理论进展。除此之外，《〈红楼梦〉评论》
中还涉及了"悲剧"与"喜剧"范畴，虽说对二者的阐发已使其
上升为美学范畴，但并没有明确将其归为美的种类之中。

　　经过前期的理论介绍与知识积累，徐大纯的《述美学》一文
对"美"的子范畴的介绍已经具备了学科成熟化的意义，他从美
学范畴的角度将美的形态分为"纯美""丑""威严""滑稽美"与
"悲惨美"五种。

　　　　抑所谓美也者，从其广义言之，约有五类。一曰，纯美，
　　Beauty。二曰，丑，Ugly。三曰，威严，Sublimity。四曰，滑
　　稽美，Comical beauty。五曰，悲惨美，Tragical beauty。纯美
　　者，普通之快感，其具有美之性质，固不待言。丑本与纯美为
　　正面之反对，然若用之于艺术而得其当，则美之力，可因对比
　　之作用而益强。故美与丑乃相对的，非绝对的。而丑与美之成
　　立上，亦不可缺之要素也。威严者乃快感与不快感杂糅而成之
　　美。纯美对境之形象常弱小，此则对境之形象常强大，使人对
　　之一面生恐怖之不快感，同时又生同情之快感者也。滑稽与悲
　　惨，皆原于人世之葛藤，与其谓之为美也，毋宁谓之为丑。然

人往往因之能引起一种不可名状之快感，故得收入美之范围。即哈妥门（哈特曼）所谓有葛藤之美也。顾此乃就美之内容分别言之也，更从其形象观之，则大别为自然美与艺术美。①

　　这里对美学范畴的分类方式基本与现在的理解等同，只是在具体用语上稍有区别，"纯美"相当于"优美"，"威严"相当于"崇高"，"滑稽美"相当于"喜剧性"，"悲惨美"相当于"悲剧性"，"丑"这个概念现在则依然使用。由于《述美学》是对西方美学的概述，所以对美的五种形态的介绍比较简单，没有深入展开但也基本抓住了这五个概念的精义。

　　20世纪20年代中国美学学科进入了体系建构阶段，无论在宏观的理论架构上，还是在微观的概念、范畴和命题的阐发上都有了跨越式的进展，这也标志着美学学科在中国现代学术体系中获得了稳固的地位。不同学者对美学原理的构建，虽说借鉴角度或者侧重点有所差异，但几乎都是西方美学理论的翻版。在这些美学原理著作中都涉及"美"的分类问题，而且分类更加详细，阐述更趋深入，虽然在概念名称或者分类细节上有些差异，但都没有质的区别。如蔡元培将美的种类分为美与高、悲剧与喜剧等；吕澂将美分为崇高、优美、悲壮、谐谑四种；陈望道将美分为崇高、优美、悲壮、滑稽（六种分法之一）②，等等。范寿康则将其分

---

① 徐大纯：《述美学》，《东方杂志》1915年第12卷第1号。
② 陈望道先生对于美的种类的划分，采取了不同的分类标准。第一，从人为和自然的区别上，分为自然美和人为美两种；第二，从时间和空间上来看，分为空间美、时间美以及空间时间的混合美；第三，从动和静上来说，分为静美和动美；第四，从感觉方面来说，分为视觉美、听觉美、味觉美、嗅觉美、触觉美和其他感觉美；第五，从形式和内容上看，分为形式美和内容美；第六，从美的情趣上说，分为崇高、优美、悲壮和滑稽。

为崇高、优美、感觉美、精神美、悲壮、滑稽与谐谑,范寿康对美的分类标准并不统一,所以看起来有些混乱,但他对各种美的范畴的阐述却是非常细致的。

"就某个学科领域而言,个别范畴的诞生,意味着这一学科的理论形态正在形成、成熟之中。而围绕着一个基本范畴的范畴群落的出现,则无疑是一定理论网络的生成。"[①]在中国现代美学学科初建过程中所确立的以"美"为中心范畴,以及由此派生出的其他系列子范畴,共同构成了一个稳定的相对独立的范畴系统,而这个范畴系统一直延续至今,成为美学学科的核心知识构成。可以说,中国近代对美学学科中诸多概念、范畴的引进与充实,从不同角度揭示了美和审美的本质,也意味着这门学科知识、理论已经建构或正在朝着体系化的方向发展。本书以上几章的核心内容即是围绕中国美学学科体系初步构建中所确立的这些美学子范畴——标志着美学学科成熟化的概念——为中心话题进行阐述的,并对这些范畴的生成流变做了一番详细的考辨梳理工作。在对这些美学范畴生成流变的考察中可以看出,美学范畴体系的建构既有一代美学家们微观层面的个性化视角下的创造性尝试,也有宏观化的现代学术体系构建的时代浪潮推动以及美学学科化的内在动力使然,二者缺一不可。

第二节   话语模式的转型与新学术范式的确立

包括"美学"学科汉语命名在内,中国近代美学理论体系中居于核心地位的概念、范畴,如崇高、优美、悲剧性、喜剧性、

---

① 王振复:《中国美学范畴史研究的一点思路》,《上海大学学报》2006 年第 2 期。

丑等，均是在译介西学的翻译转换过程中形成的。在以汉语对译西方美学概念时，某些概念、术语昙花一现，便湮没无闻；某些概念、术语虽盛行一时，却最终只能进入历史的陈列馆；还有一些则历经数次调适、修正最终沿用至今。它们的引进、翻译和最终确定，经历了一个由多样性趋于统一的动态流程。这一流程既呈现了中国近代美学概念、知识所经历的历史筛选与取舍过程，又反映了中国现代美学学科自觉的历史。

一、中国近代美学核心术语的生成方式

引进和翻译是将西方美学置入中国语境，亦即"本土化"的过程。所谓"本土化"就不是单纯的翻译与移植，中国传统的思维方式、美学观念、概念作为一种背景性力量一直在发挥着作用，这就导致了近现代美学概念生成方式和途径的多样化：西方美学概念、术语的移植；中国传统美学概念、范畴经由现代转型的洗礼而被重新激活，实现了创造性转换。这种创造性转换又经历了不同的途径，比如一些基础性的概念、范畴因具有某种普世性内涵，直接延伸、运用到现代美学理论体系中；一些传统美学的重要概念经由西方学术思维、理论范式的改造，被赋予某种现代内涵而重新激活等。所以说，中国近现代美学学科中的概念、术语与范畴的生成并不是单纯的翻译那么简单，其生成途径大致有以下三种情形：

第一种是创译的方式。比如本书所考察的美学、审美、优美、崇高、悲剧、喜剧等美学范畴名称，还有由于论题所限本书没有论及的一些文论术语以及其他美学术语、概念，如文学、美术、美感、艺术、浪漫、写实、理想、典型、美育等，这些词汇在中国传统语言文化体系中是不存在的，纯然通过翻译的方式而产生。

　　中国传统美学与西方美学是在不同的民族、文化、哲学背景下产生的各自独立的思想体系，中西两种异质文化导致这两种美学思想在核心概念、术语、思维模式以及价值观念上都呈现出巨大的差异，所以当中国近代学者在西学东渐的大潮中接触到西方美学思想，并欲将其引进我国时，借助中国传统的语言与思维模式很难与这种异质的学科体系实现无缝对接。这一点，近代学术大师王国维在自己的翻译实践中深有体会，中西方"国民之言语间有广狭精粗之异焉而已，国民之性质各有所特长，其思想所造之处各异，故其言语或繁于此而简于彼，或精于甲而疏于乙"，而我国"周秦之言语，至翻译佛典之时代而苦其不足；近世之言语，至翻译西籍时而又苦其不足"，因而很难在中国传统语言文字中找到恰当的语汇来对译西学中的概念与术语，"事物之无名者，实不便于吾人之思索，故我国学术而欲进步乎，则虽在闭关独立之时代犹不得不造新名，况西洋之学术骎骎而入中国，则言语之不足用，固自然之势也"[1]。何止王国维一人在大力倡导，晚清顺时代潮流而动的有识之士也多已在身体力行之中。而像严复那样，从先秦古汉语中寻找词汇对译西方现代学术名词，以古文语体翻译西学的做法经实践证明并不成功。当时的晚清士人黄遵宪就一针见血地指出这种翻译策略的不可行之处，他说："以四千余岁以前创造之古文，所谓六书，又无衍声之变，孳生之法。即以之书写中国中古以来之物之事之学，已不能敷用，况泰西各科学乎？"[2]随着社会发展的日新月异，新鲜事物层出不穷，在语言领域自然会出现词汇的消亡、转化、更新的现

---

① 王国维：《论新学语之输入》，见傅杰编校：《王国维论学集》，中国社会科学出版社1997年版，第386—387页。
② 黄遵宪：《黄遵宪致严复书》，见王栻编：《严复集》第5册，中华书局1986年版，第1572页。

象，仅就中国的文化系统而言，一些古老的语言词汇尚不能指称新近的事物，更何况要表达与中国传统文化完全异质的西方学术思想呢？"翻译一事，其难不一。……故在未教化之国，欲译有文明教化国人所著之书，万万不能，以其自有之言语，与其思想，皆太单简也。至中国之文化，开辟最早，至今日而译书仍不免有窒碍者。试观英文之大字林，科学分门，合之其名词不下二十万，而中国之字不过六万有奇，是较少于英文十四万也。译书者适遇中国字繁富之一部分，或能敷用，偶有中国人素所未有之思想，其部分内之字必大缺乏，无从移译。"① 例如，熊月之先生在其《西学东渐与晚清社会》一书中曾举过一例，对西方民主国家总统 President 一词的翻译，当时的西学传播还处于以西译中述模式为主的阶段，因为在中文已有词汇中，是没有与总统相对应的词汇的，因而在口译时，西人只能从总统在国家的地位的角度，解释说这是国家元首的意思。而在中国传统文化中，国家元首显然接近于皇帝的身份，于是，中文笔述者理所当然地将 President 译为"皇帝"。但以"皇帝"对译"总统"，显然是极不准确且让人误解重重的。② 所以，在近代广学西学的形势下，创译新名词的确是大势所趋、不容置疑的紧迫之事。

　　最初从事西学译介工作的是来华传教士，明末清初的来华传教士在译介西方的自然科学与社会科学方面已取得了一定的成效，但还没有涉及美学学科的范畴领域，与本论题讨论的内容关系不甚密切。清朝末年，西方传教士又一次大举来华，在他们的传教活动中同样进行了西学的翻译工作，如前所述，在对西方美学学

---

① 林乐知、范祎：《新名词之辨惑》，见李天纲编：《万国公报文选》，中西书局 2012年版，第 605 页。
② 熊月之：《西学东渐与晚清社会》，上海人民出版社 1994 年版，第 17 页。

科名称的汉译过程中，德国传教士花之安在其 1875 年所著的《教化议》一书中已经出现了"美学"的汉字称谓，这是目前有资料可考的汉语"美学"一词的最早出现。当然花之安意在传教，并无意于对西方美学思想的介绍，而且其创译的"美学"一词也并没有对当时中国的学术界产生影响，随即被湮没于历史的洪流中。

　　汉译"美学"一词真正引起中国学界的关注并参与到中国美学学科体系的建构中，还是经由日本转译而来，不仅"美学"这一汉译概念，前文考察的大部分近代美学范畴、术语几乎都是通过这一途径，这也成为中国近代美学核心术语生成的主要方式。为何要从日本转口输入西学，直接挪用日本已经翻译好的现成的概念、术语，当时的学者已经有清醒的认识与清晰的表述，康有为在《请广译日本书派游学折》中说："日本与我同文也，其变法至今三十年，凡欧美政治、文学、武备、新识之佳书，咸译矣。"[①]而且"泰西诸学之书其精者，日人已略译之矣，吾因其成功而用之，是吾以泰西为牛，日本为农夫，而吾坐而食之。费不千万金，而要书毕集矣"[②]。近代的日本学习西方成效显著，且其所译西书都经过认真的考量与筛选，属于西学中的佳作，"取径于东洋，力省效速"。而且日本人在接触西洋学术，引进西方科学文化时，除了用日语片假名直接音译西洋外来语之外，还利用汉字用意译法创造了不少新词汇，用这些汉字新词汇来翻译西学。再加上日文近于中文，易于通晓。梁启超曾在《论学日本文之益》中比较了学习英文与学习日文的难易差别："学英文者经五六年而始成，其初

---

① 康有为：《请广译日本书派游学折》，见姜义华、张荣华编校：《康有为全集》第四集，中国人民大学出版社 2007 年版，第 68 页。
② 康有为：《日本书目志·自序》，见姜义华、张荣华编校：《康有为全集》第三集，中国人民大学出版社 2007 年版，第 264 页。

学成也，尚多窒碍，犹未必能读其政治学、资生学、智学、群学等之书也。而学日本文者，数日而小成，数月而大成。日本之学，已尽为我有矣。天下之事，孰有快于此者？"[1] 而且"日人之定名，亦非苟焉而已，经专门数十家之考究，数十年之改正，以有今日者也。窃谓节取日人之译语，有数便焉：因袭之易，不如创造之难，一也；两国学术有交通之便，无扞格之虞，二也……有此二便而无二难，又何嫌何疑而不用哉"[2]？所以日译新词逐渐成为晚清民国时期翻译西学的主要语汇来源，以致在这一译介西学的滚滚浪潮中本就稀有的中国译才更加孤掌难鸣，像严复那样绞尽脑汁创制的严式译语也逐渐让位于日译新词了。与严译术语同命运的还有中国学者颜永京自创的以"艳丽"为核心的系列术语，他将西方美学的学科名称翻译成"艳丽之学"，甚至在时间上早于日译"美学"汉语名称传入中国。但中国学者独立翻译西方美学术语的尝试最终还是失败了，日译新词来势凶猛，"日本所造译西语之汉文，以混混之势，而侵入我国之文学界"[3]。

　　其实，晚清民国时期翻译引进西学的过程是异常繁复杂乱的，它涉及中、西、日三种语言文字间的互动与转换。"来自日本的西洋译名，大致可以分为两种情况：第一种是利用古代汉语原有的词语，而给予新的含义；第二种是用两个汉字构成双音词，这些双音词按照汉语原义是讲得通的（此类最多）。"[4] 本就诗无达诂、

①　梁启超：《论学日本文之益》，《饮冰室合集·文集之四》，中华书局 1989 年版，第81 页。
②　王国维：《论新学语之输入》，见傅杰编校：《王国维论学集》，中国社会科学出版社1997 年版，第 387—388 页。
③　王国维：《论新学语之输入》，见傅杰编校：《王国维论学集》，中国社会科学出版社1997 年版，第 387 页。
④　王力：《汉语词汇史》，中华书局 2013 年版，第 180—181 页。

译无达译，而此种翻译方式对西学的引进无疑也会产生一定的影响，日本学者在翻译西学时自然带有自己的接受前见，而中国学者转译日文时，虽然日译新词很多都是从汉字中撷取，以汉字的形式出现，但中国近代学者对其概念术语的理解同样会附着本民族文化的特点，这样辗转生成的美学概念、范畴，在内涵上与西方美学思想的原义就产生了更大的距离与差异，而且也增加了我们在梳理这些范畴概念流变时的难度，因为任何一个环节的断裂抑或信息的不完整都会导致距离历史的真实更远了一步，所以有时试图还原历史的企图并不容易实现，这也是笔者写作本书所希冀达成目标，但却往往也存留遗憾之处的原因之所在。

第二种是借用的方式。在中国近现代美学体系的建构过程中，除却大部分经由翻译的方式创造的迥异于中国古代美学话语的现代汉语新词之外，还有一些基础性的概念、范畴因具有某种普世性内涵而被直接延伸、运用到近现代美学理论体系中，也即是说这些美学概念、范畴直接来源于中国古代美学、文论术语，但其意义已经发生较大偏移，只是借用其名而已，其内涵已经发生了现代性转换，体现的是现代美学的特点，对于这些同名范畴更应该辨析其中西差异。这其实也符合翻译实践中被普遍使用的原则，近代著名翻译家英国传教士傅兰雅就曾阐述他翻译原则中的第一条就是选用"华文已有之名"，他担任口译的书主要以科技书籍为主，"设拟一名目为华文已有者，而字典内无处可查，则有二法：一、可察中国已有之格致与工艺等书，并前在中国之天主教师及近来耶稣教师诸人所著格致、工艺等书。二、可访问中国客商或制造工艺等应知此名目等人"。第二条才是"设立西名"，而设立西名的前提条件是"若华文果无此名，必须另设新者"。而"所已设立新名，不过暂为使用，若后能察得中国已有古名，或见所设者不妥，则为更易”①。

　　比如本书前文所考察的“美”“丑”范畴，在中国古代美学、文论中早已存在，在西方美学理论中“美”“丑”概念也属于基础性概念，而且在中西方美学思想中这些概念在基本属性、形态表征上又是相通的，所以在翻译西方美学时可以被直接用来对译西方美学术语，这也是“词从本土”的便利，免去了创制新词汇的烦琐与周折，较为简便易行。但这种在中西方美学中可以直接借用通译的概念并不多，而且即使是借用，毕竟它们分属于中西方两大美学范畴体系，仔细辨析还是存在着一定的差异，涉及古代术语的现代转化问题。首先，从词源学上来看，“美”“丑”概念在中西方不同的文化语境与语言符号系统中就存在着内在的差异，它们所引起的心理意象更难一致。“西方重实在、重理性、重分析，西方的美的概念主要是从外在形式着眼，中国的美则主要是从感觉、感性、综合评价着眼，故而西语‘美’的词源多与形式有关，而中文的‘美’与形式关系不大。……中文的‘美’重在品味（羊大说）、崇敬、欣羡、赞叹（羊人说）。”②“丑”的概念也是一样，在中西文的语境中也有词义上的差异。其次，“美”“丑”概念在中西方美学思想中所处的地位也不同，“美”是西方美学理论中的元范畴，在古典美学阶段更是得到了美学家们的偏爱，成为最核心的研究对象。而“丑”在西方古典美学领域里一直受到排斥与否定，作为美的对立形态存在，但到了现代美学阶段，审丑则一跃而成为现代艺术创作的主流，“丑”这个范畴也在现代美学体系中获得了独立的地位，成为近现代美学区别于古典美学的

① 鲁苓主编：《视野融合——跨文化语境中的阐释与对话》，社会科学文献出版社2004年版，第258—259页。

② 曹俊峰：《元美学导论》，上海人民出版社2001年版，第416—417页。

一个重要标志。而在中国传统美学的范畴体系中，"美"并不占据核心地位，它远远低于儒家的"善"以及道家的"道"，其地位是不能与西方美学范畴体系中作为元范畴存在的"美"相提并论的，而且受到庄子齐物论思想的影响，美与丑"道通为一"，可以相互转化，二者同属于较低层次的范畴，更多地具有一种形式上的意义，而缺乏本体论的价值。中国古典形态的丑还远未达到西方近代本质丑的高度，更无法作为美学意义上的独立范畴存在。所以当借用中国古代美学中的"美""丑"概念来对译西方美学中的"美""丑"范畴时，是需要仔细辨明二者的差异性内涵的，只有这样才能更深刻地理解中西方美学思想的特质，也才能更好地实现中国传统美学思想的现代性转化。

第三种是转化的方式。就是说美学概念、术语本身都来自于中国传统文论，但在西方美学的背景下其含义发生了现代转换，比如意象、意境、古雅、形神、趣味等，这里更多地体现了中西两种思维、文化的沟通与融合。作为中国传统美学更确切地说是中国传统诗学范畴之一的"意境"概念经由王国维对其进行深化与提升，对意境范畴的现代转换做出了积极的努力与尝试。王国维在《人间词话》中以中国古代诗学术语"意境"为核心构建了一个相对完整的诗学体系，由于王国维身处的近代社会文化语境，加之其对西方古典美学思想的深入研究，他对"意境"概念的使用与界定是不可能仅仅停留于古代诗学层面的，而必然赋予其新的思想内涵。关于这个问题，现在已有学者进行了更为细致的考证，认为王国维的"意境说"是"一种以'康德叔本华哲学'为基础的、在中国诗学史上从未有过的'新'的诗学话语"。在这篇文章中作者进一步指明了王国维"意境说"的构成元素：以叔本华的直观说为核心的认识论美学；席勒关于自然诗与理想诗的区分；康德的自然天才理论；席勒、谷鲁斯的游戏论。在王国维对意境说的现代性阐发基础上，朱光潜、宗白华、李泽厚等现代美学家们对其加以进一步的深化和完善，朱光潜对意境理论的发展受到克罗齐美学思想的影响；宗白华所构建的"中国艺术意境"则深受德国美学家恩斯特·卡西尔的启发；李泽厚将意境理论概括为典型形象说，则依据的是苏联社会主义现实主义的反映论，但其根源依然是德国古典哲学。所以他们关于"意境"的种种思考，都始终围绕着德国美学几个核心的思想主题，如感性与理性的统一，主观与客观的统一，一般与个别的统一，有限与无限的统一。由此作者得出结论：在 20 世纪经由几代中国学者建构起来的"意境说"，就其思想实质而言，乃是德国美学的一种中国变体。[①]可以说在王国维那里，"意境"其名是中国固有的传统文论术语，而在思想内涵上"意境说"却是德国美学的一种中国变体，王国维对意境说的现代性建构注入了西方美学的思想资源。

　　而"趣味"范畴在中西方美学中古已有之，梁启超始终秉承艺术与人生同一的思想："依我所见：人生目的不是单调的，美也不是单调的。为爱美而爱美，也可以说为的是人生目的。因为爱美本来是人生目的的一部分。诉人生苦痛，写人生黑暗，也不能不说是美。因为美的作用，不外令自己或别人起快感；痛楚的刺激，也是快感之一。"[②]梁启超将趣味的本体内涵界定为生命意趣，这已不同于中国古典诗学将"趣味"直指诗文品评与审美鉴赏的内涵，"作为一个始终关注现实的理想主义者，梁启超从国凋民蔽的民族现实出发，既吸收了中国传统美学的审美生存精神，又吸

---

① 罗钢：《意境说是德国美学的中国变体》，《南京大学学报》2011 年第 5 期。
② 梁启超：《情圣杜甫》，见《饮冰室合集·文集之三十八》，中华书局 1989 年版，第 50 页。

收了西方近代美学的审美完善理念，还吸纳了柏格森美学的审美
生命理念，试图将审美的人生指向、人性理想和生命理念在康德
审美价值哲学的基本视点上糅合为一"①。所以，"趣味"的内涵在
梁启超这里既异于中国传统，又不等同于休谟以及康德意义上的
审美判断力的概念，它具有鲜明的时代特色与现代视野。这实际
上是古为今用思想的一种体现，将中国古老的诗学或者美学范畴
中仍有生命力的元素进行合理有效的现代转换，使其融入近现代
美学的建设中来。由于本书所考察的主要美学概念、范畴并不属
于这种生成方式，所以这里就不详细展开了。

不仅中国近代美学的核心概念、术语的生成方式大体可以归
纳为以上三种，其实整个中国近代各个学科建构过程中的核心术
语的生成几乎都是遵循着这样的路径，这些核心术语大部分都是
在中、西、日三种语言之间转换生成，绝大多数也都是中国固有
的汉语词汇，或被中国学者进行了现代性转换，或被日本学者借
用来对译西学术语，然后转口输回中国，但无论哪种情形，它们
都已改变了原义，被注入了新的内涵，成为现代学术体系中的核
心概念与术语，也正是这些具有现代话语模式的术语、概念，彰
显出中国传统学术思想向现代的转型。

二、中国近代美学范畴话语模式的转型

传统的语言观认为，语言只是沟通交流的手段与表达思想的
工具，是思想内容的附属品。但现代语言学认为语言与思想犹如
一张纸的两面，二者在本质上是同一的。"早在 19 世纪，普通语
言学的奠基人洪堡特（W. Humboldt）在《论人类语言结构的差异

---

① 金雅：《梁启超美学思想研究》，商务印书馆 2005 年版，第 107 页。

及其对人类精神发展的影响》中曾经阐述了语言与人类思维和文化的关系。他把语言看作语言形式和内部语言形式的统一，认为语言形式潜在于人类心灵之中，内部语言形式是思想在语言中的表现方法，是民族精神的体现。"[1] 对于这一点，近代国学大师王国维也有较为明确的认识："言语者，思想之代表也，故新思想之输入，即新言语输入之意味也。"[2] 五四时期的学术巨匠更是明确地指出语言与思维方式、民族文化心理的同一关系："鲁迅强调文言文语法不精密，说明中国人思维不严密；周作人指出古汉语的晦涩，养成国民笼统的心理；胡适提出研究中国文学套语体现出来的民族心理；钱玄同、刘半农则从汉语的非拼音化倾向探讨中国文化的特质……这一系列见解，不见得都十分准确，但体现一种总的倾向：五四作家是把语言跟思维联系在一起来考虑的，这就使得他们有可能超越一般的语言文字改革专家，而直接影响整个民族精神的发展。"[3] 一个民族的语言背后正是这个民族的思维方式与文化心理。以文言为基础的中国古代汉语词汇大多数是单音节，含蓄、古雅、凝练、隽永，但也存在过于简练而不够精确、隐晦含蓄而不明晰的缺点，这样的语言特点体现在传统文论话语方式上，则诗意朦胧，以直觉、形象、感悟性为主，但在抽象性、逻辑性、思辨性上比之现代汉语则逊色很多。而这样的语言方式体现出的中国传统文化心理则讲究"诗无达诂"及"得意忘言"，这种只可意会不可言传的体悟方式不利于思想的传承、知识的积累以及学术的自觉，以致"我中国有辩论而无名学，有文学而无文法，足

---

① 　鲁苓主编：《视野融合——跨文化语境中的阐释与对话》，社会科学文献出版社2004年版，第4页。

② 　王国维：《论新学语之输入》，见傅杰编校：《王国维论学集》，中国社会科学出版社1997年版，第387页。

③ 　陈平原、钱理群、黄子平：《艺术思维》，《读书》1986年第2期。

以见抽象与分类二者，皆我国人之所不长，而我国学术尚未达自觉（Selfconsciousness）之地位也"①。中国近代学者正是清楚地意识到我国传统重经验、重感悟的思维方式不利于学术的独立以及现代学科的建设，才自觉地借鉴西方学术重视科学思辨、推崇归纳分析、"长于抽象而精于分类"的理性认知方式，并在此基础上完成了现代知识学层面上的思维转换。

同样，日本在近代社会也面临着传统文化的现代转型问题，全面学习西方的制度与文化。与此相应，维新运动伊始，日本一些有识之士就倡导一种言文一致的运动，以顺应社会文化发展的潮流，满足现代学术发展的需要。其实，所谓的言文一致运动，也不仅仅是单纯语言层面的变革，更深层次所体现的是日本废弃汉字、脱离汉文化圈影响，所谓"脱亚入欧"，向欧洲文化靠拢、效法西方文明的一种思想意识。

语言作为思想文化的载体，本身就体现着思想文化的性质与时代特征，所以说新的时代的到来、新的文化体系的出现必然离不开新的语言形态与表述模式。现代中国规模最大的一场语言革新运动就是五四时期的白话文运动，此时正是中国文化破旧立新，传统文化发生现代性转变的重要历史时刻，风云骤变、百废待兴，身处新文化运动浪潮中的知识分子们认为要想"打倒孔家店"，推翻腐朽的传统文化的桎梏，必须首先废弃传统思想文化的载体——文言文，进行语言形态的更新。声势浩大的白话文运动就是旨在通过语言的变革，进行话语系统的新旧转换，以促进中国文学的现代转型，进而完成中国文学理论以及中国文化的

---

① 王国维：《论新学语之输入》，见傅杰编校：《王国维论学集》，中国社会科学出版社1997年版，第386页。

现代化转型。因为语言不仅仅是思想文化的载体，语言的变革与
国人思维方式的转变、学术范式的转型、现代学术体系的建立都
有着直接而密切的关系。白话文运动对整个中国文化的现代化进
程的巨大推动作用是不可否认的。但也有些极端言论，如钱玄同
主张以世界语取代汉语，提出"欲使中国不亡，欲使中国民族为
二十世纪文明之民族，必以废孔学、灭道教为根本之解决，而废
记载孔门学说及道教妖言之汉文，尤为根本解决之根本解决。至
废汉文之后，应代以何种文字，此固非一人所能论定；玄同之
意，则以为当采用文法简赅，发音整齐，语根精良之人为的文字
ESPERANTO"①。虽说这种观点并不可取，但也从一个侧面反映出
五四时期的一些学者们对古汉语改革的迫切渴求，对于语言方式
的变革与现代学术思想转型之间关系的深刻认识。

美学作为一门学科的真正确立，概念、术语和范畴是其学科
建构的知识基础。当这门学科作为中国现代化进程中的一部分被
从异域引进中国时，必然要借助于翻译的途径，通过翻译我们把
一个陌生的"西方"读入了中国语境中。在翻译外文书籍时，由
于书中的术语此前没有现成的译法可以借鉴，其内容又与中国旧
学大相径庭，所以"不得不造新名"。那么在两种语言间的对译
转换中，必然会产生一系列美学相关概念、术语的汉语名称，也
就是说汉语词汇中的新语汇、新概念的生成是必不可少的，甚至
在"五四"前后日译新书的狂潮中，中国出现了新名词的"大爆
炸"。近代知识分子通过译介各类外文书籍，使得新名词、新术语
以"混混之势而侵入我国之文学界"之时，传统学术思想已经悄

---

① 钱玄同：《中国今后之文字问题》，见《钱玄同文集》（第一卷），中国人民大学出版
社1999年版，第166—167页。

然发生了变革，新的学术范式、现代学术体系渐成时代主流。本书所介绍的美学学科初入中国学界之时，学者对学科名称、研究对象、研究方法，以及对其他诸多美学概念、术语的阐释都是在现代学术理念与思维框架下展开的，同时也正是这些概念、术语、范畴支撑起了美学学科的现代品格，并在理论话语层面显示出中国美学由传统形态向现代知识体系的转型。

新术语的出现，往往标志着学科内部的理论框架和话语形态将发生根本性的变化，因为翻译不仅仅是词语的转换，实际上更是一种对话，是两种语言、思维、文化的沟通。在此时出现的新名词、术语在话语方式以及思想内涵上已大大迥异于中国传统的文言文，更接近于现代汉语的构词方式，也可以这样说，新言语之输入正是新思想输入之表征。而"范畴作为一定理论形态的重要构成，它可能严重影响甚或决定一定理论的成熟程度及其真理的表达与实践的品格。范畴是一定思想与思维的心智精华……从一定名词、术语、命题、概念、观念到范畴及其群落，确是任何学科从感性认识、知性认识到理性认识的不断深化"①。那么，如果想要揭示中国近代美学思想及美学学科的发展演变历史，就应首先探索概念、术语的应用史和语义的变迁史，分析美学关键词的意义，通过分析甄别，探索其源流变迁。而特定时期的美学概念、审美范畴又可以集中地反映这个时期的审美意识和观念，所以说"一部美学史，主要就是美学范畴、美学命题的产生、发展、转化的历史"②。"对于美学范畴的历史性把握，就是对美学自身发展史的微观把握和历史还原。"③

① 王振复：《中国美学范畴史研究的一点思路》，《上海大学学报》2006 年第 2 期。
② 叶朗：《中国美学史大纲》，上海人民出版社 1985 年版，第 4 页。
③ 朱立元：《西方美学范畴史》第一卷，山西教育出版社 2006 年版，第 1 页。

三、美学学科新范式的确立

在近代社会西学东渐的时代大背景下，中国原有的知识体系遭遇外来文化的冲击，面临着瓦解与重建的世纪巨变，晚清至五四时期是中国传统学术向现代转型，建立新的学术范式的时代转折点。这个新的学术范式，既包括传统学术思想在话语模式层面的变革，也包括学术思想领域现代性精神的确立。中国传统学术一直浸润在儒家伦理思想的笼罩下，"文以载道""成教化""助人伦"成为传统学术安身立命之本，也使得学术自身的独立价值被掩盖与忽视。而所谓学术的现代性，即以学术自身为目的，而非诉诸其他社会性层面的功利诉求。对于这种学术独立精神的追求，近代学界中的有识之士已在大力呼吁，认为我们从西学中首要汲取的思想资源就是要指向解构中国传统知识体系、建立现代学科制度。"学术之所争，只有是非真伪之别耳。于是非真伪之别外，而以国家、人种、宗教之见杂之，则以学术为一手段，而非以为一目的也。未有不视学术为一目的而能发达者，学术之发达，存于其独立而已。然则吾国今日之学术界，一面当破中外之见，而一面毋以为政论之手段，则庶可有发达之日欤！"[1] 这种对"学无中西"、"视学术为目的而非手段"的言说，正是对学术自身独立价值的肯定，也正是在这种倡导学术自由、学术独立的时代氛围中，中国学者也首次通过西学的媒介认识到了美学的独立地位："哲学者承认美学为独立之学科，此实近代之事也。"[2] 只有认识到了美学学科的独立地位，才能以一种

---

① 王国维：《论近年之学术界》，见傅杰编校：《王国维论学集》，中国社会科学出版社1997年版，第215页。

② 〔日〕桑木严翼著，王国维译：《哲学概论》，见《哲学丛书初集》，教育世界出版所1902年版，第84页。

现代学术精神去构建这一学科新范式。下面就从美学范畴的角度探讨一下中国美学学科新范式的确立。

（一）话语模式与美学学科新范式

其实，语言词汇的变革所彰显出的意义已超越单纯的语言学层面，从中可以看出社会形态的变迁、文化类型的转向等更深层面的内涵。我们以中国近代第一代译才严复译词与日译新词此消彼长的关系为例，即可以看出话语形态变迁背后所反映出的社会思潮、文化转型等信息。严复既博览古今，又通晓外语，身处晚清这一社会巨变、文化转型的浪潮中，自觉担负起传承中国传统文化、传播西方现代新知的历史使命。他在翻译西学方面所付出的心血与良苦用心不可谓不深，常常"一名之立，旬月踟蹰"，严复译词最大的特点是古文色彩浓厚，他在翻译西方著作的时候遍搜中国古籍，往往从古奥、晦涩的先秦古汉语中寻找译词，并经常用中国本土文化中已有的概念来比附西学原作中的概念。这一方式导致严复创制的话语体系艰涩难懂，梁启超曾在其主编的《新民丛报》上撰文推荐严复所译的《原富》，首先称赞"严氏于中学西学皆为我国第一流人物，此书复经数年之心力，屡易其稿，然后出世，其精善更何待言"。但同时也对严复译文提出了批评："其文笔太务渊雅，刻意摹仿先秦文体，非多读古书之人，一翻殆难索解。夫文界之宜革命久矣，欧、美、日本诸国文体之变化，常与其文明程度成正例……况此等学理邃赜之书，非以流畅锐达之笔行之，安能使学童受其益乎？著译之业，将以播文明思想于国民也，非为藏山不朽之名誉也，文人结习，吾不能为贤者讳矣。"[①] 而严复反诘："窃以谓文辞者，载理想之羽翼，而以达情

---

① 孙应祥：《严复年谱》，福建人民出版社 2003 年版，第 174 页。

感之音声也。是故理之精者不能载以粗犷之词，而情之正者不可达以鄙倍之气。……若徒为近俗之辞，以取便市井乡僻之不学，此于文界，乃所谓陵迟，非革命也。且不佞之所从事者，学理邃赜之书也，非以饷学僮而望具受益也，吾译正以待多读中国古书之人。使其目未睹中国之古书，而欲稗贩吾译者，此其过在读者，而译者不任受责也。"①所以，即使严复译文"渊懿古茂""沉博绝丽""瑰奇奥诡"，堪称"传世之文"，然而非寻常人所能看懂，故不利于启民智，自然也远离了晚清有识之士希冀引进西学所承载的"启蒙"使命。而严式译语之所以兴盛一时随即便被铺天盖地而来的日译新词所淹没，原因也大体在此。

据相关领域学者考证，严译新词在当时社会上的影响呈现出由盛而衰的起伏过程，大致可分为四个阶段：第一阶段1897年至1904年，严译新词在社会上逐渐传播开来，并达到流行的高峰，其影响超过日译新词。这主要是因为严复译书使用古代汉语来造就的古雅文体，受到当时政治上与文学上的主流士大夫的广泛支持，如张之洞、辜鸿铭、吴汝纶等人；第二阶段1905年至1910年，为严译新词和日译新词的并用期，日译新词逐渐发展壮大，与严译新词分庭抗礼，日译新词主要受到当时学界巨擘梁启超、王国维等学术大师的青睐，以及留日学生的大力推广与支持。当然在倾向于立宪派的群体中，支持严复译词的还是占据大多数；第三阶段1911年至1919年，严译新词虽在社会上继续使用，但其影响力已经下降，与此同时，日译新词为人们普遍使用，使用频率已超过严译新词；第四阶段是1919年新文化运动及五四运动爆

---

① 严复：《与〈新民丛报〉论所译〈原富〉书》，见王栻编：《严复集》第三册，中华书局1986年版，第516—517页。

发之后，传统士绅、改良派式微，政界学界主流均已为革命党人
与留学生群体所占据，此时大部分严译新词几乎被日译新词所取
代，日译新词最终胜出。① 严译新词的早期盛行以及随后被日译新
词所取代，都因其执意为之的仿古文体与古汉语构词方式，正所
谓"成也萧何败也萧何"。前文提过，中国古汉语在逻辑性与严密
性上与现代学术的学科化、体系化并不相容，所以严式译语在准
确性、科学性上并无优势可言，也很难实现现代学术范式的真正
转型与现代学术体系的构建。而严复虽积极倡导并传播西学，但
其骨子里还是倾心于中国传统文化，寄希望于士绅阶层的改良主
张，所以其创制的翻译话语也是为了迎合传统文化底蕴深厚的士
大夫阶层的口味与喜好。这与革命派所主张的启民智或者说近代
社会思潮的主题——启蒙——是背道而驰的，当政界革命派压倒
了改良派，成为主导时局变革的优势力量，当学界传统士大夫阶
层为留学生群体或新式知识分子所取代，严复译文的古体话语模
式被现代汉语形态所取代也是大势所趋了。所以说，通过语言词
汇的兴衰起落可以透视出社会主导力量的变化以及学术范式转型
的标志。

回到本书所考察的中国近代美学范畴领域中来，学界无论是
对于"美学"这一学科名称，还是对于学科内部核心美学范畴的
名称——优美、崇高、悲剧性、喜剧性与丑——的最终确立，都
采用的是现代汉语的构词模式与话语形态，即使在美学术语汉译
名称的选择上曾经存在过多名并用、多名混用的复杂情形，但最
终胜出的范畴名称都是具有现代汉语色彩的词汇。比如前文所述，

---

① 何绍斌、夏玉兰、李霞：《严复译词"消亡"原因浅析》，《剑南文学》2015 年第
12 期。

在对"美学"学科汉译名称的选择中，中国学者以及来华传教士曾经创制过的译名有"艳丽之学""美丽之学理""佳美之理""审美之理"以及"审辨美恶之法"等；对于"崇高"范畴，中国学者也曾使用过"都丽之美""崇宏之美"等名称，但这些具有古汉语色彩的词汇并没有流行开来，仅是昙花一现，便进入了历史的陈列馆。虽然在学科概念、范畴汉译名称的选择上存在着一定的偶然性，甚至对有些术语名称的翻译在现在看来也并不是最准确精当的，但纵观晚清民国时期从西方引进建立的现代学科，在术语、概念的翻译中呈现出大体一致的规律性，即在译名的选择上，现代汉语形态对古汉语形态的绝对胜出。个中缘由既是现代汉语词汇更通俗易懂、更清晰精密，又是这些术语、范畴所蕴含的现代学科特质是在中国传统文化中遍寻不到的，像严复那样采用以中化西，以古附今的翻译策略，也是新旧杂糅、不伦不类，难免终被淘汰的命运。

　　每一个美学核心概念、范畴的背后都承载着丰富的美学思想，就中国近代美学来说，美学范畴话语模式的转型，既是中国传统美学向近现代美学转型的标志之一，也代表着美学学科新范式的确立。

（二）启蒙精神与美学学科新范式

　　中国传统的美学思想立足于和谐优美的审美观，美学观即是人们世界观以及思维模式的直接反映。中国古代社会，天人合一的自然观、辩证融通的哲学观使得审美理想一直注重人与自然、个体与社会、主观与客观的和谐统一，思维模式上具有注重整体性、辩证性、稳定性、直观性的优长，同时也难免具有概念模糊、保守僵化、重实用功利的不足，导致其缺乏批判性、理性与求真精神的现代性思维。当晚清的中国面临西方列强的武力侵略，天朝大国的美梦被一朝击碎，保守封闭的国人开始重新审视反思延续千年的传统文化，加之西学东渐浪潮的冲击，中国传统思维出现断裂，有识之士在引进西方现代学术思想的同时，现代性的思维模式也随之被引进。所以在中国近现代美学学科的建构过程中，现代性思维模式与现代学术精神自然蕴含其中。

"美学学科在中国文化中生根、壮大是时代的趋势。它在中国的进入，正好与近代中国的启蒙运动相同步，这使它在中国的登台亮相不仅有学术开拓的意义，而且具有思想启蒙的意义。"① 在近代美学的范畴体系中，每一个核心范畴都体现着时代精神与启蒙的理想。当"崇高"取代了"优美"这一古典时代备受青睐的范畴时，就意味着审美范式发生了由传统向现代的转变，"崇高"这一概念在美学学科中的意义已不仅仅是一个范畴术语，它代表着整个时代的审美理想，在崇高精神的指引下，和谐的审美观被打破，个体与社会的矛盾凸显，美学范畴中的否定性因素日益增强，无论是悲剧性还是喜剧性都渗透着丑的元素，因此，美学的批判性功能与启蒙的价值也就成为其区别于传统思想的重要特征。由于中国近代面临着亡国灭种的民族危机，所以社会上的爱国人士，无论是资产阶级革命派还是改良派，都曾为"启蒙"摇旗呐喊，意欲摧毁封建、保守、落后的旧社会而实现对个人价值、个性解放的追求。这场深刻、深入的思想界革命在五四时期被推向了顶峰，启蒙主义者要在"民主""平等"的理性精神指导下去追求思想界的自由，所以上层建筑当然包括文学艺术在内都不可避免地附着了"启蒙"与"功利"的政治化倾向。美学的"启蒙"精神其实应该包含两个层面的意义，即审美启蒙和社会启蒙，而这二

---

① 陈伟：《中国现代美学思想史纲》，上海人民出版社 1993 年版，第 7 页。

者在近代社会特殊的时代背景下却存在着难以调和的矛盾，出现了"为学术而学术"与"为人生而学术"两种模式。这一点在人们对悲剧与喜剧范畴的理解中体现得尤为鲜明，不仅在美学理论与创作实践上出现了极大的反差，即使是在美学理论内部也出现了审美说与功利说的分歧。

　　从美学理论的角度去看，悲剧概念刚刚传入中国之际，就存在着以蒋观云为代表的功利主义视角和以王国维为代表的审美主义视角。所谓功利主义视角就是在文学革命与戏曲改良的大潮中，从社会功效角度大力提倡悲剧创作，阐释悲剧的内涵。"悲剧者，能鼓励人之精神，高尚人之性质，而能使人学为伟大之人物者也，故为君主者不可不奖励悲剧而扩张之。……使剧界而果有陶成英雄之力，则必在悲剧。"① 这样的理论论调与中国早期的话剧创作及至五四时期的戏剧创作实践是同步的，之所以在艺术领域里盛行悲剧的题材，一是契合于当时的社会现实，国将不国、民不聊生、哀鸿遍野的生存现状自然成为艺术表现的主要题材来源；二是悲剧因其形式上的惨烈以及对人情感深层的触动与刺激，对于社会矛盾的揭露、对于封建痼疾的批判乃至对于国民传统的文化积习以及乐天团圆的心理都可以起到极大的警示与震慑作用。鉴于此，悲剧在当时成为人人皆知、人人熟识的概念，但真正能领悟到悲剧内涵与其美学本质的人除了王国维之外还寥寥无几。

　　王国维对悲剧范畴的理解立足于从学术的视角探索悲剧的本质及其审美意蕴，其思想来源主要还是来自于对西方悲剧理论的移植，更确切地说是深受叔本华悲观主义哲学观的影响。前文提

① 观云：《中国之演剧界》，《新民丛报》1905 年第 17 号。

过王国维对悲剧美学本质的理解以及对于《红楼梦》悲剧精神的
阐发其实并没有达到现代悲剧美学范畴的深度，但他是真正着眼
于学术而不是从社会功用的层面对悲剧进行定位，而且将其由一
个戏剧领域的概念上升到美学范畴的层面，也为后来的研究奠定
了理论基础。所以到了 20 世纪 20 年代中国美学理论的建构时期，
在吕澂、范寿康、陈望道等人的美学原理著作中，学界已经完成
了对悲剧美学范畴的确立工作，虽然此时在创作实践领域，还是
蔓延着所谓的泛悲剧化倾向，对悲剧范畴的社会学意义的解读还
是占据着主导地位，这正是美学领域中功利主义与审美主义两种
视角的对峙格局的体现。显而易见，在当时的社会语境下，功利
主义的美学追求与社会潮流、时代需求相契合，自然成为主导性
力量并影响着文艺创作实践的整体走向。

　　学界对于悲剧范畴的引进与理解中的两个视角，其实只是近
代美学理论界的一个小小的缩影，它折射出的正是近代美学的一
大重要特征——启蒙，即审美的现代性启蒙与社会的现代性启蒙。
审美的现代性启蒙针对的是在儒家正统文化思想统摄下的和谐、
中庸的古典审美观以及"温柔敦厚"的美学原则，倡导一种崇高、
尚力、悲壮的近代审美理想，其意图着眼于现代审美精神以及美
学体系的创建。这一点在近代美学大师王国维身上体现得最为明
显，他早就断言"天下有最神圣、最尊贵而无与于当世之用者，
哲学与美术是已。天下之人嚣然谓之曰无用，无损于哲学、美术
之价值也。至为此学者自忘其神圣之位置，而求以合当世之用，
于是二者之价值失。夫哲学与美术之所志者，真理也。真理者，
天下万世之真理，而非一时之真理也。其有发明此真理（哲学家）
或以记号表之（美术）者，天下万世之功绩，而非一时之功绩
也。""若夫忘哲学、美术之神圣，而以为道德政治之手段者，正

使其著作无价值者也。"① "美之性质，一言以蔽之，曰可爱玩而不可利用者是已。"② 这正是现代美学精神的体现即"审美无利害"。正如一位美国美学家所指出的："除非我们能理解'无利害性'这个概念，否则我们就无法理解现代美学理论。"③ "追溯'无利害性'的起源并找出它建立的地方，也就是现代美学理论诞生的地方。"④ 王国维的美学思想始终立足于康德、叔本华等西方美学家的"审美无利害性"理念来构建其美学理论大厦，所以也有学者断言王国维是中国现代美学第一人。而社会的现代性启蒙就是在"借思想文化以解决问题"的模式下，将文艺与美学思想直接指向现实的社会问题，往往忽视对其进行学理或美学本体层面的思考，甚至只关注到某一美学思想的表层化指征，这时学术思想有时只作为一种手段而非目的，这与现代学术精神是相背离的，但确实也可以起到震撼国人头脑、改良国民思想、新国、立民的作用，成为文化启蒙的一个关键环节。而"中国近代美学的基本矛盾和发展线索就是功利主义美学与超功利主义美学的对立与互补"⑤。

　　无论是哪一种启蒙，当崇高替代了和谐与优美，成为一个时代的主要审美倾向时，当一系列的美学范畴支撑起了美学的启蒙功用时，当"丑"与"悲"的因素逐渐渗入到这一时代的主要审美范畴（比如崇高、悲剧性、喜剧性等）中时，这就是一种新的

① 王国维：《论哲学家与美术家之天职》，见傅杰编校：《王国维论学集》，中国社会科学出版社1997年版，第295、297页。
② 王国维：《古雅之在美学上之位置》，见傅杰编校：《王国维论学集》，中国社会科学出版社1997年版，第298页。
③ 〔美〕杰罗姆·斯托尔尼兹：《"审美无利害性"的起源》，见《美学译文（3）》，中国社会科学出版社1984年版，第17页。
④ 〔美〕杰罗姆·斯托尔尼兹：《"审美无利害性"的起源》，见《美学译文（3）》，中国社会科学出版社1984年版，第18页。
⑤ 聂振斌：《中国近代美学思想史》，中国社会科学出版社1991年版，第32页。

价值观念的介入，自然也就标志着古代审美理想发生了现代转型，也成为新的美学范式建立起来的标志之一。关于民国或五四时期新学术范式确立的标志问题，不少学者都做过研究，大体认为，走出经学时代、颠覆儒学中心、标举启蒙主义、提倡科学方法、学术分科发展、中西会通创新等都是其标志。更具体而言则体现在新的学术精神、新的话语模式、新的思维模式、新的学术方法以及代表人物或学术著作的纷纷出现上。[①] 由于本论题的关注点所限，笔者仅从美学范畴术语的角度将其与美学学科新范式的确立联系起来，而这也恰恰是一个最为关键的视角，因为"话语将是最敏感的社会变化的标志"[②]，"每一领域内的现代化进程都是用各该学科的术语加以界说的"[③]。

所以说，中国近代美学中核心概念、范畴的生成与美学学科的创建息息相关，这些范畴不仅构成了美学学科的知识基础，更以其自身所蕴含的学术精神与时代气息成为现代学术转型的重要标志。

第三节　中国近代美学范畴的异质与转化

中国近代是西学东渐、中西文化碰撞融合最广泛的时期，西方文化的输入在很大程度上消解了我们传统的思维观念，并使得中国文化被动发生了现代化转向，这一异于传统具有新质的美学

---

① 朱汉国：《创建新范式：五四时期学术转型的特征及意义》，《北京师范大学学报》1999 年第 2 期；薛其林、柳礼泉：《论民国时期新学术范式的确立》，《云梦学刊》2004 年第 5 期。

② 钱中文主编：《巴赫金全集》第二卷，河北教育出版社 1998 年版，第 359 页。

③ 〔美〕费正清、〔美〕刘广京编，中国社会科学院历史研究所编译室译：《剑桥中国晚清史（1800—1911 年）》下卷，中国社会科学出版社 1985 年版，第 6 页。

体系的构建几乎完全来自于对西方美学理论的移植，当然所谓"移植"并不等同于无条件的复制，因为虽然我们较多地借用了西方的美学术语，但其内涵已经不可避免地发生了一些民族性的转变，这是任何一种外来理论资源都无法逾越的异质、转化与融合的过程，也是植根于中国的民族精神、结合于中国的社会状况而烙上的时代与民族的印记。

首先，近代美学范畴所体现出的移植性与异质性特征。从本书所考辨的五大美学范畴中可以看出，除"优美"范畴代表着古典审美形态的延续外，"崇高""悲剧性""喜剧性"以及"丑"都属于近代美学领域中的概念，这是西方美学由古典形态向近代形态的演进，体现了美学理论自身内涵的丰富与发展。在中国古代美学思想体系中，具有否定性因素的崇高、悲剧性、喜剧性以及丑都不会成为独立的美学范畴，而在近现代美学体系中，这些反而成为美学范畴体系中最为核心的概念。所以对于中国美学领域来说，这些范畴的出现并不是传统美学思想的自然延续，而是来自于对西方美学理论的引进，这鲜明地体现出中国美学学科的外来性质，也就是说西方美学思潮加速了中国古典美学的现代化进程。"崇高"范畴的提出即意味着审美理想、时代价值的转型，而"悲剧性""喜剧性""丑"等在古典时代受到和谐美制约的审美范畴也在此时出现了分化，并逐步具备了独立的存在形态。这实际上意味着中国美学学科的历史起点即建立在西方整个近代美学全部理论成果的基础上。

严格说来，中国古代并没有学科意义上的美学，其丰富的美学思想或审美意识依存于传统文化的土壤，体现的是封建美学思想的属性。虽然在漫长的封建社会中，不同朝代的社会背景会导致其相应的美学形态产生一定的变化，但总体上并没有改变古典和谐的封建审美观，因为中国的社会形态与文化属性并没有发生质的变化。直至明朝中叶资本主义萌芽开始孕育生发，个性解放的意识与浪漫思潮蓬勃兴起，在社会形态自身的逻辑演变中，具有人文色彩与资产阶级启蒙意识的文化质素与新的审美精神正在与旧传统的对立斗争中发挥着越来越大的能量，但这个历史进程被清朝末年西方列强的武力侵入而强行制止，中国由此进入了一个畸形的社会形态——半殖民地半封建社会。

虽然说对西方现代思潮与现代学术体制的引进，加速了近代化历程，但中西学术思想鲜明的异质性、在引进西方学术时的急功近利倾向，也使得在构建近代学术思想体系时存在着一种"夹生"的感觉，聂振斌先生将其总结为"消化不良与未老先衰"。"近代美学是一个彻底开放体系。它在半个世纪内几乎把欧美、日本等所有的重要美学学说、流派介绍到中国。有的经过了一定的消化，而更多的只是照搬、移植过来，还没有来得及与中国固有的思想进行融合、创新，便随着中国资产阶级短促的历史命运而草草收场。因此，也就没有在中国审美文化的土壤中牢固地扎下根。据不完全统计，在四五十年间，报刊杂志发表了几百篇美学论文，出版机构出版了几十部美学专著、译著以及许多通俗小册子，可是在今天，除了专门研究这段美学史的，很少有人能说出几部几篇来。这除了由于过去不够重视这段历史的研究之外，大概与它本身不够成熟，缺乏理论价值，因而没留下深刻的印痕，不会没有关系。当时从事美学研究的，也很有一些人，但不少是'凑热闹'，出于一时的兴趣，专心致志于此，终身为之努力者极少。所以，真正能把外来的影响与民族美学传统加以融会贯通，进行创造性地发挥，留下有价值的论著者，为数实在不多。较为出色者，也就是王国维、蔡元培、鲁迅、吕澂、朱光潜、宗白华、邓以蛰、蔡仪几个人。"①事实的确如此，我们在梳理中国近代美学范畴的源流变迁时，主要涉猎的美学家无外乎就是以上这几位前辈，他们在近代美学范畴的引进与确立上起到了至关重要的奠基作用。而本书所考察的这几个近代美学范畴确实经过了历史的筛选与检验，得以继续保留在现代美学的学科体系中，但是不是就可以由此得出结论，认为近代的学人们对这些美学范畴的理解就是准确而到位的呢？答案是否定的。因为这些美学范畴并不是来自于中国传统美学思想，它们是地地道道的外来者，从话语模式到精神内涵都与中国传统文化相异，但这种外来美学思想的冲击又暗合了中国传统文化与美学精神的近代化转型，所以这种异质的文化类型得以在进入中国之后迅速与时代转型的需求相呼应，并通过对传统审美文化的反叛，吹响了向中国几千年封建传统、腐朽社会进行全面反击的号角。正如匈牙利文艺理论家卢卡契在谈到外国文学对本国文学的影响时所说："任何一个真正深刻重大的影响是不可能由任何一个外国文学作品所造成，除非在有关国家同时存在着一个极为类似的文学倾向——至少是一种潜在的倾向。这种潜在的倾向促成外国文学影响的成熟。因为真正的影响永远是一种潜力的解放。正是这种潜在力的勃发才使外国伟大作家对本民族的文化发展起了促进的作用——而不是那些风行一时的浮光掠影的表面影响。"②那么，考察这些近代美学概念、范畴的演化史，实际上也就是研究美学的思想史，进而实现对时代精神的把握。

无疑，这些美学范畴具有鲜明的时代感，但范畴背后所关联

---

① 聂振斌：《中国近代美学思想史》，中国社会科学出版社1991年版，第35页。
② 〔匈牙利〕卢卡契：《托尔斯泰和西欧文学》，见《卢卡契文学论文集》第二卷，中国社会科学出版社1981年版，第452页。

着的西方文化底蕴也让其与我们存在着一定的隔膜感。所以对于某些美学范畴，中西方的理解还是有着一定的差距的。以悲剧范畴的引进为例，20世纪初期"悲剧"概念被首次引入中国学界，到了20世纪20年代学界对悲剧范畴的理解已经趋于成熟与稳定了，无论是刘仁航翻译的《近世美学》一书，还是当时盛行的三部《美学概论》著作中对悲剧范畴的认识已经相当深刻，在对悲剧类型的划分、悲剧美感产生的原因、悲剧与崇高的关系、悲剧的艺术表现形式等方面都有深入细致的阐述，但这些基本上是按照西方悲剧理论的模式构建的，是对西方悲剧美学理论的"直接拿来"。这种被移植进来的西方理论究竟能被当时的学者理解与接受多少，从当时的文学创作实践上看是不容乐观的。即使是在五四时期比较成熟的悲剧文学作品中，我们也很难看到西方悲剧精神中普遍存在的崇高感、力量感与决绝的态度，中国式的悲剧更多的是与本民族的文化心理相融合的悲情悲剧，这种差异的出现源于中西方相异的哲学文化背景，所以与较为正统的西方悲剧美学精神相比，鲁迅开创的建立在中国悲剧文学创作实践基础上的悲剧命题反而拥有更多的受众群体，产生了更为广泛的影响。与悲剧的引进历程相似，喜剧也是一样，作为舶来的话剧类型或是美学领域中的核心概念，由于其附着了西方悠久的哲学、文化及文艺传统，当其被引进我国时也势必会产生隔阂并发生变异，由此也就形成了中国典型的现实化、功利化的喜剧观以及五四时期讽刺文学蓬勃发展的状况。所以，由于特殊的时代境遇，中国近代的悲剧与喜剧从诞生之日起，就背负了沉重的社会责任与历史使命。在纯粹的美学理论与艺术实践领域之间出现的巨大反差，反映出的正是近代美学理论的移植性与民族化的矛盾，体现的也正是近代美学范畴所具有的异质与转化的特征。

其次，近代美学范畴所体现出的民族性转化特征。中国近代美学范畴所体现出的异质性与民族性看似矛盾，实则统一。因为这门学科本身是从西方引进的，其中的概念、范畴乃至整个的体系建构自然具有异质性的特点，对于中国传统学术来说，无疑它是一个"异类"。但引进不是最终的目的，我们要以西化中，旨在在借鉴中融合、在比较中创新，以达到最终的为我所用。况且中国近代学者在对西方学术的借鉴过程中，要比当代学者的接受情形更为复杂，因为这些近代学人们普遍具有深厚的传统文化积淀，同时在晚清的时代转折与文化剧变中又接触到了西洋文化，有的甚至对西方文化的研究十分精深，传统文化的熏陶与西方力量的影响同时充斥着他们的头脑，而且二者的力量对抗也必然要经历一个转变的过程。接受初期由于外来力量的压倒性优势使得接受者只能一味地去被动接受、移植，而几乎无暇调动个人的经验与知识储备，但随着对外来理论的逐步理解与进一步研究，个人的情感经验及文化储备也会随之被激活，这时对西学的接受要产生同化大于顺应的反应。而本书研究的主要目标之一就是要考辨这些西方美学概念进入我国语境后所发生的异质、转化与融合过程，也就是说既要注意到中国近代美学术语借鉴于西方的事实，又要深入挖掘其深植于本土文化的民族资源。

如前文所述，目前许多研究者在对"崇高"范畴进行分析时，往往将其等同于传统美学中的阳刚之美，或是将壮美与崇高混为一谈，这种所谓的概念误读现象其实就是研究者主观化地把外来的美学范畴与中国古典美学范畴进行简单的对应甚至混同所致，但不可否认，部分原因也存在于最初引进"崇高"范畴的近代学者王国维身上，正是深厚的古典文化积淀使得他在衔接传统与现代、融会中国与西方而展开其美学思考时产生了无法避免的矛盾或者说张力。

而中国近代学者对于"丑"范畴的接受更是如此，在西方美学的发展历史中，人们对于美、丑的态度一直比较明确，当美学形态由古典阶段向现代美学的演进过程中，也发生了由审美向审丑的转变，所以古典时期的"美"与现代阶段的"丑"在西方美学体系中都具有本体论的意义。"美"是西方古典美学的核心范畴，而"丑"则成为现代美学的最主要特征。与此相反，在中国古代美学思想中，辩证与融通的思维方式导致人们对对立范畴的理解也并不那么绝对，美丑转化、以丑衬美的思想其实一直可以被人们理解与接受，当然二者在中国美学思想中也都没能成为最为核心的范畴，它们受到更高一层次的美学范畴的制约而存在。所以我们对于西方"丑"范畴的引进与理解过程也非常缓慢，甚至到了中国美学体系的初步建构阶段，对于丑的认识仍没有取得实质性的突破。严格意义上说，此时对于"丑"的认识还停留在中国古典美学的思想层面上。西方现代美学中的反美倾向、现代主义艺术中来势汹汹的审丑思潮已经远远超出了中国近代学者的期待视野与接受能力，也与当时中国整个的社会形态与时代背景并不相符。西方现代主义美学发端于19世纪中后期，在20世纪初期开始迅猛发展，这时西方社会已经发展到垄断资本主义阶段，资本主义的基本矛盾越来越尖锐，异化现象、精神危机、反理性思潮等都是现代主义美学产生的根源，而这些对于半殖民地半封建社会、还处于前现代阶段的近代中国来说还很陌生，自然无法理解现代主义美学中"审丑"的意义与价值。所以，由于时代境遇的不同以及接受者潜在的阅读期待心理，20世纪初期对于西方美学的引进主要侧重的是传统美学以及近代美学的形态，更倾向于接受西方美学中美丑分明、以丑衬美的观点，而对西方现代丑学的兴起持弱化或忽略的态度。直至 20 世纪 80 年代，中国美学及艺术创作领域中的审丑思潮才渐成主流。

所以，虽然中国美学学科建立的基础是对西方美学理论的借鉴与移植，但在这个过程中具体的美学概念、范畴随着语境的变化、历史的变迁不可避免地获得了新的内涵。这其实正体现出西方现代阐释学所强调的理解的历史性，中国近代学者自身所浸润的历史文化语境作为一种理解先见或者说期待视野，当与西方美学理论相遇时，二者自然构成了中西与古今之间、接受者与原始文本之间的对话关系，从而形成了无限开放的"视域融合"，这就是现代阐释学视野中"理解"的本质。正如现代阐释学之父加达默尔所说："当某个本文对解释者产生兴趣时，该本文的真实意义并不依赖于作者及其最初的读者所表现的偶然性。至少这种意义不是完全从这里得到的。因为这种意义总是同时由解释者的历史处境所规定的，因而也是由整个客观的历史进程所规定的。……本文的意义超越它的作者，这并不只是暂时的，而是永远如此的。因此，理解就不只是一种复制的行为，而始终是一种创造性的行为。……如果我们一般有所理解，那么我们总是以不同的方式在理解。"[1] 在这个理解的过程中，文化之间的误读难以避免，但这种误读却是一种积极意义上的阐释："从历史来看，这种误读又常是促进双方文化发展的契机，因为恒守同一的解读，其结果必然是僵化和封闭。"[2] 所以说，中国近代学者通过翻译的途径引进西方美学理论的过程本身，就是一个典型的阐释过程，对此加达默尔也曾指出："一切翻译就已经是解释（Auslegung），我们甚至可以

---

① 〔德〕汉斯-格奥尔格·加达默尔著，洪汉鼎译：《真理与方法：哲学诠释学的基本特征》（上卷），上海译文出版社 2004 年版，第 383 页。

② 乐黛云：《文化差异与文化误读》，《中国文化研究》1994 年第 2 期。

说，翻译始终是解释的过程，是翻译者对先给予他的词语所进行的解释过程。"①在这个过程中，绝对的纯客观的理解是不存在的，因为"在对某一本文进行翻译的时候，不管翻译者如何力图进入原作者的思想感情或是设身处地把自己想象为原作者，翻译都不可能纯粹是作者原始心理过程的重新唤起，而是对本文的再创造（Nachbildung），而这种再创造乃受到对本文内容的理解所指导，这一点是完全清楚的。同样不可怀疑的是，翻译所涉及的是解释（Auslegung），而不只是重现（Mitvollzug）"②。通过这个翻译、阐释的过程，最终呈现在我们面前的是两种视域——阐释者与原始文本——的融合，所以中国近代学者接受西学时必然要出现同化大于顺应的反应。况且中国近代美学处于一个由传统向现代转型的过渡时期，传统文化的影响、民族性的印记自然无法完全消除，所以异质与转化、移植性与民族性也就成为附着于近代美学范畴身上的鲜明特质。

---

① 〔德〕汉斯-格奥尔格·加达默尔著，洪汉鼎译：《真理与方法：哲学诠释学的基本特征》（下卷），上海译文出版社 2004 年版，第 496 页。
② 〔德〕汉斯-格奥尔格·加达默尔著，洪汉鼎译：《真理与方法：哲学诠释学的基本特征》（下卷），上海译文出版社 2004 年版，第 498 页。

结　语

　　中国近代社会，最典型的学术现象就是西学东渐，此时也是中西文化碰撞融合最广泛的时期，我国传统学术体系在西方文化的冲击下被动发生了现代化转向。学科意义上的中国美学就是在这样的时代背景下从西方传入的，可以说这是中国美学学科产生的历史与逻辑起点。

　　作为现代学术意义上的中国美学，不同于传统美学感性、缺乏体系的存在形态，它建立在现代学术理念与思维模式下，具有一套自成体系的概念、术语及话语方式，而这些几乎完全来自于对西方美学理论的移植。在移植过程中自然涉及两种语言间的翻译转换，也势必会产生一系列美学相关概念、术语的汉语名称，它不仅构成了这门学科体系的知识基础，更昭示出中国古典审美理想的现代转型。毋庸置疑，任何一门学科领域中的概念与术语都是其学科体系中最为关键的核心构件，"中外历史上产生的术语，是学术发展的核心成果，人类在科学及技术领域的每一项进步，都以术语形式在各种自然语言中记载下来，一个专业的知识框架，有赖结构化的术语系加以构筑。因而，术语，尤其是术语系，成为科学知识和技术知识的尘库，是精密思维得以运作、学科研究得以展开的必要前提"①。所以，探索此时关键美学概念、术语的源流变迁史的工作就显得尤为重要。近年来这一领域的研究成果也在日益增多，曾被遮蔽的史料与有价值的信息不断被发现与整理，这些可喜的成果使得这一研究呈现出更为广阔的前景。

本书的写作就是建立在学界现有研究成果的基础上，通过对史料的挖掘以及对历史语境的回归，首先从宏观的视角概述我国引进西方美学初期的学界状态，梳理出由学科名称的首次引进到"美学"译名的流变过程，以及对"美学"概念理解的逐步深化直至近代美学体系初步确立的大致脉络。在此基础上选取了现代美学理论中具有支撑性意义的五大范畴——"崇高""优美""悲剧性""喜剧性"和"丑"作为论述的重点，追溯考察近代审美理想中核心美学概念从作为名词提出到作为范畴的最终确立过程，阐明这些外来理论资源所经历的异质、转化与融合的过程，并进一步分析这些关键美学范畴所体现出的时代性特征与民族化印记。虽然是从最基本的美学概念的考辨入手，但最终目的还是在于对中国近代美学思想及美学学科的发展演变历史的把握，所以在最后一章中着重阐述了中国近代美学范畴的体系化建构与现代性品格，旨在挖掘出这些概念、范畴上面所蕴含着的审美理想的现代转型信息以及对于现代美学学科建构的意义，因为美学的关键概念、基本术语的发展流变过程，即是浓缩了的美学史。而且通过对中国近代美学核心术语生成途径的考察，可以看出近代美学范畴最显著的特征就是话语模式的转型，这与现代美学学术范式的确立是有着直接联系的。新术语的出现、话语形态、理论框架的

---

① 冯天瑜：《新语探源：中西日文化互动与近代汉字术语生成》，中华书局 2004 年版，第 12 页。

变革，如果是现代美学学科新范式的外在表征的话，那么内在精神即美学范畴的启蒙性特征就是学术现代性中更为深层的标志了。所以说，中国近代美学中核心的范畴与术语不仅是美学学科知识体系的重要组成部分，它还蕴含着中国近代美学学科创建的相关信息，也为美学学科的现代性建构奠定了基本模式，其意义非同小可。

　　我国从 20 世纪初对西方美学引进之始，至今已有百余年的历史，而且今天我们已经远离中国近代那个纷繁复杂、异常动乱的历史语境，许多理论与具体概念的缘起、接受与传播过程都难免被模糊运用、被想象性误读，所以对于此时核心美学范畴与概念的梳理，既有助于我们廓清美学初建时的面貌，了解中国近代学术界是如何接纳这些来自异域的新概念的，又可以实现当前美学理论更好的发展。确切地说，这样的学术研究不是创造而重在发现，"这是从小处下手。希望努力的结果可以阐明批评的价值，化除一般人的成见，并坚强它那新获得的地位"[①]。现在这已经成为朱先生的遗愿了，但的确应该作为我们进行学术研究的起点。

---

① 朱自清：《诗言志辨·序》，见蔡清富、朱金顺、孙可中编：《朱自清选集》第二卷，河北教育出版社 1989 年版，第 102 页。

参考文献

一、古籍文献

傅山：《霜红龛集》，山西人民出版社 1985 年版。

黄寿祺、张善文：《周易译注》，上海古籍出版社 1989 年版。

刘熙载著，徐中玉、萧华荣校点：《刘熙载论艺六种》，巴蜀书社 1990 年版。

姚鼐著，周中明选注：《姚鼐文选》，苏州大学出版社 2001 年版。

张立文主编：《王阳明全集》，红旗出版社 1996 年版。

郑板桥著，张素琪编注：《板桥题画》，西泠印社出版社 2006 年版。

朱熹：《孟子集注》，上海古籍出版社 1987 年版。

二、专著

阿英：《晚清文艺报刊述略》，古典文学出版社 1958 年版。

阿英主编：《晚清文学丛钞·小说戏曲研究卷》，中华书局 1960 年版。

北京市中日文化交流史研究会编：《中日文化交流史论文集》，人民出版社 1982 年版。

冰心著，吴重阳、萧汉栋、鲍秀芬编：《冰心论创作》，上海文艺出版社 1982 年版。

蔡仪：《美学论著初编》，上海文艺出版社 1982 年版。

蔡仪：《美学原理》，湖南人民出版社 1985 年版。

蔡元培著，高平叔编：《蔡元培全集》，中华书局 1984 年版。

蔡元培著，文艺美学丛书编辑委员会编：《蔡元培美学文选》，北京大学出版社 1983 年版。

曹俊峰：《元美学导论》，上海人民出版社 2001 年版。

陈榥编译：《心理易解》，上海会文堂 1905 年版。

陈平原：《中国现代学术之建立 —— 以章太炎、胡适之为中心》，北京大学出版社 1998 年版。

陈望道：《美学纲要》，见复旦大学语言研究室编：《陈望道文集》第一卷，上海人民出版社 1979 年版。

陈望道：《美学概论》，见复旦大学语言研究室编：《陈望道文集》第二卷，上海人民出版社 1980 年版。

陈望衡：《20 世纪中国美学本体论问题》，湖南教育出版社 2001 年版。

陈伟：《中国现代美学思想史纲》，上海人民出版社 1993 年版。

陈永标：《中国近代文艺美学论稿》，广东人民出版社 1993 年版。

成复旺编：《中国美学范畴辞典》，中国人民大学出版社 1995 年版。

邓牛顿：《中国现代美学思想史》，上海文艺出版社 1988 年版。

邓以蛰：《邓以蛰全集》，安徽教育出版社 1998 年版。

侴荣本：《笑与喜剧美学》，中国戏剧出版社 1988 年版。

范寿康：《美学概论》，商务印书馆 1927 年版。

方毅主编：《辞源》，商务印书馆 1915 年版。

封孝伦：《二十世纪中国美学》，东北师范大学出版社 1997 年版。

冯天瑜：《新语探源：中西日文化互动与近代汉字术语生成》，中华书局 2004 年版。

冯天瑜：《语义的文化变迁》，武汉大学出版社 2007 年版。

冯天瑜：《中国文化近代转型管窥》，商务印书馆 2010 年版。

冯雪峰：《雪峰文集》（第二卷），人民文学出版社 1983 年版。

冯志杰：《中国近代翻译史》（晚清卷），九州出版社 2011 年版。

佛雏校辑：《王国维哲学美学论文辑佚》，华东师范大学出版社 1993 年版。

佛雏：《王国维哲学译稿研究》，社会科学文献出版社 2006 年版。

傅杰编校：《王国维论学集》，中国社会科学出版社 1997 年版。

高名凯、刘正埮：《现代汉语外来词研究》，文字改革出版社 1958 年版。

葛兆光：《中国思想史》，复旦大学出版社 2001 年版。

耿云志：《近代中国文化转型研究导论》，四川人民出版社 2008 年版。

何绍斌：《越界与想象——晚清新教传教士译介史论》，上海三联书店 2008 年版。

胡经之主编：《中国现代美学丛编（1919—1949）》，北京大学出版社 1987 年版。

胡适编：《中国新文学大系·建设理论集》，上海良友图书公司 1935 年版。

花之安：《泰西学校·教化议合刻》，商务印书馆 1897 年版。

黄洁：《中国近代文艺美学史纲》，重庆出版社 2001 年版。

黄霖：《王国维〈人间词话〉导读》，上海古籍出版社 1998年版。

傅斯年著，黄振萍、李凌己主编：《傅斯年学术文化随笔》，中国青年出版社 2001 年版。

林语堂著，纪秀荣主编：《林语堂散文选集》，百花文艺出版社 2004 年版。

姜义华、张荣华编校：《康有为全集》（第四集），中国人民大学出版社 2007 年版。

蒋广学、张中秋：《凤凰涅槃》（"华夏审美风尚史"第十卷），河南人民出版社 2000 年版。

蒋红、张唤民、王又如：《中国现代美学论著译著提要》，复旦大学出版社 1987 年版。

金雅：《梁启超美学思想研究》，商务印书馆 2005 年版。

李天纲编：《万国公报文选》，中西书局 2012 年版。

李泽厚：《中国近代思想史论》，天津社会科学院出版社 2003年版。

李泽厚：《美学四讲》，生活·读书·新知三联书店 2004 年版。

李泽厚、刘纲纪：《中国美学史》，中国社会科学出版社 1984年版。

梁启超：《饮冰室合集》，中华书局 1989 年版。

林同华主编，宗白华著：《宗白华全集》（第一卷），安徽教育出版社 1994 年版。

刘东：《西方的丑学——感性的多元取向》，北京大学出版社 2007 年版。

刘方:《中国美学的历史演进及其现代转型》,巴蜀书社 2005 年版。

刘再复:《鲁迅美学思想论稿》,中国社会科学出版社 1981 年版。

刘正埮、高名凯主编:《汉语外来词词典》,上海辞书出版社 1984 年版。

卢善庆:《中国近代美学思想史》,华东师范大学出版社 1991 年版。

鲁苓主编:《视野融合 —— 跨文化语境中的阐释与对话》,社会科学文献出版社 2004 年版。

鲁迅:《坟》,人民文学出版社 1980 年版。

鲁迅:《鲁迅全集》,人民文学出版社 2005 年版。

陆梅林辑注:《马克思恩格斯论文学与艺术》第一卷,人民文学出版社 1982 年版。

吕澂:《美学概论》,商务印书馆 1923 年版。

吕澂:《美学浅说》,商务印书馆 1923 年版。

吕澂:《挽近美学思潮》,商务印书馆 1924 年版。

栾栋:《感性学发微》,商务印书馆 1999 年版。

罗志田:《权势转移:近代中国的思想、社会与学术》,湖北人民出版社 1999 年版。

马睿:《从经学到美学:中国近代文论知识话语的嬗变》,四川民族出版社 2002 年版。

聂振斌:《王国维美学思想述评》,辽宁大学出版社 1986 年版。

聂振斌:《中国近代美学思想史》,中国社会科学出版社 1991 年版。

聂振斌:《王国维美学思想研究》,商务印书馆 2012 年版。

聂振斌：《蔡元培美学思想研究》，商务印书馆 2012 年版。

牛宏宝、张法、吴琼等：《汉语语境中的西方美学》，安徽教育出版社 2001 年版。

潘懋元、刘海峰主编：《中国近代教育史资料汇编·高等教育》，上海教育出版社 2007 年版。

潘知常：《反美学——在阐释中理解当代审美文化》，学林出版社 1995 年版。

彭锋：《引进与变异——西方美学在中国》，首都师范大学出版社 2006 年版。

钱玄同：《钱玄同文集》（第一卷），中国人民大学出版社 1999 年版。

钱中文主编，巴赫金著：《巴赫金全集》第二卷，河北教育出版社 1998 年版。

邱明正、朱立元主编：《美学小辞典》，上海辞书出版社 2007 年版。

汝信、王德胜主编：《美学的历史：20 世纪中国美学学术进程》，安徽教育出版社 2000 年版。

桑兵：《交流与对抗：近代中日关系史论》，广西师范大学出版社 2015 年版。

沈从文：《沈从文选集》（第五卷），四川人民出版社 1983 年版。

史有为：《汉语外来词》，商务印书馆 2000 年版。

舒芜等编选：《中国近代文论选》，人民文学出版社 1959 年版。

孙应祥：《严复年谱》，福建人民出版社 2003 年版。

田本相：《中国现代比较戏剧史》，文化艺术出版社 1993 年版。

田广：《中国悲剧观念的现代转型》，中国社会科学出版社 2014 年版。

田汉、欧阳予倩等主编:《中国话剧运动五十年史料集》第一辑,中国戏剧出版社 1958 年版。

汪荣宝、叶澜编:《新尔雅》,上海文明书局 1903 年版。

王国维:《哲学小辞典》,见《教育丛书二集》,教育世界出版所 1902 年版。

王国维:《宋元戏曲史》,上海古籍出版社 1998 年版。

王国维著,黄霖、周兴陆导读:《人间词话》,上海古籍出版社 1998 年版。

王力:《汉语词汇史》,中华书局 2013 年版。

王确:《使命的自觉——儒家传统与中国现代文学的文化品格》,东北师范大学出版社 2000 年版。

王世儒主编,蔡元培著:《蔡元培日记》,北京大学出版社 2010 年版。

王韬、顾燮光等编:《近代译书目》,北京图书馆出版社 2003 年版。

王先明:《近代新学——中国传统学术文化的嬗变与重构》,商务印书馆 2000 年版。

王晓秋:《近代中日文化交流史》,中华书局 1992 年版。

王运熙、顾易生:《中国文学批评通史·近代卷》,上海古籍出版社 1996 年版。

王振复主编:《中国美学范畴史》,山西教育出版社 2006 年版。

温儒敏:《中国现代文学批评史》,北京大学出版社 1993 年版。

吴剑杰编:《中国近代思想家文库·张之洞卷》,中国人民大学出版社 2014 年版。

吴念慈、柯伯年、王慎名编:《新术语辞典》,上海南强书局 1930 年版。

吴琼:《西方美学史》,上海人民出版社 2000 年版。

伍蠡甫、胡经之主编:《西方文艺理论名著选编》上卷,北京大学出版社 1985 年版。

伍蠡甫、胡经之主编:《西方文艺理论名著选编》中卷,北京大学出版社 1986 年版。

伍蠡甫、胡经之主编:《西方文艺理论名著选编》下卷,北京大学出版社 1987 年版。

夏晓虹:《晚清社会与文化》,湖北教育出版社 2001 年版。

熊元义:《中国悲剧引论》,解放军文艺出版社 2007 年版。

熊月之:《西学东渐与晚清社会》,上海人民出版社 1994 年版。

徐志摩:《徐志摩全集·补编三·散文集》,上海书店 1988 年版。

严复著,王栻编:《严复集》,中华书局 1986 年版。

颜惠庆编:《英华大辞典》,商务印书馆 1908 年版。

杨保恒:《心理学》,中国图书公司 1907 年版。

杨丽华:《近代翻译话语研究》,世界图书出版公司 2014 年版。

叶朗主编:《现代美学体系》,北京大学出版社 1999 年版。

叶朗:《中国美学史大纲》,上海人民出版社 1985 年版。

叶朗主编:《中国历代美学文库》(近代卷),高等教育出版社 2003 年版。

佚名:《日本东京大学规制考略》,江南制造局所刻书 1901 年版。

于语和、庚良辰:《近代中西文化交流史论》,山西教育出版社 1997 年版。

俞玉滋、张援编:《中国近现代美育论文选(1840—1949)》,上海教育出版社 1999 年版。

张国刚:《从中西初识到礼仪之争——明清传教士与中西文化交流》,人民出版社 2003 年版。

张辉:《审美现代性批判》,北京大学出版社 1999 年版。

张健:《中国现代喜剧观念研究》,北京师范大学出版社 1994 年版。

张健:《三十年代中国喜剧文学论稿》,河南大学出版社 1995 年版。

张健:《中国喜剧观念的现代生成》,北京大学出版社 2005 年版。

张健:《中国现代喜剧史论》,北京大学出版社 2006 年版。

梁启超著,张品兴主编:《梁启超全集》(第一卷),北京出版社 1999 年版。

章启群:《百年中国美学史略》,北京大学出版社 2005 年版。

章咸、张援主编:《中国近现代艺术教育法规汇编(1840—1949)》,教育科学出版社 1997 年版。

郑匡民:《西学的中介:清末民初的中日文化交流》,四川人民出版社 2008 年版。

郑振铎:《郑振铎文集》(第四卷),人民文学出版社 1985 年版。

中国蔡元培研究会主编,蔡元培著:《蔡元培全集》,浙江教育出版社 1997 年版。

中国社会科学院哲学研究所美学研究室编:《美学译文(3)》,中国社会科学出版社 1984 年版。

周来祥:《论美是和谐》,贵州人民出版社 1984 年版。

周来祥:《论中国古典美学》,齐鲁书社 1987 年版。

周一平、沈荼英:《中西文化交汇与王国维学术成就》,学林出版社 1999 年版。

朱存明：《情感与启蒙——20 世纪中国美学精神》，西苑出版社 2000 年版。

朱光潜：《文艺心理学》，复旦大学出版社 2006 年版。

朱光潜：《悲剧心理学》，安徽教育出版社 2006 年版。

朱金顺主编：《朱自清研究资料》，北京师范大学出版社 1981 年版。

朱立元：《西方美学范畴史》，山西教育出版社 2006 年版。

朱有瓛主编：《中国近代学制史料》第二辑，华东师范大学出版社 1987 年版。

朱自清著，蔡清富、朱金顺、孙可中编：《朱自清选集》（第二卷），河北教育出版社 1989 年版。

邹华：《和谐与崇高的历史转换——二十世纪中国美学研究》，敦煌文艺出版社 1992 年版。

邹华：《20 世纪中国美学研究》，复旦大学出版社 2003 年版。

邹小站：《西学东渐：迎拒与选择》，四川人民出版社 2008 年版。

左玉河：《中国近代学术体制之创建》，四川人民出版社 2008 年版。

三、论文

伧父：《战争与文学》，《东方杂志》1915 年第 12 卷第 5 号。

陈平原、钱理群、黄子平：《艺术思维》，《读书》1986 年第 2 期。

陈振濂：《"美术"语源考——"美术"译语引进史研究》，《美术研究》2003 年第 4 期。

陈振濂：《"美术"语源考（续）——"美术"译语引进史研究》，《美术研究》2004 年第 1 期。

匪户：《中国音乐改良说》，《浙江潮》1903 年第 6 期。

傅斯年：《再论戏剧改良》，《新青年》1918 年第 5 卷第 4 号。

公猛：《浙江文明之概观》，《浙江潮》1903 年第 1 期。

公展：《剑气箫心室剧话》，《新剧杂志》1914 年第 1 期。

观云：《中国之演剧界》，《新民丛报》1905 年第 17 号。

观云：《维朗氏诗学论》，《新民丛报》1905 年第 22 号。

何绍斌、夏玉兰、李霞：《严复译词"消亡"原因浅析》，《剑南文学》2015 年第 12 期。

黄兴涛：《"美学"一词及西方美学在中国的最早传播——近代中国新名词源流漫考之三》，《文史知识》2000 年第 1 期。

剧魔：《喜剧与悲剧》，《新剧杂志》1914 年第 1 期。

李心峰：《Aesthetik 与美学》，《百科知识》1987 年第 1 期。

梁启超：《论小说与群治之关系》，《新小说》1902 年第 1 号。

林语堂：《征译散文并提倡"幽默"》，《晨报副刊》1924 年 5 月 23 日。

林语堂：《幽默杂话》，《晨报副刊》1924 年 6 月 9 日。

刘东方：《现代语言学意义上的"意译"与"直译"——以林纾和鲁迅为中心》，《鲁迅研究月刊》2007 年第 3 期。

刘晓路：《日本的中国美术研究和大村西崖》，《美术观察》2001 年第 7 期。

刘悦笛：《美学的传入与本土创建的历史》，《文艺研究》2006 年第 2 期。

卢善庆：《近现代中西美学会冲与结合的焦点》，《哲学研究》1997 年第 1 期。

吕澂：《美术革命》，《新青年》1919 年第 6 卷第 1 号。

罗钢：《意境说是德国美学的中国变体》，《南京大学学报》2011 年第 5 期。

美意：《什么叫美术》，《东方杂志》1919 年第 16 卷第 12 号。

牛宏宝：《康德在丑面前的尴尬》，《西北大学学报》1996 年第 4 期。

潘文国：《语言转向对文学研究的启示》，《中国外语》2008 年第 2 期。

彭修银：《美学范畴的系统化问题》，《南京社会科学》1992 年第 5 期。

钱钟书著，陆文虎译：《中国古代戏曲中的悲剧》，《解放军艺术学院学报》2004 年第 1 期。

邵宏：《西学"美术史"东渐一百年》，《文艺研究》2004 年第 4 期。

沈国威：《汉语的近代新词与中日词汇交流 —— 兼论现代汉语词汇体系的形成》，《南开语言学刊》2008 年第 1 期。

童庆炳：《在"五四"文艺理论新传统基础上"接着说"》，《文艺研究》2003 年第 2 期。

同乡会会员：《日本第五回内国劝业博览会观览记》，《浙江潮》1903 年第 3 期。

王彬彬：《隔在中西之间的日本 —— 现代汉语中的日语"外来语"问题》，《上海文学》1998 年第 8 期。

王富仁：《悲剧意识与悲剧精神（上篇）》，《江苏社会科学》2001 年第 1 期。

王富仁：《悲剧意识与悲剧精神（下篇）》，《江苏社会科学》2001 年第 2 期。

王立达：《现代汉语中从日语借来的词汇》，《中国语文》1958年第2期。

王确：《不求远因，不能明近果——中国学科美学发生的考察与反思》，《当代文坛》2011年第1期。

王振复：《中国美学范畴史研究的一点思路》，《上海大学学报》2006年第2期。

熊佛西：《我们现在的大悲剧》，《晨报副刊》1926年10月21日。

熊佛西：《论悲剧》，《东方杂志》1930年第27卷第15号。

熊佛西：《论喜剧》，《东方杂志》1930年第27卷第16号。

徐大纯：《述美学》，《东方杂志》1915年第12卷第1号。

徐放鸣：《论美学范畴的学科特性》，《学术月刊》1993年第7期。

徐水生：《从"佳趣论"到"美学"——"美学"译词在日本的形成简述》，《东方丛刊》1998年第3期。

薛其林、柳礼泉：《论民国时期新学术范式的确立》，《云梦学刊》2004年第5期。

佚名：《图书馆管理法》，《教育杂志》1913年第5卷第5号。

乐黛云：《文化差异与文化误读》，《中国文化研究》1994年第2期。

查新华：《美学的元范畴究竟是什么——对广泛流行的美学原理体系的质疑》，《上海大学学报》1990年第6期。

章池：《中国现代悲剧观念的生成流变》，苏州大学博士学位论文，2005年。

章锡琛：《笑之研究》，《东方杂志》1916年第13卷第10号。

张新京：《近年来中国美学范畴研究概览》，《哲学动态》1995年第8期。

郑伯奇：《幽默小论》，《现代》1933 年第 4 卷第 1 期。

周木斋：《丑学》，《作家》1936 年第 1 卷第 6 号。

周然毅：《丑的逻辑裂变与历史生成》，《首都师范大学学报》1998 年第 1 期。

周作人：《自己的园地（八）》，《晨报副刊》1922 年 3 月 19 日。

朱汉国：《创建新范式：五四时期学术转型的特征及意义》，《北京师范大学学报》1999 年第 2 期。

庄浩然：《鲁迅喜剧观与中西喜剧美学》，《福建师范大学学报》1987 年第 3 期。

庄浩然：《喜剧美学亚范畴研究的跨世纪思考》，《福建师范大学学报》1999 年第 4 期。

庄浩然：《中国近代喜剧美学之前驱 —— 兼论王国维对西方近代喜剧美学的译介》，《福建师范大学学报》1996 年第 2 期。

庄浩然：《筚路蓝缕　以启山林 —— 论现代喜剧美学体系之建构》，《福建师范大学学报》1997 年第 2 期。

祖武：《教育学剖解图说》，《新民丛报》1906 年第 5 号。

四、译著

〔波兰〕瓦迪斯瓦夫·塔塔尔凯维奇著，刘文潭译：《西方六大美学观念史》，上海译文出版社 2013 年版。

〔丹麦〕海甫定著，王国维译：《心理学概论》，商务印书馆 1907 年版。

〔德〕鲍姆嘉滕著，简明、王晓旭译：《美学》，文化艺术出版社 1987 年版。

〔德〕汉斯-格奥尔格·加达默尔著，洪汉鼎译：《真理与方法：哲学诠释学的基本特征》，上海译文出版社 2004 年版。

〔德〕黑格尔著，朱光潜译：《美学》（第一卷），商务印书馆 1996 年版。

〔德〕黑格尔著，朱光潜译：《美学》（第二卷），商务印书馆 1979 年版。

〔德〕黑格尔著，朱光潜译：《美学》（第三卷），商务印书馆 1981 年版。

〔德〕卡尔·马克思著，中共中央马克思恩格斯列宁斯大林著作编译局编译：《马克思恩格斯文集》第一卷，人民出版社 2009 年版。

〔德〕卡尔·雅斯贝尔斯著，亦春译：《悲剧的超越》，工人出版社 1988 年版。

〔德〕郎宓榭、〔德〕阿梅龙、〔德〕顾有信著，赵兴胜等译：《新词语新概念：西学译介与晚清汉语词汇之变迁》，山东画报出版社 2012 年版。

〔德〕叔本华著，石冲白译：《作为意志和表象的世界》，商务印书馆 1982 年版。

〔法〕罗丹口述，〔法〕葛赛尔记录，沈宝基译：《罗丹艺术论》，广西师范大学出版社 2002 年版。

〔古希腊〕柏拉图著，朱光潜译：《文艺对话集》，人民文学出版社 1963 年版。

〔古希腊〕亚理斯多德、〔古罗马〕贺拉斯著，罗念生、杨周翰译：《诗学·诗艺》，人民文学出版社 1962 年版。

〔美〕费正清、〔美〕刘广京编，中国社会科学院历史研究所编译室译：《剑桥中国晚清史（1800—1911 年）》，中国社会科学出版社 1985 年版。

〔美〕海文著，颜永京译：《心灵学》，上海益智书会清光绪十五年（1889）。

〔日〕大濑甚太郎、立柄教俊著，张云阁译：《心理学教科书》，直隶学校司编译处1903年版。

〔日〕高山林次郎著，刘仁航译：《近世美学》，商务印书馆1920年版。

〔日〕今道友信著，蒋寅译：《东方的美学》，生活·读书·新知三联书店1991年版。

〔日〕立花铣三郎著，王国维译：《教育学》，见《教育丛书初集》，教育世界出版所1901年版。

〔日〕牧濑五一郎著，王国维译：《教育学教科书》，见《教育丛书二集》，教育世界出版所1902年版。

〔日〕桑木严翼著，王国维译：《哲学概论》，见《哲学丛书初集》，教育世界出版所1902年版。

〔日〕实藤惠秀著，谭汝谦、林启彦译：《中国人留学日本史》，生活·读书·新知三联书店1983年版。

〔日〕岩城见一著，王琢译：《感性论——为了被开放的经验理论》，商务印书馆2008年版。

〔日〕永江正直著，钱单士厘译：《女子教育论》，见《教育丛书二集》，教育世界出版所1902年版。

〔日〕元良勇次郎著，王国维译：《心理学》，见《哲学丛书初集》，教育世界出版所1902年版。

〔日〕元良勇次郎著，王国维译：《伦理学（上卷）》，见《哲学丛书初集》，教育世界出版所1902年版。

〔日〕竹内敏雄著，池学镇译：《美学百科辞典》，黑龙江人民出版社1987年版。

〔瑞士〕费尔迪南·德·索绪尔著，高名凯译：《普通语言学教程》，商务印书馆 1980 年版。

〔苏〕A.齐斯著，彭吉象译：《马克思主义美学基础》，中国文联出版公司 1985 年版。

〔匈牙利〕卢卡契著，中国社会科学研究院外国文学研究所译：《卢卡契文学论文集》第二卷，中国社会科学出版社 1981 年版。

〔意〕克罗斯著，傅东华译：《美学原论》，商务印书馆 1931 年版。

〔意〕马西尼著，黄河清译：《现代汉语词汇的形成 —— 十九世纪汉语外来词研究》，汉语大词典出版社 1997 年版。

〔英〕李斯托威尔著，蒋孔阳译：《近代美学史评述》，上海译文出版社 1980 年版。

〔英〕罗素著，马元德译：《西方哲学史》（下卷），商务印书馆 1976 年版。

〔英〕马霞尔著，萧石君译：《美学原理》，上海泰东图书局 1922 年版。

容闳著，徐凤石、恽铁樵原译，张叔方补译：《西学东渐记》，湖南人民出版社 1981 年版。

后 记

　　对于资质平平的我来说，完成这样一个论题的写作是艰辛而漫长的。四年多的时间一直沉浸在这部书的思索与写作中，在埋首于故纸堆中查找、筛选与梳理资料的间隙，眼前时常浮现出中国近代那个纷繁复杂、异常动乱的历史年代，以及近代学者们建构中国美学学科时筚路蓝缕的艰辛历程。一个世纪过去了，那久远的学术信息依旧散发出历久弥新的光芒，近代学者们所建构的美学体系在新世纪的学术领域中依然占有重要地位，我们现在就是在他们所开创的美学理论新传统的基础上"接着说"。这个选题本是导师王确先生近年来非常钟爱的研究课题中的一个分支，当交与我完成时，我感受到了沉甸甸的期望。在原本把这当作任务完成的过程中我渐渐喜欢上了这个论题，喜欢夜深人静时与大师们隔着百年时光的对话，喜欢这种"大胆假设、小心求证"的思考方式，喜欢这样严肃而朴实的研究工作，我一度享受于这样的研究过程，它让我感觉踏实而安静。但当即将完成之际，我的心情也由最初的一丝忐忑，而变得越来越不安，我深知它还有不少的瑕疵与欠缺之处，越是深入进去越感惶恐，生怕由于自己理论根基的不足与思辨能力的有限而掩盖了一个本应更加闪光的论题。幸得导师王确先生的提携与厚爱，将此书纳入其主编的"中国现代美学史论丛书"系列，为我提供了这次著作出版的机会。随后又经过几个月仓促的修改与润色，希望拙作不负导师厚望，也希望日后如有再次出版专著的机会，我能更加从容与自信一些。

我时常感慨：选择即命运。人的一生很多时候恰恰是在不经意的抉择中改写了人生轨迹，对于我来说，这个机缘正是十六年前拜于导师王确先生的门下。王确先生给予学生的不仅仅是传道授业，更传递了一种做学问的执着精神、做人的严格操守和一种让我受用终生的人生智慧。我倾慕于先生睿智、豁达的师长风范，感动于先生急学生之所急、想学生之所想的真诚与无私。师恩如海，我铭记于心！

感谢师母董胜捷女士多年来给予我的关怀与照顾，喜欢和师母轻松地聊天，喜欢看着师母忙碌而快乐的身影，师母乐观而积极的生活态度无形中感染着我，让我充满热情而踏实地前行。

难忘各位恩师对我学业上的启发与教诲。孙中田先生德高望重，曾经对本书的写作提出过非常宝贵的建议并给予理论上的指导；感谢张未民先生对我的肯定与提携，这种鼓励后学的精神带给我的更是一种激励与鞭策；感谢刘雨先生对我写作这个论题时的睿智点拨，让我受益匪浅，他那谦虚而儒雅的学者风范，更是让我倍感亲切；感谢王红肖先生曾经对我的赏识与知遇之恩；感谢所有我未一一提及的在我入读东北师范大学文学院时，各位恩师对我学术上的启蒙与精神上的指引；感谢我所工作的东北师范大学美术学院的领导与各位同事们，来到这里，让我的视野由文学、美学扩展到了更为感性化的艺术风景，也使得我的研究有了更为实在的物化存在；感谢师门众多兄弟姐妹，在与他们的交往中时常会给我带来思想上的启发与生活上的关怀！

感谢我的父母，给了我一个温暖而幸福的家和一种平凡而真实的生活，他们辛勤的养育与期待的目光，是我永恒的生活动力与精神支柱。父亲没有什么文化，但却对大学与学术充满了好奇与敬慕，他最愿意去我的大学校园闲逛，最愿意打听我学业与事业发展的每一个细节，我的第一本专著即将出版，最骄傲的人应该是他，可惜他已无法与我一同分享，但我知道天堂里的父亲一定会看到，谨以此书献给我的父亲！并祝愿我挚爱的亲人们一生幸福！

鄂霞

2018 年 9 月